白酒生产工艺

任 飞　韩珍琼　编著

U0243931

化学工业出版社

·北京·

内容简介

本书共分九章，主要介绍了制曲与白酒生产的相关原理与技术，内容涉及白酒生产中的微生物、白酒生产机理、大曲的生产工艺、小曲的生产、大曲白酒的生产、小曲白酒的生产、白酒的贮存老熟与勾调品评、白酒副产物的综合利用与清洁生产。

本书是一本具有较高实用价值和一定生产指导意义的白酒生产专著，适合从事白酒生产、科研的技术人员和工人阅读，也可供大中专院校相关专业师生参考。

图书在版编目(CIP)数据

白酒生产工艺/任飞，韩珍琼编著 . —北京：化学工业出版社，2022.9

ISBN 978-7-122-41602-5

Ⅰ.①白… Ⅱ.①任… ②韩… Ⅲ.①白酒—生产工艺 Ⅳ.①TS262.3

中国版本图书馆 CIP 数据核字（2022）第 097732 号

责任编辑：张 彦	加工编辑：赵爱萍
责任校对：边 涛	装帧设计：张 辉

出版发行：化学工业出版社（北京市东城区青年湖南街 13 号　邮政编码 100011）
印　　装：三河市延风印装有限公司
710mm×1000mm　1/16　印张 18¼　字数 314 千字
2022 年 10 月北京第 1 版第 1 次印刷

购书咨询：010-64518888　　　　　　售后服务：010-64518899
网　　址：http://www.cip.com.cn
凡购买本书，如有缺损质量问题，本社销售中心负责调换。

定　　价：89.00 元

前言

  白酒是我国传统的蒸馏酒，与白兰地、威士忌、俄得克、朗姆酒、金酒并列为世界六大蒸馏酒。我国白酒生产特有的制曲技术、多种微生物固态发酵、甑桶蒸馏等在世界各种蒸馏酒中独具一格，白酒生产技术是我国劳动人民和科学工作者对世界酿酒工业的特殊贡献。

  中国白酒种类繁多，各具特色，生产工艺各有特点，各厂有自己的传统工艺。本书从白酒生产的共性着手，如酿酒微生物、白酒生产机理、制曲工艺、酿酒工艺、白酒的贮存勾兑等对白酒生产工艺进行介绍。本书在编写过程中注重实用，理论联系实际，力求对白酒生产的理论和实用技术进行深入浅出的阐述，达到科学性、通俗性与实用性三者统一。

  本书作者有在白酒生产企业从事制曲、酿酒的实践经验和在高校从事微生物与白酒酿造相关科研与教学的工作经历，在浓香型、清香型和酱香型大曲酒、小曲酒等生产实践中不断探索，书中有的内容是作者对白酒生产的总结和领悟。

  本书第一章、第二章、第六章、第八章、第九章由西南科技大学韩珍琼副教授编写，其余章节由西南科技大学任飞高级实验师编写。

本书参考并引用了很多同行的相关文章和文献资料，在此一并表示诚挚的谢意。由于本书编写时间较仓促，且编者的水平有限，书中难免有不足之处，欢迎读者批评指正。

任　飞　韩珍琼

2022 年 8 月

· 目 录 ·

第一章   **绪论** 1

第一节   白酒的起源 1

     一、酒 1

     二、酒曲 2

     三、白酒 3

第二节   中国白酒的分类 5

     一、按糖化发酵剂分类 5

     二、按使用原料分类 6

     三、按发酵方式分类 6

     四、按白酒香型分类 7

     五、按酒度分类 8

第三节   我国白酒产业的历史沿革与发展方向 8

     一、我国白酒产业的历史沿革 8

     二、我国白酒产业的发展方向 11

第二章   **白酒生产中的微生物** 14

第一节   微生物的五大共性 14

第二节   白酒生产中的主要微生物 16

     一、霉菌 16

     二、酵母菌 20

   三、细菌 ………………………………………………………… 21

第三节 酒曲微生物和窖泥微生物 …………………………………… 23
   一、酒曲中的微生物 ……………………………………………… 23
   二、窖泥中的微生物 ……………………………………………… 26

第四节 酿酒微生物的分布和生存条件 …………………………… 27
   一、酿酒微生物的分布 …………………………………………… 27
   二、酿酒微生物的生存条件 ……………………………………… 27

第五节 酿酒微生物的分离、纯化与鉴定 ………………………… 29
   一、基本原理 ……………………………………………………… 30
   二、分离、纯化酿酒微生物的操作步骤 ………………………… 30
   三、酿酒微生物的鉴定 …………………………………………… 35
   四、酒醅微生物 DNA 的提取和菌种鉴定 ……………………… 37

第六节 微生物在白酒生产中的应用 ……………………………… 37
   一、人工老窖 ……………………………………………………… 37
   二、活性干酵母 …………………………………………………… 40
   三、产酯酵母 ……………………………………………………… 44

第三章 白酒生产机理 …………………………………………… 47
第一节 原料浸润及蒸煮过程中的物质变化 ……………………… 47
   一、原料浸润过程中的物质变化 ………………………………… 47
   二、原料蒸煮过程中的物质变化 ………………………………… 48

第二节 制曲过程中的物质变化 …………………………………… 54

第三节 糖化过程中的物质变化 …………………………………… 58
   一、淀粉的糖化 …………………………………………………… 58
   二、糖化过程中其他物质的变化 ………………………………… 59

第四节 发酵过程中的物质变化 …………………………………… 61
   一、白酒发酵过程物质变化的类型 ……………………………… 61
   二、酒精发酵期间酵母菌的酶系 ………………………………… 62
   三、酵母菌的酒精发酵机理 ……………………………………… 63
   四、细菌的酒精发酵机理 ………………………………………… 67

第五节 风味物质的形成 …………………………………………… 68
   一、酸类 …………………………………………………………… 68
   二、高级醇 ………………………………………………………… 71
   三、多元醇 ………………………………………………………… 72
   四、酯类物质 ……………………………………………………… 74

　　　　　　五、醛类化合物 75

　　　　　　六、芳香族化合物 78

　　　　　　七、硫化物 79

第六节　白酒蒸馏机理 80

　　　　　　一、液态发酵醪的蒸馏机理 80

　　　　　　二、固态酒醅的蒸馏机理 82

　　　　　　三、固、液结合的串香蒸馏法 85

　　　　　　四、白酒蒸馏过程中新物质的生成 86

第四章　大曲的生产工艺 87

第一节　大曲概述 87

　　　　　　一、大曲的功能 87

　　　　　　二、大曲生产工艺的特点 88

　　　　　　三、大曲的分类 91

　　　　　　四、大曲的酶系 93

　　　　　　五、大曲制作的一般工艺 95

　　　　　　六、大曲的质量及病害 99

第二节　高温大曲的生产工艺 101

　　　　　　一、工艺流程 102

　　　　　　二、工艺流程说明 102

第三节　偏高温大曲的生产工艺 107

　　　　　　一、工艺流程 107

　　　　　　二、工艺流程说明 107

第四节　中温大曲的生产工艺 109

　　　　　　一、工艺流程 109

　　　　　　二、工艺流程说明 110

　　　　　　三、汾酒三种中温大曲的特点 111

第五节　西凤酒大曲的生产工艺 112

　　　　　　一、工艺流程 112

　　　　　　二、工艺流程说明 113

第六节　大曲生产新技术 116

　　　　　　一、全年制曲 116

　　　　　　二、强化大曲 116

　　　　　　三、机械压曲 118

　　　　　　四、微机控制管理 118

第五章	小曲的生产	120
第一节	小曲微生物及小曲分类	120
	一、小曲中的主要微生物	120
	二、小曲的分类	122
	三、小曲添加中药的作用	122
第二节	单一药小曲的生产	122
	一、工艺流程	123
	二、工艺流程说明	123
	三、成曲质量要求	124
第三节	纯种根霉曲的制作	125
	一、采用根霉曲酿酒的特性	125
	二、纯种根霉曲的制曲原料	125
	三、根霉的扩大培养过程	126
	四、根霉曲的生产	127
	五、麸皮固体酵母的制备	129
	六、根霉曲与酵母曲的配比	130
	七、根霉曲的质量要求	130
	八、根霉曲生产中常见的污染菌及其防治	132
	九、曲池通风法根霉、酵母散曲的制作	133
第四节	湖南观音土曲	136
	一、工艺流程	136
	二、工艺流程说明	136
第五节	湖北小曲	137
	一、工艺流程	137
	二、工艺流程说明	138
第六章	大曲白酒的生产	140
第一节	大曲白酒生产工艺的主要特点	140
	一、采用固态配醅发酵	140
	二、大曲酒的发酵在酸性条件下进行	141
	三、用曲量大，强调使用陈曲	141
	四、在较低温度下的边糖化边发酵工艺	142
	五、多种微生物参与的混菌发酵	143
	六、固态甑桶蒸馏	143

第二节	浓香型大曲白酒的生产	143
	一、浓香型大曲白酒生产工艺的特点和类型	143
	二、典型的续渣工艺——老五甑操作法	147
	三、浓香型大曲白酒的生产工艺	148
	四、浓香型大曲酒的工艺要点解析	160
第三节	清香型大曲白酒的生产	173
	一、清香型大曲白酒生产工艺的特点	173
	二、清香型大曲白酒的生产工艺	174
第四节	酱香型大曲白酒的生产	184
	一、茅台酒的工艺流程	184
	二、工艺流程说明	185
	三、酱香型大曲酒主体香味成分剖析	190
	四、酱香型白酒的工艺要点解析	192
第五节	凤香型大曲酒的生产	199
	一、西凤酒生产工艺的特点	199
	二、西凤酒的酿酒工艺	199
第七章	**小曲白酒的生产**	203
第一节	小曲白酒生产工艺的特点	203
	一、小曲白酒生产工艺的类型	203
	二、小曲白酒生产工艺的特点	203
第二节	半固态发酵法生产小曲白酒	204
	一、先培菌糖化后发酵工艺	204
	二、边糖化边发酵工艺	208
第三节	固态发酵法生产小曲白酒	209
	一、贵州玉米小曲酒的生产工艺	210
	二、四川永川糯高粱小曲白酒生产工艺	212
第四节	小曲白酒生产操作技术总结	218
	一、粮食糊化	219
	二、培菌操作	220
	三、发酵操作	223
	四、蒸酒操作	225
	五、小曲酒生产的注意事项	226
第八章	**白酒的贮存老熟与勾调品评**	228
第一节	白酒的贮存与老熟	228

　　　　　一、白酒老熟 ··· 228

　　　　　二、白酒的贮存与管理 ··· 232

第二节　酒体设计与勾兑调味 ··· 237

　　　　　一、酒体设计 ··· 237

　　　　　二、白酒的勾兑与调味 ··· 241

第三节　白酒的感官品评 ··· 250

　　　　　一、白酒感官品评的意义和作用 ·· 250

　　　　　二、感官品评的基本方法 ··· 251

　　　　　三、品酒训练内容 ··· 254

　　　　　四、品酒人员应具备的专业技能 ·· 254

第九章　白酒副产物的综合利用与清洁生产 ··· 256

第一节　黄水与底锅水的综合利用 ··· 256

　　　　　一、黄水的综合利用 ··· 256

　　　　　二、底锅水的利用 ··· 258

第二节　固态酒糟的综合利用 ··· 258

　　　　　一、酿酒废弃资源的传统利用处理方式 ······································ 258

　　　　　二、香醅培养 ··· 260

　　　　　三、菌体蛋白的生产 ··· 260

　　　　　四、酒糟干粉加工 ··· 261

第三节　液态酒糟的综合利用 ··· 262

　　　　　一、固液分离技术 ··· 262

　　　　　二、废液利用技术 ··· 263

第四节　白酒生产的废水处理 ··· 264

　　　　　一、污水来源 ··· 265

　　　　　二、污水处理方式的选择 ··· 265

第五节　白酒工厂清洁生产工艺 ··· 268

　　　　　一、研究背景和意义 ··· 268

　　　　　二、清洁生产发展历程 ··· 269

　　　　　三、白酒企业清洁化生产的现状 ·· 270

　　　　　四、改进方案 ··· 271

第六节　酿酒工厂清洁生产及环保技术实例 ··· 273

　　　　　一、实例1 ··· 273

　　　　　二、实例2 ··· 277

参考文献 ··· 281

第一章

绪 论

第一节 白酒的起源

白酒是以粮谷为主要原料,以酒曲、糖化酶、活性干酵母等为糖化发酵剂,经蒸煮、糖化发酵、蒸馏、贮存、勾兑而制得的蒸馏酒。白酒又名白干、烧酒或火酒,是我国特有的一大酒种。

从古至今,白酒是中国人在社交、庆典、婚礼等活动中不可缺少的特殊饮品,在日常生活中也占有十分重要的地位。白酒生产在我国已有千余年的历史,产品独具风格,深受国内外广大消费者的好评。

中国白酒与白兰地、威士忌、俄得克(伏特加)、朗姆酒、金酒并称为世界六大蒸馏酒。但我国白酒生产中所特有的制曲技术、边糖化边发酵工艺和甑桶蒸馏技术等在世界蒸馏酒中独具一格。

中国白酒起源于酿酒技术和蒸馏技术之后,一般认为,白酒的起源可以分为以下三个阶段。

一、酒

蒸馏酒最早产生于酿造酒的再加工,因此白酒的起源还得从酿造酒说起。

关于酒的起源,说法很多。以我国为例,有"仪狄造酒""杜康造酒"等说法,于是我国酿酒的起源限定于 5000 年左右的历史。其实,杜康、仪狄等都只是掌握了一定技巧,善于酿酒罢了。从现代科学的观点来看,酒的起源经历了一个从自然酿酒逐渐过渡到人工酿酒的漫长过程,它是古代劳动人民在长期的生活

1

和生产实践中不断观察自然现象，反复实践，并经无数次改进而逐渐发展起来的。

水果是古人类的主要食物之一，采集的水果没有吃完，很容易被野生酵母菌发酵成酒，这是最大可能的酒的起源。随着社会的发展，人类开始学会了原始的牧业生产，在存放剩余的兽乳时古人又发现了被自然界中的微生物发酵而成的乳酒。在农耕时代开始前后，人类认识到含淀粉的植物种子（谷物等）可以充饥，便收集贮藏，以备食用。由于当时的保存条件有限，谷物在贮藏期间容易受潮湿或雨淋而导致发芽长霉，这些发芽长霉的谷物如泡在水中，其中的淀粉便在谷物发芽时所产生的酶和野生霉菌、酵母菌等微生物的作用下糖化发酵，变成原始的粮食酒。

考古和文献资料记载表明，从自然酿酒到人工酿酒这一发展阶段在 7000～10000 年以前。9000 年以前，地中海南岸的亚述人发明了麦芽啤酒；7000 年以前，中东两河流域的美索不达米亚人发明了葡萄酒；从出土的大量饮酒和酿酒器皿看，我国人工酿酒的历史可追溯到仰韶文化时期，距今亦有约 7000 年。

二、酒曲

用谷物酿酒时，谷物中所含的淀粉需要经过两个阶段才能转化为酒：一是糖化阶段，即将淀粉分解成葡萄糖等可发酵性糖的过程；二是酒化阶段，即将可发酵性糖转化成酒精的过程。我国的酒曲兼有糖化和发酵的双重功能，其制作技术的发明大约在四五千年前，这是世界上最早的保存酿酒微生物及其所产酶系的技术。时至今日，含有各种活性霉菌、酵母菌和细菌等微生物细胞或孢子及酿酒酶系的小曲、大曲及各种散曲仍作为主要的糖化发酵剂，广泛应用于我国白酒和黄酒的生产中。

酒曲古称曲蘖，其发展分为天然曲蘖和人工曲蘖两个阶段。

因受潮而发芽长霉的谷物为天然曲蘖。由于天然曲蘖遇水浸泡后会自然发酵生成味美醉人的酒，当贮藏的粮谷较多时，人们就必然会模拟酿酒，并逐渐总结出制造曲蘖和酿酒的方法。在这个阶段，曲蘖是不分家的，酿酒过程中所需的糖化酶系既包括谷物发芽时所产生的酶，也包括霉菌生长时所形成的酶。

随着社会生产力的发展，酿酒技术得以不断进步。到了农耕时代的中、后期，曲蘖逐渐分为曲和蘖，前者的糖化酶系主要来自于霉菌的生长，而后者则主要来自于谷物的发芽。于是，我们的祖先把用蘖酿制的酒称为醴，把用曲酿制的酒称为酒。曲、蘖分家后的曲蘖制造技术为曲发展的第二阶段。至于曲、蘖分家的具体时间，大约在奴隶社会的商周时期。

我国酒曲的历史源远流长，早在商代的甲骨文中就出现了关于酿酒、饮酒的记载。1973 年，从石家庄藁城台西商代遗址完整酿酒作坊出土的酵母残骸，经鉴定为目前世界上保存年代最久（3400 多年）的酒曲实物。

自秦代开始，用蘖造醴的方法被逐渐淘汰，而用曲制酒的技术有了很大的进步，曲的品种迅速增加，仅汉初杨雄在《方言》中就记载了近 10 种。最初人们用的是散曲，至于大、小曲出现的时间，目前尚无定论。其中小曲较早，一般认为是秦汉以前，而大曲较晚，大约在元代。

为什么用蘖造醴的方法会被淘汰呢？明代宋应星在《天工开物》中指出："古来曲造酒，蘖造醴。后世厌醴味薄，逐致失传，则并蘖法灭亡"。从发酵原理来看，谷芽在发酵过程中仅起糖化作用，且糖化能力低于曲，加之蘖在制造过程中所网罗的野生酵母菌较少，因而蘖的糖化发酵能力较曲差，所酿的醴，酒度低、口味淡薄，最终逐渐被淘汰。

中医药在漫长的发展过程中，逐渐认识到了酒曲的药用价值。酒曲入药的历史源流非常曲折。古人早在汉晋时期开始借用酒曲入药，至唐宋时期广泛应用酒曲，改造酒曲的制作方法和配方，并产生了医家专用的六神曲。最终在明清时期出现酒曲与药曲分离。

酒曲的发明，是我国劳动人民对世界的重大贡献，被称之为除四大发明以外的第五大发明。19 世纪末，法国科学家研究了中国酒曲，从此改变了西方单纯利用麦芽糖化的历史。后来人们把这种用霉菌糖化的方法称为"淀粉霉法"（amylomyces process），又称"淀粉发酵法"（amylo process）。这种用霉菌糖化、用酵母菌发酵酿酒的方法，奠定了酒精工业的基础，同时也给现代发酵工业和酶制剂工业的形成带来了深远的影响。

三、白酒

蒸馏白酒的出现是我国酿酒技术的一大进步。秦汉以后历代帝王为求长生不死之药，不断发展炼丹技术，经过长期的摸索，不死之药虽然没有炼成，却积累了不少物质分离、提炼的方法，创造了包括蒸馏器具在内的种种设备，从而为白酒的生产打下了基础。有不少欧美学者认为，中国是世界上第一个发明蒸馏技术和蒸馏酒的国家。

单就蒸馏技术而言，我国最迟应在公元 2 世纪以前便掌握了。那么白酒出现在何时呢？对于此问题，古今学者有不同的见解，有说始于元代，有说始于宋代、唐代和汉代,至今仍无定论。

(一)始于汉代说

　　1981年,马承源先生撰文《汉代青铜蒸馏器的考察和实验》,介绍了上海市博物馆收藏的一件青铜蒸馏器,由甑和釜两部分组成,通高53.9cm,凝露室容积7500mL,贮料室容积1900mL,釜体下部可装水10500mL,在甑内壁的下部有一圈穹形的斜隔层,可积累蒸馏液,而且有导流管至外。马先生还做了多次蒸馏实验,所得酒度平均20°左右。经鉴定这件青铜器为东汉初至中期之器物。在四川彭州市、新都先后两次出土了东汉的"酿酒"画像砖,其图形为生产蒸馏酒作坊的画像,该图与四川传统蒸馏酒设备中的"天锅小甑"极为相似。

(二)始于唐代说

　　白酒始于唐代有诗词为证,如白居易的"荔枝新熟鸡冠色,烧酒初开琥珀香"。雍陶的"自到成都烧酒熟,不思身更入长安"。显然,烧酒即白酒在唐代已经出现,而且比较普及。从蒸馏工艺来看,陈藏器在《本草拾遗》中有"甑(蒸)气水,以器承取"的记载。此外出土的隋唐文物中,还出现了容积只有15~20mL的酒杯,如果没有烧酒,可能不会制作这么小的酒杯。由此可见,在唐代就出现了蒸馏酒已是毋庸置疑的。

(三)始于宋代(金代)说

　　白酒的酿造与蒸馏器具的发明是分不开的。1975年,河北省青龙县出土了一套铜制烧酒锅,以现代甑桶与之相比,只是将原来的天锅改为了冷凝器,桶身部分与烧酒锅基本相同。经有关部门进行蒸馏试验与鉴定,该锅为蒸馏专用器具。它的制造年代最迟不晚于金世宗大定年间(公元1161~1189年),距已有800多年。公元1163年南宋的吴悮撰写的《丹房须知》中记载了多种类型完善的蒸馏器,张世南在《游宦纪闻》卷五中也记载了蒸馏器在日常生活中应用的情况。北宋田锡的《麹本草》中描述了一种美酒是经过2~3次蒸馏而得到的,度数较高,饮少量便醉。此外,在《宋史》第八十一卷中记载:"太平兴国七年(公元982年),泸州自春至秋,酤成醨,谓之小酒,其价自五钱至卅钱,有二十六等;腊酒蒸醨,候夏而出,谓之大酒,自八钱至四十八钱,有二十三等。凡酝用秫、糯、粟、黍、麦及曲法酒式,皆从水土所宜。"这就充分说明从北宋起就有蒸馏法酿酒了。《宋史》中所指的正是今日大曲酒的传统方法。宋代杨万里在他的《诚斋集》中,写过一首"新酒歌",说他酿了两缸新酒,颜然清澈,酒性浓烈。如果把这种酒对照李时珍在《本草纲目》中关于"烧酒"——蒸馏酒的性

能，"味极浓烈""与火同性""热能燥金耗血，大肠受刑"的论述，那杨万里的
"新酒"，实际上就是蒸馏酒了，而且酒度较高。

（四）始于元代说

白酒元代始创的依据是医药学家李时珍的《本草纲目》，其中写道："烧酒非
古法也，自元时始创其法，用浓酒和糟入甑，蒸令汽上，用器承取滴露，凡酸败
之酒，皆可蒸烧。近时惟以糯米或粳米，或黍或秫，或大麦，蒸熟，和曲酿瓮中
七日，以甑蒸取。其清如水，味极浓烈，盖酒露也。"随着对历史的深入研究，
人们认为白酒出现的年代要早得多。不过，在记述元代以前的蒸馏方法时，都是
以酿造酒为原料的液态蒸馏，而李时珍所描述的"用浓酒和糟入甑，蒸令汽
上……"的蒸馏方法显然与现在所使用的甑桶固态蒸馏相似，无疑固态蒸馏的提
浓效果比液态蒸馏要好得多，其所得白酒的酒度也就要高得多，这也许就是《本
草纲目》中白酒出现年代较晚的原因所在。这一特殊的蒸馏方式，在世界蒸馏酒
上是独一无二的，是我国古代劳动人民的一大创举。

综上所述，我国是世界上利用微生物制曲酿酒最早的国家，也是最早利用蒸
馏技术酿造蒸馏酒的国家，我国白酒的起源要比西方威士忌、白兰地等蒸馏酒的
出现早 1000 年左右。

第二节　中国白酒的分类

我国的蒸馏酒（除少数酒厂生产一些白兰地、朗姆酒、俄得克、威士忌外）
绝大多数称为白酒。我国白酒种类繁多，地方性强，产品各具特色，生产工艺各
有特点，白酒目前尚无统一的分类方法，常见的分类方法如下。

一、按糖化发酵剂分类

1. 大曲白酒

以大曲为糖化发酵剂所生产的白酒，分为清渣法和续渣法两种基本操作工
艺。在大曲酒生产中，大曲既是糖化剂，又是发酵剂。同时，在制曲过程中，微
生物发酵产生的代谢产物以及制曲原料的分解产物，直接或间接地构成了白酒的
风味物质，因此，大曲也是生香剂。大曲白酒的风味物质含量高、香味好、发酵
期长（通常为15～90天）、原料出酒率低、生产成本高。中国名优白酒绝大多数
采用此法生产。

2. 小曲白酒

以大米粉等为原料，经过培菌制成球状或小块状的小曲。在小曲酒的酿造过

程中，小曲的用量为 0.3%～0.6%，还需要经过第二次培菌，以大米、玉米、高粱等为酿酒原料。小曲酒主要流行于四川、云南、贵州、广东、广西一带。与大曲白酒发酵相比，小曲白酒的发酵用曲量少，发酵周期短、出酒率高、酒质醇和，但香味物质含量较少，酒体不如大曲酒丰满。

3. 麸曲白酒

以麸皮为载体培养的纯种曲霉菌（包括黑曲霉、黄曲霉和白曲霉）为糖化剂，以纯种酿酒酵母为发酵剂而生产的白酒。麸曲白酒的生产周期较短，出酒率较高，但酒质一般不如大曲白酒。

二、按使用原料分类

白酒酿造所使用的原料多为高粱、玉米、薯干（地瓜干）、大米、粉渣等含淀粉或含糖的物质。利用高粱、玉米、大米等原料酿成的白酒习惯上称粮食酒，其他原料酿成的白酒其名称与原料相结合，如粉渣酒、瓜干酒等。

三、按发酵方式分类

1. 固态发酵法白酒

将淀粉质原料（高粱、大米、玉米、小麦等）破碎，加填充料（糠壳或固态酒糟），经常压蒸煮，冷却后加入糖化发酵剂（大曲、小曲或麸曲），控制发酵酒醅的初始含水量在 55% 左右，经过固态发酵、固态蒸馏而生产的白酒。这是我国特有的发酵技术，我国大多数名优白酒均采用此酿造技术。

2. 半固态发酵法白酒

以玉米、高粱等为原料经泡粮、蒸煮糊化、摊凉后加入小曲，经固态培菌和前发酵、再加水成酿醪（半固态）发酵，经蒸馏而得到产品。半固态发酵法是小曲白酒的传统生产方式之一，分为先培菌糖化后发酵工艺和边糖化边发酵工艺两种。

3. 液态发酵法白酒

即利用淀粉质原料生产食用酒精，经过串香、调香等方法加工制成的白酒。但全液态发酵法白酒的口味欠佳，必须与传统固态发酵法白酒工艺有机结合起来，才能具有白酒应有的风格和质量，根据其结合方法的不同又可以分为以下三种。

（1）固液结合法白酒　固液结合法白酒也称串香白酒。它是用液态发酵白酒或食用酒精为基酒，与固态发酵的香醅串蒸而制成的白酒。

（2）固液勾兑白酒　以液态发酵的白酒或食用酒精为基酒，与部分优质白酒及固态法白酒的酒头、酒尾勾兑而成的白酒。

（3）调香白酒 以优质食用酒精为基酒，加特制调味液和食用香精等调配而成的白酒。

四、按白酒香型分类

1. 浓香型白酒

浓香型白酒以泸州老窖特曲为代表，因而也称为泸型酒，其他代表性产品有五粮液、洋河大曲酒、剑南春酒、古井贡酒、全兴大曲酒、双沟大曲酒、宋河粮液、沱牌曲酒等。采用续渣法生产工艺，其风格特征是窖香浓郁、绵甜醇厚、香味协调、尾净爽口。其主体香味成分是己酸乙酯，与适量的乙酸乙酯、乳酸乙酯和丁酸乙酯等一起构成复合香气。

2. 酱香型白酒

酱香型白酒以茅台酒为代表，其他代表性产品有郎酒、习酒、武陵酒等。由于它具有类似于酱和酱油的香气，故称酱香型白酒。采用高温制曲、高温堆积、高温多轮次发酵等工艺，其风格特征是酱香突出、优雅细腻、酒体醇厚、后味悠长、空杯留香持久。酱香型白酒的香气成分比较复杂，它以4-乙基愈创木酚、丁香酸等酚类物质为主，以多种氨基酸、高沸点醛酮类物质为衬托，其他酸、酯、醇类物质为助香成分，形成了独特而优美的典型风格。

3. 清香型白酒

清香型白酒以汾酒为代表，此外还有黄鹤楼酒、宝丰酒等。采用清渣法生产工艺，其风格特征是清香纯正、醇甜柔和、自然协调、后味爽净。其主体香味成分是乙酸乙酯，与适量的乳酸乙酯等构成复合香气。

4. 米香型白酒

米香型白酒以桂林三花酒、全州湘山酒、广东长乐烧等为代表。是以大米为原料生产的小曲白酒，其特点是米香纯正清雅，入口绵甜，落口爽净，回味怡畅。其主体香味成分是 β-苯乙醇、乳酸乙酯和乙酸乙酯。

5. 凤香型白酒

凤香型白酒以西凤酒为代表。其主要特点是醇香秀雅，醇厚甘润，诸味谐调，余味爽净。以乙酸乙酯为主、一定量己酸乙酯为辅构成该酒酒体的复合香气。

6. 其他香型白酒

指除上述五种香型之外的白酒类型，它们往往是两种或两种以上的香型风格兼而有之。如董酒、四特酒、豉味玉冰烧酒、白云边酒等。

五、按酒度分类

1. 高度白酒

酒精含量为 51%（体积分数）以上的白酒，称为高度白酒。

2. 降度白酒

酒精含量为 41%～50%（体积分数）的白酒称为降度白酒，又称中度白酒。

3. 低度白酒

酒精含量为 40%（体积分数）及以下的白酒称为低度白酒。

第三节 我国白酒产业的历史沿革与发展方向

一、我国白酒产业的历史沿革

在新中国成立后的七十多年，我国白酒产业经历了三个重要的发展阶段。

（一）新中国成立初期及计划经济时期的起步阶段

1949 年中华人民共和国成立时，我国的白酒生产行业基本以手工作坊为生产单位，工艺古老、生产周期长、生产效率低、优质酒出品率低，全国白酒总产量只有 10.8 万吨/年。新中国成立初期，党和国家对继承和发展中国的传统白酒十分重视，二十世纪五六十年代，主管酒类的轻工业部专门从全国各地抽调力量加强白酒生产的科技攻关与研究，设立了周口、茅台、汾酒试点，以轻工业部发酵研究所为主要力量，会同茅台酒厂、汾酒厂组成攻关小组，进行协调攻关，取得了丰硕成果。例如周恒刚先生在东北三省推广麸曲酿酒，取得了较好的经济效益；总结出"稳、准、细、净"操作法在全国推广，对白酒生产起到了推动作用；提出"液体除杂，固体增香，固液勾兑"工艺，为提高普通白酒质量及出酒率做出了重要贡献；研究野生原料橡籽酿酒，选育黑曲霉在全国推广，收到了良好效益；研究己酸菌的分离与人工培育，研究出"增己降乳"、人工培养老窖、防止窖泥老化等方法，在全国各地推广，对提高浓香型白酒质量起到很好的效果。秦含章先生潜心研究汾酒生产工艺，解决了汾酒成品酒中出现沉淀物等技术难题；分析了汾酒的各项理化指标，提出了汾酒的质量标准，并形成了系统的科研成果；提升了清香型白酒的酿造水平，带动了汾酒质量和产量的大幅提高。

到 1978 年，我国白酒年产量达到 143.74 万吨，比新中国成立初期增长了近 15 倍。根据统计数据分析，我国白酒产量在"五五"期间增长了 69%，"六五"期间增长了 57%。20 世纪 50 年代至 80 年代这一阶段为我国计划经济时期，白酒消费主要为定量供应方式，白酒产业虽然发展迅速，产量迅速增长，但总体处于供不应求的状态，白酒消费市场为卖方市场。

为了推动酒类生产、提高酒类产品质量，在此阶段，我国分别于 1952 年、1963 年、1979 年举行了三届全国评酒会，第一届评酒会上，白酒评出四大名酒：贵州茅台酒、山西汾酒、陕西西凤酒、四川泸州老窖特曲；第二届评酒会上白酒共评出八大名酒：茅台酒、五粮液、古井贡酒、泸州老窖特曲、汾酒、董酒、全兴大曲酒、西凤酒；第三届评酒会上，白酒评出的名酒分别是茅台酒、五粮液、古井贡酒、泸州老窖特曲、汾酒、董酒、剑南春、洋河大曲。全国评酒会的举办，既推动了我国白酒质量的提升，也构建了白酒产品质量评价的体系和标准。

（二） 20 世纪 80 年代和 90 年代白酒产量提升和发展方向调整阶段

在此阶段，我国白酒业完成了计划经济向市场经济的转变。其间分别于 1984 年和 1989 年举行了第四届和第五届全国评酒会。第五届全国评酒会，共评出 17 种国家名酒（国家金质奖）（见表 1-1）。

表 1-1　第五届国家名酒名单

香型	品牌	生产厂家
大曲酱香	飞天、贵州牌茅台酒	贵州茅台酒厂
大曲酱香	郎泉牌郎酒	四川古蔺县郎酒厂
大曲酱香	武陵牌武陵酒	湖南常德市武陵酒厂
大曲浓香	五粮液牌五粮液	四川宜宾五粮液酒厂
大曲浓香	洋河牌洋河大曲	江苏洋河酒厂
大曲浓香	剑南春牌剑南春	四川绵竹剑南春酒厂
大曲浓香	泸州牌泸州老窖特曲	四川泸州曲酒厂
大曲浓香	古井牌古井贡酒	安徽亳县古井酒厂
大曲浓香	全兴牌全兴大曲	四川成都酒厂
大曲浓香	双沟牌双沟大曲，双沟特液	江苏双沟酒厂
大曲浓香	沱牌沱牌曲酒	四川省射洪沱牌酒厂
大曲浓香	宋河牌宋河粮液	河南省宋河酒厂
大曲清香	古井亭、汾字、长城牌汾酒、汾字牌汾特佳酒	山西杏花村汾酒厂
大曲清香	宝丰牌宝丰酒	河南宝丰酒厂
大曲清香	黄鹤楼牌特制黄鹤楼酒	武汉市武汉酒厂
大曲其他香型	西凤牌西凤酒	陕西西凤酒厂
大曲其他香型	董牌董酒，飞天牌董醇	贵州遵义董酒厂

至此，已延续五届、历时三十多年的全国评酒会，在市场经济环境下不再继续举办，中国白酒业真正进入市场经济领域。本阶段的变化主要表现在以下两个方面。

1. 白酒产量提升

"九五"以前，中国的白酒行业发展相当快，满足了广大人民群众的需求，但后几年的发展速度过快，几近失控，产品供大于求，白酒消费市场为买方市场。

1978 年 12 月十一届三中全会后，我国进入改革开放时期，开始由计划经济向社会主义市场经济转变。国家在 1988 年放开了 13 种名酒的价额，当年白酒产量升至 468.54 万吨，较 1978 年的 143.74 万吨增长了 3 倍多。随着社会主义市场经济的逐步完善与繁荣，白酒产量增长步伐加快，据统计，"七五"期间增长了 52%，"八五"期间增长了 50.6%，到 1996 年，即"九五"开年，我国白酒产量达到历史高峰，总量达到 801.30 万吨，是新中国成立初期的 80 倍左右，当时全国白酒需求量为 500 万～600 万吨，产大于销约 200 万吨，已经生产过剩，造成了产品积压、市场混乱、竞争无序的状态，以致不少企业亏损或倒闭，使白酒行业面临非常严峻的局面。"九五"期间，国家通过产业政策调控，初见成效，产量开始下降。1997 年白酒产量 781 万吨，较上年下降约 20 万吨，降低 2.60%，实现了负增长的目标，这也是新中国成立以来少有的白酒年产量下降。1998 年是白酒行业的多难之秋，产量下降 50 万～60 万吨。亏损企业占比进一步扩大，约占 20%，微利持平者约占 80%，有高额利润的企业仅有 1%。

造成"八五"期间白酒产量快速增长的原因主要有两点。

一是由于农村改革极大成功，我国在短短的几年内解决了吃饭问题，粮食短缺变成了粮食过剩，农村出现了"卖粮难"问题，如何消化剩余的粮食成为各级政府的首要任务。酿酒成为消化粮食的主要出路之一。

二是酿酒行业的进入门槛较低，传统白酒生产技术含量低，设备投资小，上马容易，税收高，利润大，成为县乡积累资金的主要来源，所以形成了小酒厂遍地开花的局面。小酒厂多、乱、杂的局面在很长一段时间对产业发展造成了不利影响。

2. 酒业发展方向调整

1987 年，国家轻工业部在贵州全国酿酒工业会议上就中国酿酒工业的发展方向，提出了优质、低度、多品种和"四个转变"，即普通酒向优质酒转变，高度酒向低度酒转变，蒸馏酒向发酵酒转变，粮食酒向水果酒转变的发展方针；

"十五"规划期间，又提出了以市场为导向，以节粮、满足消费为目标，走优质、低度、多品种、低消耗、少污染、高效益的道路，重点发展葡萄酒、水果酒，积极发展黄酒，稳步发展啤酒，控制白酒总量等发展规划。

（三）　21世纪的调整整顿阶段

1. 产量的调整

为适应国民经济建设的总体要求，提高白酒行业的投入产出比及综合经济效益，国家对白酒行业制定了以调控和调整为基础的产业政策。"九五"期间，国家宏观政策的调控逐见成效，白酒产量逐步下降，产销趋于平衡。进入21世纪后，白酒产量又呈现上升趋势。2016年，我国白酒产量达到了本世纪以来的最高值，超过了1300万千升，随后一直呈现出产量下降的趋势，2020年，白酒产量为740.73万千升，比上年下降2.46%，但利润却比上年增长近十个百分点。

2. 产业集中度的调整

"十三五"期间，我国规模以上白酒企业数量从1176家减少到1037家，同比大幅减少。规模以上企业的减少，证明了产业集中度的进一步加大，效益进一步向优势产区和企业集中、向名优品牌集中。

3. 产品结构的调整

围绕控制白酒总量的目标，经过30多年来的努力，白酒的产量在饮料酒中的占比从20世纪80年代的将近50%下降到2020年的不足15%，烈性酒的比例日趋合理。白酒的降度工作也取得了明显成效，50°以下占比超过80%，50.1°以上高度酒占比不足20%，60°左右的高度酒已很少见，产品结构趋向合理。在品种花色方面，品牌和产品品种数不胜数。白酒的外包装无论是设计还是材质和制作工艺都得到了极大提升。

随着白酒产业的发展，业内人士根据原料、工艺方法和白酒的口味不同，把其产品类型分为浓香型、清香型、酱香型、米香型、兼香型，而后又扩展为凤香型、豉香型、特香型等，并得到专家的认可，并列入国家白酒标准之列。白酒香型也越来越丰富，无论哪种香型，在国内都有相当一部分消费群体。

随着全面小康社会的建成，我国消费者对白酒产品、白酒文化、饮酒健康等方面的要求也越来越高，白酒产业针对新时期的新需求，还需做出进一步的调整，正确处理继承与创新的问题，以便更好地满足消费者需要，使行业产业进入更加良好的发展状态，更好地为国家经济建设做出贡献。

二、我国白酒产业的发展方向

从世界经济发展进程的角度看，我国正处在向工业化迈进的发展阶段，在这个大好时机面前，白酒工业应该随着国家高质量发展的进程同步发展，这是酿酒工业面临的重要课题。

根据我国国情及国际经济发展战略观点，白酒的发展方向主要从以下几方面着眼。

（一）生产过程向新型现代化发展

白酒酿造机械化、自动化、智能化是白酒业发展的必由之路，白酒传统酿制工艺的现代化改造，从新中国成立以来一直是白酒产业努力的方向。传统的固态法酿造白酒，存在着质量波动较大、工艺设备相对落后、手工操作劳动强度大、劳动效率不高、工作环境较差等缺陷。近十年来白酒业通过"158计划"项目的实施，在以下几个生产环节基本实现了机械化。

1. 制曲机械化

踩曲机械化、培曲机械化操作，成品曲搬运和贮存机械化。

2. 发酵工艺机械化

实现原料出入库、粉碎、输送机械化，晾渣拌曲机械化、研发新型发酵设备及相应的发酵车间，酒醅的输送机械化。

3. 蒸馏工艺机械化

研究模拟人工的智能装甑设备，酒醅冷却、机械配料、拌料设备，甑桶蒸馏、蒸煮设备。

4. 调酒计算机集成制造技术研究

实现原酒的计算机智能检验、分级入库、酒库管理，根据调酒方案实现自动组合酒等。

5. 灌装、包装、成品库智能管理的研究

在现有灌装、包装、成品库机械化的基础上改造、创新，研发更适合生产、管理的智能化设备。

目前，我国名优白酒骨干企业基本在原辅料的贮存及加工、晾渣拌曲、白酒灌装、勾兑与调味、成品酒仓储、物流等环节实现了机械化操作，进一步提升智能化水平是今后努力的方向。

（二）产品质量向安全、卫生、营养方向发展

白酒，是我国人民传统的嗜好品，能在一千多年来经久不衰，证明有它自己的生命力。随着社会消费水平的提高，白酒必须以安全、卫生、营养的新姿态出现在消费者面前，这是白酒工业发展的必然趋势。主要从以下几个方面着手。

（1）对白酒有新认识，制定安全、卫生、营养的新标准。

（2）展开对白酒成分利弊的研究和醉酒机理研究，倡导健康饮酒。

（3）大力提倡低度白酒和开发新的低酒度品种，进一步提升降度酒和低度酒的感官品质。

（4）充分利用天然食品的营养成分，用以补充白酒营养价值，开发研究营养型新品种白酒。

（三）产品品种走中西结合的开发道路

随着我国经济发展战略的实施，拓宽了国内外消费市场，白酒和洋酒结合已经逐步展开。目前国产的白酒鸡尾酒、威士忌、伏特加等新产品逐渐兴起，以满足我国人民和国际市场的需求。截至目前，中国白酒鸡尾酒大赛已分别于2017年、2019年举行过两届，对推动中国白酒国际化、年轻化，对推动白酒产品品种创新，更好彰显中国白酒的独特魅力起到很好的效果。2018年，中国酒业协会出台了预调鸡尾酒团体标准，参加该标准起草的单位有上海巴克斯酒业有限公司、百加得洋酒贸易有限公司、百威英博投资（中国）有限公司等，白酒与洋酒的结合道路、效果将越来越明显。

（四）价值定位由普通酒向名优酒转变

中国的名优白酒，是白酒酿造技术的精华，是中华民族的宝贵遗产，是白酒工业发展的推动力。自新中国成立以来，在新菌种、生产工艺、勾调、贮存等新技术的开发研究等方面取得了巨大的成就，并得到了大面积推广应用，效果十分显著。但在固态法白酒酿造中的糖化、发酵、蒸馏的过程中，生化反应十分复杂，仍有很多奥秘有待揭开，这就要求在21世纪大力采用新技术、新工艺的同时，做好普通酒向名优酒转变，使白酒产品结构能面向未来，更好适应新时代的需要，以满足国内外多层次的消费需求。

第 二 章
白酒生产中的微生物

微生物是一切肉眼看不见或看不清的微小生物的总称。它们都是一些个体微小（一般小于 0.1mm）、构造简单的低等生物。微生物由五大类组成，分别为细菌、放线菌、霉菌、酵母菌和病毒。

第一节　微生物的五大共性

在整个生物界中，各种生物的体型大小相差悬殊。植物界的一种红杉可高达 350m，动物界中的蓝鲸可长达 34m，而微生物的长度一般都在数微米甚至数纳米范围内。微生物由于其体型极其微小，因而导致了一系列与之密切相关的五个重要共性，即体积小，面积大；吸收多，转化快；生长旺，繁殖快；适应强，易变异；分布广，种类多。这五大共性不论在理论上还是在实践上都极其重要，现简单阐述如下。

第一，体积小，面积大。所有微生物都是一个小体积、大面积系统。一个小体积、大面积系统，必然有一个巨大的营养物质吸收面、代谢废物的排泄面和环境信息的交换面，由此而产生了微生物的其余 4 个共性。

第二，吸收多，转化快。这个特性为微生物的快速生长繁殖和合成大量代谢产物提供了充分的物质基础，从而使微生物能在自然界和人类生产实践中更好地发挥其超小型"活的化工厂"的作用。

有资料表明，*Escherichia coli*（大肠杆菌），在 1h 内可分解其自重 1000～10000 倍的乳糖；*Candida utilis*（产朊假丝酵母）合成蛋白质的能力比大豆强 100 倍，比食用牛（公牛）强 10 万倍；一些微生物的呼吸速率也比高等动、植物的组织强数十至数百倍。

第三，生长旺，繁殖快。在适宜的条件下，大肠杆菌能在 12.5～20min 繁殖一代，若按平均 20min 分裂 1 次计，则 1h 可分裂 3 次，每昼夜可分裂 72 次，若照此繁殖速度计算，一个细菌在合适的条件下，经过 24h，菌体数可达 $4.72×10^{21}$ 个，总重约 4722 吨。如果把这些细胞排列起来可将整个地球表面盖满。但是，随着菌体数目增加，营养物质迅速消耗，代谢产物的积累，影响了微生物的繁殖速度，微生物的繁殖速度永远也达不到上述生长水平，即便如此也比高等动植物的生长速度要快千万倍。例如，培养酵母菌生产蛋白质，每 8h 可收获一次，若种大豆生产蛋白质，最短也要 100 天。

微生物的这一特性在发酵工业中具有重要的实践意义，因为微生物的繁殖速度快，所以发酵周期短、生产效率高。在白酒生产中，可以通过控制工艺参数创造适宜于酿酒微生物发酵的条件，同时又抑制杂菌生长繁殖，从而提高产品的产量和质量。例如，制大曲时，曲块入房要注意前期不要升温太猛，也就是微生物繁殖不能太快，否则，曲的质量就差；浓香型大曲酒生产过程中，当天晾堂上的入窖糟要入窖，不能留到第二天入窖（特殊工艺操作除外），因为有害微生物的迅速生长会导致糟醅入窖后升温过猛，影响白酒的产量和质量。

第四，适应强，易变异。微生物具有极其灵活的适应性或代谢调节机制，这是任何高等动、植物都无法比拟的。微生物对环境条件，尤其是低温、高温、高酸、高碱、高盐、高辐射、高压、高毒等"极端环境"具有惊人的适应力，堪称生物界之最。

微生物的个体一般都是单细胞、简单多细胞甚至是非细胞结构，它们通常都是单倍体，加之具有繁殖快、数量多以及与外界环境直接接触等特点，因此，即使其变异频率低（一般为 $10^{-3}～10^{-10}$），也可在短时间内产生出大量的变异后代。

第五，分布广、种类多。微生物因其体积小、重量轻和数量多等原因，可以到处传播，以致达到"无孔不入"的地步，只要条件合适，它们就可"随遇而安"。地球上除了火山的中心区域等少数地方外，从土壤圈、水圈、大气圈至岩石圈，到处都有它们的踪迹。微生物的种类多主要体现在以下 5 个方面：物种的多样性；代谢类型的多样性；代谢产物的多样性；遗传基因的多样性；生态类型的多样性。

第二节 白酒生产中的主要微生物

白酒生产，是通过培养霉菌类的根霉菌、曲霉菌等生产出具有糖化作用的淀粉酶，将淀粉转变成可发酵性糖，再利用酵母菌产生的酒化酶，起酒化作用，把糖类发酵生成酒精。某些产酯酵母产生乙酸乙酯、己酸乙酯等香味物质，对白酒的独特风味起着重要作用。

由我国古代劳动人民创造的用曲酿酒，是先利用曲中的微生物淀粉酶将淀粉水解成糖（即糖化），再利用酵母菌产生的酒化酶类把糖转变成酒精（即酒精发酵），因此，从现代微生物学观点来看，以谷物为原料用曲酿酒，实际上是一个先后利用两类微生物的生化反应进行淀粉糖化和酒精发酵的独特酿酒工艺，白酒生产，从制曲到原料的糖化、发酵的过程，都与生物化学反应相关，对微生物在制曲、酿酒过程中的生长、繁殖、代谢的应用和研究，实质上就是白酒工艺学研究的重要课题之一，对微生物学的发展有重要的意义。

与白酒生产相关的微生物主要有霉菌、酵母菌和细菌三大类，只有充分地了解它们的形态及生理特性，才能在白酒发酵中有效地加以利用。下面就与白酒酿造相关的霉菌、酵母菌和细菌等微生物进行逐一介绍。

一、霉菌

霉菌分为曲霉（米曲霉、黑曲霉）、根霉、毛霉、犁头霉、红曲霉、青霉。霉菌菌落与其他微生物明显不同。菌落最初生长时往往呈白色、灰白色，这是长菌丝的现象，当菌丝上长出孢子时，就变成了各种颜色：绿、黄、青、棕、橙等颜色。故人们将具有多种颜色的大曲曲皮叫做"五色衣"，并有"五色衣不成，则难收好曲"的说法。

（一）霉菌的种类及特点

1. 曲霉

曲霉菌丝具有隔膜，所以它是多细胞丝状真菌。当生长至一定阶段，部分菌丝细胞的壁变厚，成为足细胞，并由此向上生出直立的分生孢子梗，它的顶端膨大形成球形的顶囊（一般呈球状）。在顶囊表面以放射状生出一层或两层小梗，在小梗上着生成串的分生孢子。曲霉的菌丝形似高粱。曲霉的分生孢子穗的形状和分生孢子的颜色、大小、滑面或带刺等都是鉴定的依据。

曲霉是一类具有重要经济价值的真菌，被广泛用于生产传统发酵食品、酶制剂、柠檬酸及多种其他有机酸、真菌类抗生素、真菌毒素等，还可用于甾体化合物的转化。在酿酒工业中，曲霉是重要的糖化菌种，大曲中常见的曲霉有：黑曲霉、黄曲霉、米曲霉、栖土曲霉、红曲霉等。

2. 根霉

根霉的菌丝较粗，无横隔膜，一般认为是单细胞的。根霉的菌落疏松或稠密，最初呈白色，后变为灰褐色或黑褐色，气生性强，在固体培养基上迅速生长，交织成疏松的棉絮状菌落，可蔓延充满整个培养皿。菌丝匍匐爬行，无色。假根发达，分枝呈指状或根状，呈褐色。孢囊梗直立或稍弯曲，$2\sim4$ 株成束，与假根对生，有时膨大或分枝，呈褐色，长 $210\sim2500\mu m$，直径 $5\sim18\mu m$。囊轴呈球形或近球形或卵圆形，呈淡褐色。根霉的形态和构造如图 2-1 所示。

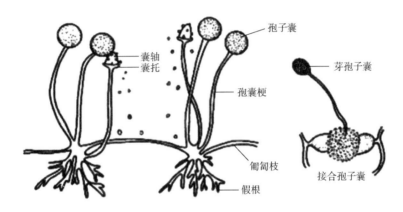

图 2-1　根霉的形态和构造

根霉在固体培养基上或自然培养物上生长时，由营养菌丝体产生具有延伸功能的弧形匍匐菌丝，在培养基表面向四周蔓延生长。由匍匐菌丝分化出分枝状的假根，接触基质并吸取养分。在与假根相对的方向上生出孢囊梗，顶端膨大形成孢子囊，内生孢子囊孢子。孢子囊内有一近似球形的囊轴，囊轴茎部与梗相连处有囊托。孢子囊成熟后，孢子囊壁消解或破裂，可释放出大量的孢子囊孢子，散布各处而进行繁殖。孢子呈球形、卵形或不规则形，常有棱角和条纹，灰色、灰蓝色或浅褐色。根霉在一定条件下，也能通过产生接合孢子进行有性繁殖。

根霉主要用于制曲酿酒和生产发酵食品，还可用于生产葡萄糖、有机酸等。

3. 毛霉

毛霉与根霉相似，根霉呈蜘蛛网状，而毛霉则呈头发丝状。毛霉菌菌丝无横隔膜，为单细胞低等丝状真菌，对环境适应能力强，生长迅速，在培养基或基质上能广泛蔓延，但不产生假根。

毛霉菌丝体直接生出孢囊梗，单生直立不分支（如高大毛霉），或呈总状分枝（如总状毛霉），或呈假轴状分支（如鲁氏毛霉）。孢囊梗顶端膨大为孢子囊，内生孢子囊孢子。成熟后孢子囊壁消解或破裂释放出孢子，孢子无色，无条纹，光滑。囊内有囊轴，但囊基部无囊托。毛霉能产接合孢子进行有性繁殖，某些种还能产生厚垣孢子。毛霉的用途主要有：生产多种酶类，如蛋白酶、淀粉酶、脂肪酶、果胶酶等；生产有机酸，如草酸、乳酸、琥珀酸等；发酵生产大豆制品，如腐乳、豆豉等。

4. 木霉

木霉主要存在于土壤中，也存在于木材及其他物品上。其菌丝有横隔，分支繁复，菌落蔓延生长，形成平坦的菌落，菌丝无色或浅色，菌丝向空气中伸出直立的分生孢子梗，其上对生或互生形成二级、三级分支，分支的末端即为小梗，小梗瓶形或锥形，顶端着生单个分生孢子，孢子呈绿色或铜绿色。有的木霉菌种可产生厚垣孢子。绿色木霉适应性很强，孢子在 PDA 培养基平板上 24℃ 时萌发，菌落迅速扩展。培养 2 天，菌落直径为 3.5～5.0cm；培养 3 天，菌落直径为 7.3～8.0cm；培养 4 天，菌落直径为 8.1～9.0cm。

木霉的主要用途有：生产纤维素酶等酶制剂和抗生素等生物药物。

5. 青霉

青霉广泛分布于空气、土壤及各类物品上。其菌丝与曲霉相似，营养菌丝有横隔膜、多细胞，无足细胞。青霉孢子穗的结构与曲霉不同，分生孢子梗直接由气生菌丝生出，顶端不膨大成为顶囊，而是经过多次分支成为帚状分支。

帚状分支是由单轮、二轮或多轮分支构成，对称或不对称。最后一轮分支称为小梗，在小梗顶端产生成串的分生孢子。青霉的分生孢子一般是蓝绿色或灰绿色、青绿色，少数为灰白色、黄褐色。有极少数青霉能产生闭囊壳，内生子囊和子囊孢子。

根据青霉帚状分支的形状和分支的复杂程度可分为单轮青霉、二轮青霉、多轮青霉和不对称青霉。青霉的帚状分支如图 2-2 所示。

青霉的菌落根据质地不同可呈现毡状、绒状、絮状、绳状和束状等。

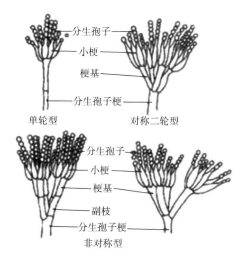

图 2-2　青霉的帚状分支

青霉的主要用途：生产青霉素和其他抗生素、生产有机酸、生产葡萄糖氧化酶、蛋白酶等多种酶类。

（二）白酒生产中的霉菌

1. 有益的霉菌

曲霉和根霉是白酒生产中的主要糖化菌。黑曲霉的糖化力较高；白曲霉的糖化力稍低，但所制得的成品酒风味较好；米曲霉及黄曲霉的糖化力较低，而且不耐酸，但液化力及蛋白质分解力较强，一般用于制米曲汁的米曲培养；红曲霉能产生多种有机酸，在许多名优酒大曲中，能分离出红曲霉，红曲霉有产糖化酶的能力。根霉也具有较高的糖化力，且不产生转移葡萄糖苷酶，还能产生多种有机酸，若与其他菌株配合使用，有利于白酒的口味改善。

少数犁头霉也有较高的糖化能力。木霉能产生纤维素酶，若菌株优良且培养得当，并与其他糖化力高的菌株一起使用，对提高出酒率有一定的效果。

2. 有害的霉菌

白酒生产中的有害霉菌主要有青霉菌、念珠霉和犁头霉。

青霉菌在制曲或酿酒生产上均属于有害菌。青霉菌喜欢在低温潮湿的环境中生长，它对大曲中其他有益微生物的生长具有极大的抑制作用。大曲入库后，当管理不善，又有适合的生长条件时，青霉菌便会滋生。冬春季节气温低、气候潮湿，不利大曲培养过程中的排潮和升温，使得大曲在培养过程中容易污染青霉菌，造成大曲质量下降，会严重影响大曲酒的质量和产量，给大曲酒带来邪杂味、苦味及霉味。

念珠霉是制大曲中"穿衣"及小曲挂白粉的主要菌，多视为不良菌。念珠霉常在酒糟上生长，生命力很强，一旦侵入曲房，很难根除。如果将酒糟运至远离白酒生产车间的地方，可用此菌将酒糟培养成营养价值较高的饲料。也有人分离得到对淀粉分解力较强的念珠霉，这说明念珠霉不一定都是有害菌。

犁头霉通常表现为糖化力很低，其大量的孢子使成品酒呈苦涩味或霉苦味，在大曲中含量较多。但在汾酒大曲中也分离到糖化力较高的犁头霉菌株，被作为汾酒大曲和酒醅中的六种优良霉菌之一，用于六曲香酒的麸曲制造，酿制出了清亮透明、清香纯正、醇和爽口、绵软回甜、饮后余香的六曲香酒。

二、酵母菌

（一）酵母菌的基本特性

1.酵母菌的形态与大小

酵母菌细胞大小一般为（3～10）μm×（3～10）μm，最长的可达100μm，其体积比细菌大20几倍，用光学显微镜放大400～600倍直接观察酵母菌水浸片，可以较清楚地看到活细胞的个体形态。酵母菌的细胞主要由细胞壁、细胞膜、细胞质、细胞核、液泡和线粒体等构成。酵母菌的细胞结构如图2-3所示。

2.酵母菌的培养特征

酵母菌是单细胞微生物，属真菌类，肉眼看不清楚，可在固体培养基上形成肉眼可见的菌落。酵母菌在合适的固体培养基表面生长所形成的菌落，与很多细菌菌落相似，但比细菌菌落大、较厚、较稠和较不透明，这是因为酵母细胞比细菌细胞大，细胞内颗粒状结构明显，细胞间隙含水量较少且无运动性等。

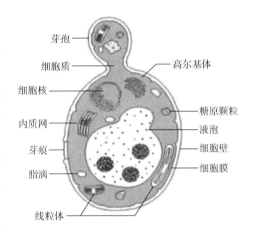

图2-3　酵母菌的细胞结构

酵母菌落形状一般呈圆形或近似圆形，边缘圆整；颜色均一，多数呈乳白色或浅黄色，少数酵母呈红色（如红酵母）；菌落表面一般较湿润、光滑；菌落隆起呈半圆形或圆台形；菌落质地均匀，较黏稠，呈固态油脂状，容易挑起。多数假丝酵母的菌落则较平坦，表面皱缩粗糙，边缘不整齐或呈缺刻状。某些汉逊酵母菌落边缘呈丝状。

有些酵母在液体培养基表面生长形成干而皱的菌膜或菌醭，其厚薄因种而异，也与需氧性有关。菌醭的形成及其特征有一定分类意义。

3.酵母菌的繁殖方式

酵母菌的繁殖方式可分为无性繁殖和有性繁殖两种方式。无性繁殖主要有芽殖、裂殖、产无性孢子三种方式，而有性繁殖则以产生有性孢子——子囊孢子的方式进行繁殖。酵母菌多数是以出芽进行繁殖，即细胞经出芽生成芽体后，进行细胞核分裂，待芽体成熟后，自母体脱落，形成新的个体。

（二）白酒生产中的酵母菌

白酒生产中常见的酵母菌有：酒精酵母、产酯酵母、假丝酵母等。酒精酵母的产酒精能力强，其形态以椭圆形、卵形、球形为主。一般以出芽方式进行繁殖。产酯酵母（也称生香酵母）具有产酯能力，它能增加白酒的酯含量，有助于提高白酒的质量。

酿酒酵母、汉逊酵母、球拟酵母等均为有益菌。酿酒酵母能将可发酵性糖转变成酒精，汉逊酵母和球拟酵母可产酸产酯，有利于改善白酒的风味。

三、细菌

（一）细菌的基本特征

细菌种类多、繁殖快、适应环境能力强，是自然界中分布最广泛的一群微生物。在水、土壤、空气、食物、人和动物的体表以及与外界相通的腔道中，常有各种细菌和其他微生物存在。细菌在自然界物质循环中起着重要作用，不少是对人类有益的，对人致病的细菌只是少数。

细菌是一种单细胞原核微生物，形体微小，结构简单。其形态有三类：杆状、球状、弧状，又称杆菌、球菌、弧菌。球菌又分单球菌、双球菌、四联球菌和葡萄球菌。细菌的细胞大小随种而异，一般只有几微米。如球菌的直径为 $0.5\sim2\mu m$；杆菌一般长 $1\sim5\mu m$，宽 $0.5\sim1\mu m$。细菌的菌落多数是表面光滑、湿润、半透明或不透明的，菌落一般较小，细菌的菌落具有多种颜色。细菌无成形的细胞核，也无核仁和核膜，除核蛋白体外无其他细胞器；细菌多以二分裂方式繁殖。

（二）细菌的种类

1. 乳酸菌

乳酸菌是自然界中数量较多的一类菌。它在白酒生产的配糟、发酵糟内产生大量乳酸和乳酸乙酯。所以，白酒酿造过程中要尽量防止它大量侵入，否则将会使糟醅生酸量过大而影响产酒率和酒质。白酒中乳酸含量太大，会使酒有馊味、酸味和涩味，乳酸乙酯过量会使酒呈青草味。乳酸菌对酿酒生产的污染，与白酒的开放式多界面生产方式是分不开的。所以搞好卫生工作，防止过量乳酸菌入侵，对提高白酒质量和出酒率极为重要。它对生产的污染有以下三个途径。

（1）同型乳酸菌的作用

$$C_6H_{12}O_6 \longrightarrow 2CH_3CHOHCOOH$$

（2）异型乳酸菌的作用

$$C_6H_{12}O_6 \longrightarrow CH_3CHOHCOOH + C_2H_5OH + CO_2$$

（3）假乳酸菌的作用　假乳酸菌多是嫌气性杆菌，生成乳酸的能力强；白酒生产的发酵糟内多是异乳酸菌（乳球菌），它是偏嫌气性或好气性，能将己糖生成乳酸、酒精及二氧化碳。

2. 醋酸菌

醋酸菌（也称乙酸菌）种类繁多，是氧化细菌的重要菌种。在温度、时间、培养条件不同的情况下，其形态差别很大，有球形、链球形、长杆形、短杆形等。它的产酸能力也很强，特别对酵母菌杀伤力很大，在固态白酒生产过程中，不可避免会感染部分醋酸菌。

醋酸不仅是白酒的香味成分之一，同时也是丁酸、己酸及其酯类生成的前体物质。但是，如果白酒中醋酸超量，将会使酒呈刺激性酸味，最主要的是会严重阻碍发酵的正常进行。它的反应方程式如下：

$$C_2H_5OH + O_2 \xrightarrow{醋酸菌} CH_3COOH + H_2O$$

3. 丁酸菌

丁酸菌也叫酪酸菌，种类较多，一般呈纺锤形并且游动；有恶臭、汗臭和水果腐败臭味。它特别能耐高温，但耐酸性差。丁酸菌污染主要存在于小曲白酒生产中，污染最多的是在制造麸曲的堆积工序，如果不按时翻拌排潮丁酸菌会大量繁殖，不但影响麸曲的质量，酿酒时还会严重影响出酒率，稍有忽视将会造成很大损失，还会引起酒质变坏。

4. 枯草芽孢杆菌

枯草芽孢杆菌为需氧杆菌，广泛存在于土壤、枯草、空气和水中，其芽孢可耐高温。菌落特征为：固体培养基上菌落呈圆形、较薄、呈乳白色、表面干燥、不透明、边缘整齐。在制曲时若水分过大，又未及时挥发，枯草芽孢杆菌极易入侵并迅速繁殖，不但消耗制曲原料的蛋白质和淀粉，而且生成刺激性的氨气，造成曲子发黏和带异臭，从而影响大曲的质量。

（三）白酒生产中的细菌

在人们心目中细菌是有害的，但科学技术的发展使细菌的应用范围日益扩大，广泛应用于发酵工业。例如，用细菌生产乳酸、醋酸、丙酮丁醇、抗生素等。20世纪70年代，又利用细菌生产氨基酸、核苷酸、维生素、酶制剂等生物产品；还利用细菌生产一些多糖类物质以应用于食品工业及医药卫生等方面；细菌发酵生产的酶制剂已广泛应用于酒精、白酒工业。

大曲中的细菌主要有醋酸菌、乳酸菌、芽孢杆菌等，白酒生产过程中入侵的细菌绝大部分是杆菌。发酵糟和配糟中以球菌占优势，发酵后期杆菌占统治地位，如乳酸菌。

1. 白酒生产中的有益细菌

己酸菌在浓香型白酒生产中是重要的产酸菌，在窖泥功能微生物中起主导作用，赋予浓香型酒特有的芳香；耐高温枯草芽孢杆菌在酱香型白酒的大曲中占主导地位；醋酸菌在酒醅内产生醋酸及其酯类，是白酒香味的重要组成成分，但不宜过多。白酒酒醅中含有适量产乳酸、醋酸等有机酸的细菌，对白酒的风味极为有利。

2. 白酒生产中的有害细菌

酒醅中含有少量的乳酸菌和醋酸菌，对白酒的风味有利，但含量过多则不利。若在麸曲及酒母培养中大量污染这两种菌，则会导致酸败；黏液菌及大多数存在于陈酒糟及窖皮泥中的枯草芽孢杆菌和马铃薯杆菌等，通常是白酒生产的有害菌，但枯草芽孢杆菌在酱香型白酒大曲制作中是有益菌。

在传统的大曲酒和小曲酒的制曲和发酵过程中，通常是有益菌和有害菌共存，且这些菌的相对数量也在不断变化之中。如果制曲或酒醅发酵条件控制不当，也会滋长某些腐败性的细菌，使成曲及酒质劣化。这里所说的有益菌和有害菌，是不同种类的白酒及其生产过程的各个阶段相对而言的。

第三节　酒曲微生物和窖泥微生物

一、酒曲中的微生物

大量科学研究表明：酒曲中微生物的种类和数量，与地区、气候、原料、制曲工艺条件等多种因素有关；曲块各部位微生物的状况也不同。因此，即使是同类曲中微生物的分布情况也不完全相同。

（一）大曲中的微生物

1. 酱香型大曲中的微生物

酱香型大曲中存在多种细菌（如嗜热芽孢杆菌等），它们都能产生不同的酱香气味。曲块呈红色，可能是念珠霉与耐高温细菌作用的结果。由于酱香型白酒大曲中的糖化菌和发酵菌甚少，因此晾堂操作有接种天然菌的作用，入池前的堆积发酵，又使天然菌得以繁殖，高温产酯酵母及球拟酵母也能产生酱香气味。

2. 浓香型大曲中的微生物

双沟酒厂曾从该厂大曲的曲心、中层及外皮的各个部位，反复进行分离，得到黑曲霉、黄曲霉、米曲霉、白曲霉、根霉、毛霉、拟内孢霉、红曲霉、灰绿曲霉及青霉等 19 株霉菌，酿酒酵母、假丝酵母等 7 种酵母，乳酸杆菌及醋酸杆菌等 4 株细菌。

有人曾取东北的 81 种大曲进行微生物的分离，结果是霉菌占优势，以毛霉、根霉、念珠霉为主，几乎所有曲块中均有犁头霉，其次是念珠霉。曲块中酵母菌与细菌含量较少。有人在对辽宁省老龙口大曲及丹东大曲的微生物分离中，发现这两种大曲中的酵母菌种类较多，其中发酵力较强的为卡氏酵母，产酯力较强的为异常汉逊酵母，老龙口大曲中的霉菌，其数量顺序为根霉、毛霉、黑曲霉、黄曲霉、念珠霉、犁头霉，但无青霉；丹东大曲中霉菌的数量顺序为根霉、曲霉、念珠霉、犁头霉、青霉等。这说明上述两种大曲中的霉菌以根霉数量为最多。

浓香型大曲中含有多种细菌，能产生多种有机酸等成分。

3. 清香型大曲中的微生物

清香型大曲中的霉菌主要来自于曲房、用具及辅料。曲房空气中的微生物主要是犁头霉、根霉、黄曲霉及拟内孢霉等。其中拟内孢霉是曲坯"上霉"的主要菌。曲房空气中除芽孢杆菌外，其他细菌很少。席片、糠壳中微生物的种类较相近，以犁头霉、根霉及拟内孢霉为主。酵母菌及细菌主要来自于粉碎的大麦和豌豆。

(1) 清香型大曲中的霉菌　清香型大曲中的霉菌主要有曲霉、根霉、毛霉、犁头霉等。黄曲霉、米曲霉是清香型大曲中的糖化菌，在曲块的表面可观察到它们黄色或绿色的分生孢子穗；红曲霉通常在清茬曲的红心部位最多；黑曲霉在清香型大曲中含量较少；根霉在曲块表面的气生菌丝形成网状，呈白色、灰色至黑色，产生明显的孢子囊，在制曲后期，其营养菌丝会长入曲块内层；犁头霉的网状菌丝纤细，孢子囊较小，呈青灰色至白色；在清香型大曲中，毛霉与根霉、犁头霉区别是气生菌丝整齐，菌丛短，呈淡黄色或黄褐色，毛霉的蛋白质分解力较强，也有一定的糖化力。

(2) 清香型大曲中的酵母菌（酵母属及类酵母）　清香型大曲中的酵母菌有酿酒酵母、汉逊酵母、假丝酵母等。酿酒酵母在曲块中含量较少，且多居于曲块中心；汉逊酵母的发酵力仅次于酿酒酵母，并能产生多种香气成分，也多居于曲心，其中汾酒 1 号及汾酒 2 号已用于固态发酵法麸曲白酒及液态法白酒的生产；假丝酵母是曲块中为数最多的酵母菌，曲皮中多于曲心，假丝酵母在潮火期最多，经大火阶段高温作用而明显减少。

（3）清香型大曲中的细菌　清香型大曲中的细菌种类甚多，其中主要的有乳酸菌、醋酸菌、芽孢杆菌和产气杆菌。乳酸菌在曲块中含量较多，以同型乳酸菌为主，在制曲的潮火前期，大曲内的乳酸杆菌和乳球菌群的数量几乎相等，而潮火后期则球菌多于杆菌，球菌中以足球菌为主，也有乳链球菌；醋酸菌在曲块中含量较少，但生酸能力较强；芽孢杆菌能在品温及水分高的部位迅速繁殖，其中枯草芽孢杆菌有分解淀粉及蛋白质的能力，是曲块内数量最多的一种细菌，有的芽孢杆菌能产生双乙酰等白酒的风味成分；大肠杆菌科中的产气杆菌在曲块中含量较少，它们都有较强的乙酰甲基甲醇反应，并与 2,3-丁二醇、双乙酰及醋嗡等成分的生成有关。

（二）麸曲中的微生物

麸曲中的微生物以霉菌和酵母菌为主。霉菌主要有曲霉、根霉、红曲霉。霉菌在白酒生产中的主要作用是产生淀粉酶，其中以黑曲霉产糖化型淀粉酶为主，所生成的葡萄糖能直接被酵母菌利用。麸曲中的酵母菌有酿酒酵母和生香酵母。酿酒酵母主要有德国 12 号酵母、耐高温酵母和南阳酵母等；生香酵母以产乙酸乙酯为主，有异常汉逊酵母 AS 2296、AS 2877、汾 Ⅱ 等。在酿制麸曲白酒时，酿酒酵母一般采用单一菌株，以便管理，若形态等发生变化（退化）时，也易于检查。

（三）小曲中的微生物

小曲中的糖化菌主要是根霉，其次是毛霉和梨头霉。小曲中根霉的特点之一是能产延胡索酸及乳酸等有机酸，如用于小曲生产的 AS 3.866 根霉就具有这一特性。制曲原料不同时，小曲中的根霉菌也有差异。各种根霉菌株在小曲的不同原料上培养时，其生长状况和糖化能力也各异。

小曲中的酵母菌有酿酒酵母、产酯酵母，以及能耐较高温度（35～36℃）的酵母菌。它们以圆球形和椭圆形为主，也有少数呈腊肠形。

小曲的生产过程中也会有一些细菌进入。在小曲酒生产的糖化阶段，主要是根霉及毛霉生长，酵母菌的数量逐渐增加，当可发酵性糖生成量较多时需要加水稀释，酵母就开始进行酒精发酵，随着醪液酒精浓度逐渐上升，其他菌类就陆续被淘汰。在小曲酒的生产过程中，细菌产生的乳酸、醋酸等酸类物质有利于形成小曲酒发酵的酸性环境和生成小曲酒的风味物质。

二、窖泥中的微生物

窖泥中栖息着多种微生物，其中主要有厌氧梭状芽孢杆菌属的丁酸菌及鼓槌形的己酸菌。己酸菌通常与甲烷菌共存，很难将己酸菌纯种分离。甲烷菌有杆状、球状、梨形、八叠形。在各种名酒的老窖泥中，甲烷菌的种类及数量也各不相同。

（一）己酸菌

在 20 世纪 60 年代中期，四川省制糖发酵研究所、西南生物所对泸州老窖酒进行研究，采用纸色谱方法，找出了浓香型酒的主体香是己酸乙酯。在此之后，内蒙古轻化工研究所在五粮液酒厂、泸州曲酒厂的一些窖泥中分离出己酸菌，研究表明浓香型大曲酒的主体香己酸乙酯的产生与己酸菌密切相关，"百年老窖"产好酒之谜被揭开了。以后在提高浓香型酒的质量方面，便把精力集中到己酸菌的培养与利用的研究上。

己酸菌为梭状芽孢杆菌，喜欢在泥土中生活。培养最适温度为 30～34℃。在 100℃下处理 1min，80℃下处理 7min 可纯化菌种；pH 值在中性附近时能正常生长、产酸，有泥土存在时，在 pH 值 4 左右也能生长；碳源以乙醇和乙酸盐为主，乙醇的浓度不能过高，2%～3% 比较适合；从国内分离的菌种厌氧并不严格。

（二）丁酸菌

通过窖泥微生物的分离，老窖泥中除有一定数量的己酸菌外，还有数量更多的丁酸菌。丁酸菌也属于梭状芽孢菌属，能利用碳水化合物生成丁酸。这些丁酸菌不但能产丁酸，而且大部分分离菌株在有碳源的情况下，还能产少量己酸。在富集培养基中，凡不产气的都不产己酸，而产气的有可能产己酸。实验证明，丁酸、己酸的产生并不是同步关系，而是先产丁酸，之后随着己酸的含量的上升而丁酸的含量下降。这说明在己酸的生成过程中，丁酸是一个重要的中间产物。

（三）甲烷菌

甲烷菌是一个特殊的菌群，是能利用有机物产生甲烷的微生物。在窖泥中，甲烷菌与己酸菌共栖，有利于己酸发酵的进行。研究表明，窖泥质量的好坏，不仅与窖泥中产己酸的细菌数量有关，而且也与产甲烷的细菌数量有关。老窖泥中存在的甲烷菌数量多，新窖泥中几乎检测不到甲烷菌。例如，四川宜宾五粮液酒厂，其老窖下层窖泥中甲烷菌菌数为 1.46×10^3 个/克干土；泸州曲酒厂老窖泥

中甲烷菌菌数为 3.68×10^2 个/克干土。老窖池中，甲烷菌的数量是窖底大于窖中层，窖中层大于窖上层。

综上所述，浓香型大曲酒的酿造离不开老窖泥的奥妙就在于老窖泥中存在着大量的嫌气性梭状芽孢菌和其他厌氧功能菌，在同一窖池中的细菌，有时窖壁多于窖底，黑色内层多于黄色外层。好气细菌在窖泥的上层最多，中层次之，下层最少，而厌氧细菌则相反。截至目前，对窖泥中重要微生物的研究还只是一个开端。

第四节　酿酒微生物的分布和生存条件

一、酿酒微生物的分布

酿酒微生物的分布范围很广，从原料、水、空气、曲、糟醅、场地、工用具、设备、窖池到酿酒工人的身体、衣服和鞋等，微生物无处不在。

除液态发酵法白酒生产中比较严格地使用纯菌种之外，传统的大曲酒及小曲酒的生产，多利用天然菌；固态发酵法麸曲酒的生产，虽然使用人工选育的优良菌株制曲，但在蒸粮后的摊凉、下曲、发酵过程中，生产场地中的微生物不可避免要进入酒醅中。

二、酿酒微生物的生存条件

（一）营养

微生物的营养，通常是指培养基的成分。酿酒微生物的营养，与普通微生物一样要求有以下5个方面，但具体的菌类则具有一定的特殊要求。

1. 水分

水是微生物营养中不可缺少的一种物质。因为水是微生物细胞的主要化学成分；水是营养物质和代谢产物的良好溶剂，营养物质与代谢产物都是通过溶解于水中而进出细胞的；水是细胞中各种生物化学反应得以进行的介质，并参与许多生化反应；水还可以维持各种生物大分子结构的稳定性；此外，水的比热高，汽化热高，是热的良好导体，能有效地吸收代谢过程中产生的热量并将热迅速散发出体外，这保证了细胞内的温度不会剧烈变化。

2. 碳源

凡能供给微生物碳素营养的物质均称为碳源。例如糖类、淀粉、有机酸及醇类等。白酒生产中的霉菌及酵母，多以糖类为碳源，己酸菌以乙醇为碳源，甲烷

菌以 CO_2 为碳源。

3. 氮源

（1）有机氮：如蛋白质、蛋白胨、氨基酸、尿素、玉米浆、豆饼粉、花生饼、鱼粉等。

（2）无机氮：如分子氮、硝酸盐、铵盐等。

微生物对氮源的要求，因菌种而异。例如能将淀粉糖化的黑曲霉能以硝酸盐和铵盐等无机氮为氮源；而产酒精的酵母则只能以铵盐为无机氮源，不能利用硝酸盐。有机氮与无机氮相比，微生物较易利用无机氮，若两类氮共存时，通常微生物先利用无机氮，再利用有机氮。

4. 无机盐类

无机盐是构成菌体及酶必需的营养物质，有些金属离子还可以促进酶的催化作用。若将微生物置于不含无机盐的蒸馏水中，则它不能进行繁殖。微生物所需的无机盐类包括磷酸盐、硫酸盐、氯化物及含钾、钠、钙、镁、锰、铁等元素的化合物。尤其是磷酸盐与微生物的代谢和遗传等密切相关。有机磷只有在被磷酸酯酶分解为无机磷的状态下才能被微生物所利用。

5. 生长素

狭义的生长素是指维生素。例如有些微生物因缺乏维生素而生长不良或不能生长，若能供给其少量麦芽汁或酵母浸出液，则可较好地繁殖，因为它们含有某些微生物自身不能合成的生长素。

（二）环境

微生物生长所需的环境，是指培养微生物的条件，大体包括如下 4 个方面。

1. 温度

多数微生物的生长温度范围可在 0～80℃，有些微生物还能在更低或更高的温度下生长。每个菌株按其生长速度可分为 3 个温度界限，即最低生长温度、最适生长温度和最高生长温度。白酒生产中的微生物，在繁殖和发酵时通常是放热的，所以固态发酵法白酒生产中要注意"低温入窖、缓慢发酵"。

2.pH 值

微生物细胞的原生质膜具有胶体的性质，每种菌在一定的 pH 值范围内，原生质带正电荷，而在另一 pH 值范围内，原生质带负电荷。这直接影响到原生质膜对某些离子及其他营养物质的吸收和微生物的新陈代谢。例如一般酿酒酵母在 pH 值为 5 左右时，主要产物为乙醇；而在 pH 值为 8 时，则可产较多的甘油。

一般酵母及霉菌适于在 pH 值小于 7 的酸性条件下生长，而细菌则适宜于在微碱性或接近中性的条件下生长。每个菌株均有其最适生长的 pH 值。

白酒生产中所谓的酸度，以 1g 曲或酒醅在滴定至中性时所消耗的 0.1mol/L NaOH 溶液的毫升数表示。发酵酒醅保持一定的酸度，有利于抑制产酸细菌的繁殖，被称为"以酸制酸"。

3. 需氧状况

各菌种的需氧状况是不同的，有的厌氧，有的需微量的氧，有的则需要较多的氧才能生长或发酵。在固态发酵法白酒生产中，利用曲坯或酒醅的疏松程度，来调节其含氧量。空气中的氧，只有溶解于水中呈溶解氧状态，才能被微生物所利用。

4. 界面

所谓界面，是指气相、液相、固相之间的接触面。在固态曲及固态酒醅中，实际上存在上述三相。物质从某相传递到另一相的过程称为传质过程或扩散过程，这与生长于两相接触面上的微生物的生化作用密切相关。固态曲与液态曲的质量有明显差异，液态发酵、半固态发酵及固态发酵法生产的白酒质量各不相同，己酸菌接种于窖泥中的效果优于接种于酒醅，这都是因为界面的关系。

此外，还有压力、物质浓度等，也与微生物的生长和发酵状况有关。

第五节　酿酒微生物的分离、纯化与鉴定

纯种分离技术是微生物学中重要的基本技术之一。从混杂微生物群体中获得单一菌株纯培养的方法称为分离。纯种（纯培养）是指一株菌种或一个培养物中所有的细胞或孢子都是由一个细胞分裂、繁殖而产生的后代。

为了生产和科研的需要，人们往往需要从自然界混杂的微生物群体中分离出具有特殊功能的纯种微生物；或重新分离被其他微生物污染或因自发突变而丧失原有优良性状的菌株；或通过诱变及遗传改造后选出具有优良性状的突变株及重组菌株。尽管所分离、纯化的菌种不同，但分离、筛选及纯化新菌种的步骤都基本相似。大致分为采样、富集培养、纯种分离和性能测定四个步骤。性能测定可分初筛和复筛两步。

本节主要介绍酿酒过程中细菌、放线菌、酵母菌、霉菌常见四大类微生物分离、纯化方法和工业常用菌株的微生物分离、纯化方法。即使采用最现代的分离技术，人类生产和生活中现已开发利用的微生物尚未超过其存在量的 1%。寻找

和发现有重要应用潜力、具有新功能的微生物菌种资源，尚有待于不断提出新思路、新的筛选与分离方法的突破。

一、基本原理

自然界中土壤是微生物生活的大本营，是寻找和发现有重要应用潜力的微生物的主要菌源。不同土样中各类微生物的数量不同，一般土壤中细菌数量最多；其次为放线菌和霉菌。一般在较干燥、偏碱性、有机质丰富的土壤中放线菌数量较多；酵母菌在一般土壤中的数量较少，而在水果表皮、葡萄园、果园土壤中数量多些。

酒曲、酒醅、窖泥、制曲车间和酿酒车间的空气中有大量的霉菌、酵母菌、细菌和少量的放线菌。为了提高酒曲和白酒的质量，需要筛选性能优良的微生物用于制曲和（或）酿酒过程中，从而提高白酒的产量和质量。

为了分离和确保获得某种微生物的单菌落，首先要考虑制备不同稀释度的菌悬液。各类菌的稀释度因菌源、采集样品时的季节、气温等条件而异。其次，应考虑各类微生物的不同特性，避免菌源中各类微生物的相互干扰。细菌或放线菌皆喜中性或微碱性环境，但细菌比放线菌生长快，分离放线菌时，一般在制备土壤稀释液时添加 10％的酚或在分离培养基中加相应的抗生素以抑制细菌和霉菌（如加链霉素 25～50U/mL 抑制细菌，添加制霉菌素 50U/mL 或多菌灵 30U/mL 以抑制霉菌）。酵母菌和霉菌都喜酸性环境，一般酵母菌只能以糖为碳源，不能直接利用淀粉，酵母菌在 pH 值为 5 时生长极快，而细菌适宜在中性或弱碱性的环境中生长，所以分离酵母菌时只要选择好适宜的培养基和 pH 值，可降低细菌增殖率，霉菌生长慢，也不干扰酵母菌的分离。若分离霉菌，需降低细菌增殖率，一般培养基临用前需添加灭过菌的乳酸或链霉素。为了防止菌丝蔓延干扰菌落计数，分离霉菌时常在培养基中加入化学抑制剂。

要想获得某种微生物的纯培养，还需提供有利于该微生物生长繁殖的最适培养基及培养条件。

二、分离、纯化酿酒微生物的操作步骤

（一）取样

主要依据所筛选的微生物生态及分布概况，综合分析决定采样地点。样品可为酒醅、曲药或窖泥等，取样后装入已灭过菌的牛皮纸袋内，封好袋口，并记录取样地点环境及日期。样品采集后应及时分离，凡不能立即分离的样品，应保存在低温、干燥条件下，尽量减少其中菌相的变化。

（二）富集培养

富集培养：根据所筛选菌种的生理特性，加入某些特定物质，使所需的微生物增殖，限制不需要的微生物的生长繁殖，造成数量上的优势。对无特殊性能要求的菌，可省略此步。

（三）纯种分离

1. 分离微生物的准备工作

（1）制备培养基　肉膏蛋白胨培养基、马丁培养基、高氏合成 1 号培养基、豆芽汁葡萄糖培养基（制平板和斜面）。

（2）制备无菌水或无菌生理盐水　配制生理盐水，分装于 250mL 锥形瓶内，每瓶装 99mL（或 95mL 为分离霉菌用），每瓶内装 10 粒玻璃珠。分装试管，每管装 9mL 生理盐水。分装后可与培养皿、移液管（枪头）等一起灭菌。

（3）准备其他物品　无菌培养皿、无菌移液管（枪头）、无菌玻璃涂棒（刮刀）、称量纸、药勺、橡皮头、10％酚溶液。

纯种分离可用 10 倍稀释平板分离法、涂布法、划线分离法、单细胞分离法等。

2. 稀释分离法

平板分离微生物有倾注法和涂布法两种。分离细菌、放线菌、霉菌时采用倾注法，分离酵母菌采用涂布法。

（1）细菌的分离

① 制备样品稀释液　称取样品 1g，在酒精灯火焰旁加入到一个盛有 99mL 并装有玻璃珠的无菌水或无菌生理盐水锥形瓶中，振荡 10～20min，使样品中的菌体、芽孢或孢子均匀分散，制成 10^{-2} 稀释度的样品稀释液。然后按 10 倍稀释法进行稀释分离，再制成 10^{-3}、10^{-4}、10^{-5}、10^{-6}、10^{-7} 的土壤稀释液（为避免稀释过程误差，进行微生物计数时，最好每一个稀释度更换一支移液管）。最后用毕的移液管重新放入纸套内。待灭菌后，再洗刷或将用过的移液管放在废弃物筒中，用 3％～5％来苏尔浸泡 1h 后再灭菌洗涤。

② 倾注法分离　取无菌培养皿 6～9 个，分别于培养皿底面按稀释度编号。稀释完毕后，可用原来的移液管从菌液浓度最小的 10^{-7} 样品稀释液开始吸取 1mL 稀释液，按无菌操作技术加到相应编号 10^{-7} 的无菌培养皿内。再以相同方法分别吸取 1mL 10^{-6}、10^{-5} 的样品稀释液，各加到相应编号为 10^{-6}、10^{-5} 的无菌培养皿内。将已灭菌的肉膏蛋白胨固体培养基冷却至 45～50℃，分别倾入

到已盛有 10^{-7}、10^{-6}、10^{-5} 样品稀释液的无菌培养皿内。注意：温度过高易将菌烫死，皿盖上冷凝水太多，也会影响分离效果；低于 45℃ 培养基易凝固，倒平板易出现凝块、高低不平。倾倒培养基时注意无菌操作，要在火焰旁进行。左手拿培养皿，右手拿锥形瓶底部，左手同时用小指和手掌将棉塞拔开，灼烧瓶口，用左手大拇指将培养皿盖打开一缝，至瓶口正好伸入，倾入培养基 12～15mL，将培养皿在桌面上轻轻前后左右转动使稀释的菌悬液与融化的琼脂培养基混合均匀，混匀后静置桌上。

③ 培养　待平板完全冷凝后，将平板倒置于 30℃ 恒温箱中，培养 24～48h 观察结果。

（2）放线菌的分离

① 制备样品稀释液　称取样品 1g，加入到一个盛有 99mL 并装有玻璃珠的无菌水或无菌生理盐水锥形瓶中，并加入 10 滴 10% 的酚溶液（抑制细菌生长），有时也可不加酚。振荡后静置 5min，即成 10^{-2} 样品稀释液。

② 倾注法分离　按前法将样品稀释液分别稀释为 10^{-3}、10^{-4}、10^{-5} 三个稀释度，然后用无菌移液管依次分别吸取 1mL 10^{-3}、10^{-4}、10^{-5} 样品稀释液于相应编号的无菌培养皿内，用高氏合成 1 号培养基依前法倾倒平板，每个稀释度做 2～3 个平行皿。

③ 培养　冷凝后，将平板倒置于 28℃ 恒温箱中，培养 5～7 天观察结果。

（3）霉菌的分离

① 制备样品稀释液　称取样品 10g，加入到一个盛有 90mL 无菌水或无菌生理盐水并装有玻璃珠的锥形瓶中，振荡 10min，即成 10^{-1} 样品稀释液。

② 倾注法分离　依前法将样品稀释液再稀释成 10^{-2}、10^{-3}、10^{-4} 的样品稀释液。然后用无菌移液管分别吸取 1mL 10^{-4}、10^{-3}、10^{-2} 样品稀释液于相应编号的无菌培养皿内。采用马丁培养基倾倒平板，为了抑制细菌生长和降低菌丝蔓延速度，马丁培养基临用前需用无菌操作方法加入孟加拉红、链霉素和去氧胆酸钠。每个稀释度做 2～3 个平行皿。

③ 培养　冷凝后，将平板倒置于 28℃ 恒温箱中，培养 3～5 天后观察结果。

（4）酵母菌的分离

① 制备菌悬液　称取 1g 样品加入到一个盛有 99mL 无菌水或无菌生理盐水并装有玻璃珠的锥形瓶中，面肥发黏，用接种铲在锥形瓶内壁磨碎后移入无菌水或生理盐水内，振荡 20min，即成 10^{-2} 的样品稀释液。若选用果园土样，也依前法称取 1g 土样，制成 10^{-2} 样品稀释液。

② 涂布法分离　依前法向无菌培养皿中倾倒已融化并冷却至 $45\sim50℃$ 的豆芽汁葡萄糖培养基，待平板冷凝后，用无菌移液管分别吸取上述 10^{-6}、10^{-5}、10^{-4} 三个稀释度菌悬液 0.1mL，依次滴加于相应编号的培养基平板上，右手持无菌玻璃涂棒，左手拿培养皿，并用拇指将皿盖打开一缝，在火焰旁右手持玻璃涂棒于培养皿平板表面将菌液自平板中央均匀向四周涂布扩散，切忌用力过猛将菌液直接推向平板边缘或将培养基划破。

③ 培养　接种后，将平板倒置于 30℃ 恒温箱中，培养 $2\sim4$ 天观察结果。

3. 划线分离法

菌种被其他杂菌污染时或混合菌悬液常用划线法进行纯种分离。此法是借助将蘸有混合菌悬液的接种环在平板表面多方向连续划线，使混杂的微生物细胞在平板表面分散，经培养得到由单个微生物细胞繁殖而成的分散的菌落，从而达到纯化目的。平板制作方法如前所述。但划线分离的培养基必须事先倾倒好，需充分冷凝，待平板稍干后方可使用；为便于划线，一般培养基不宜太薄，每皿约倾倒 20mL 培养基，培养基应厚薄均匀，平板表面光滑。划线分离主要有连续划线法和分区划线法两种。连续划线法是从平板边缘一点开始，连续作波浪式划线直到平板的另一端为止，当中不需灼烧接种环上的菌；另一种是将平板分成四区，故又称四分区划线法。划线时每次将平板转动 $60°\sim70°$ 划线，每换一次角度，应将接种环上的菌烧死后，再通过上次划线处划线。

（1）连续划线法　以无菌操作方法，用接种环直接取平板上待分离纯化的菌落。将菌种点种在平板边缘一处，取出接种环，烧去多余菌体。将接种环再次通过稍打开皿盖的缝隙伸入平板，在平板边缘空白处接触一下使接种环冷凉，然后从接种有菌的部位在平板上自左向右轻轻划线，划线时平板面与接种环面成 $30°\sim40°$，以手腕力量在平板表面轻巧滑动划线，接种环不要嵌入培养基内划破培养基，线条要平行密集，充分利用平板表面积，注意勿使前后两条线重叠。划线完毕，关上皿盖。灼烧接种环，待接种环冷凉后放置接种架上。培养皿倒置于（以免培养过程中皿盖冷凝水滴下，冲散已分离的菌落）适温的恒温箱内培养。培养后在划线平板上观察沿划线处长出的菌落形态，涂片镜检为纯种后再接种试管斜面。

（2）分区划线法　取菌、接种、培养方法与"连续划线法"相似。分区划线法分离微生物时平板分 4 个区，故又称四分区划线法。其中第 4 区是单菌落的主要分布区，故其划线面积应最大。为防止第 4 区内划线与第 1、2、3 区线条相接触，应使第 4 区线条与第 1 区线条相平行，这样区与区之间线条夹角最好保持

120°左右。先将接种环蘸取少量菌在平板第 1 区划 3～5 条平行线，取出接种环，左手关上皿盖，将平板转动 60°～70°，右手把接种环上多余菌体烧死，将烧红的接种环在平板边缘冷却，再按以上方法以第 1 区划线的菌体为菌源，由第 1 区向第 2 区作第 2 次平行划线。第 2 次划线完毕，同时再把平皿转动 60°～70°，同样依次在第 3、4 区划线。划线完毕，灼烧接种环，关上皿盖，同上法培养，在划线区观察单菌落。

在分离细菌的平板上选取单菌落，于肉膏蛋白胨平板上再次划线分离，使菌进一步纯化。划线接种后的平板，倒置于 30℃ 恒温箱中培养 24h 后观察结果。

（四）微生物菌落计数（平板菌落计数法）

含菌样品的微生物经稀释分离培养后，每一个活菌细胞可以在平板上繁殖形成一个肉眼可见的菌落。故可根据平板上菌落的数目，推算出每克含菌样品中所含的活菌总数。

$$\frac{\text{每克含菌样品中}}{\text{微生物的活细胞数}} = \frac{\text{同一稀释度的 3 个平板上菌落平均数×稀释倍数}}{\text{含菌样品克数}}$$

一般由三个稀释度计算出每克含菌样品中的总活菌数和同一稀释度出现的总活菌数均应很接近，不同稀释度平板出现的菌落数应呈规律性地变化。如相差较大，表示操作不精确。通常应以用于分离微生物的第二个稀释度的平板上出现 30～300 个菌落为好。也可用菌落计数器计数。

（五）平板菌落形态及个体形态观察

从不同平板上选择不同类型菌落用肉眼观察，区分细菌、放线菌、酵母菌和霉菌的菌落形态特征。并用接种环挑菌，视其与基质结合紧密程度。再用接种环挑取不同菌落制片，在显微镜下进行个体形态观察。将所分离的含菌样品中明显不同的各类菌株的主要菌落特征和细胞形态进行拍照或记录。

（六）分离纯化菌株转接斜面（斜面接种）

在分离细菌、放线菌、酵母菌和霉菌的不同平板上选择分离效果较好，认为已经纯化的菌落各挑选一个用接种环接种试管斜面。

将细菌接种于肉膏蛋白胨斜面，放线菌接种于高氏 1 号斜面，酵母菌和霉菌接种于豆芽汁葡萄糖斜面上。

贴好标签，在各自适宜温度的恒温培养箱内培养，培养后观察是否为纯种，记录斜面培养条件及菌苔特征。置冰箱保藏。

三、酿酒微生物的鉴定

（一）传统的微生物鉴定技术

平板分离鉴定作为传统微生物分析技术一直是白酒微生物研究的主要手段，主要是通过反复多次的培养划线分离，从样品中筛选出纯菌株后进行鉴定分析便可得知样品中存在的微生物种类。除菌株的分离鉴定以外，平板分离鉴定技术还可应用于菌株产香、产酶等功能性研究。该项传统技术的缺点是耗时较长，但对于功能菌的筛选及研究来说是必须且有效的。据估计，不可培养微生物占微生物总数的90％以上，对菌群结构复杂的酿酒微生物来说，该方法只能筛选特定条件下的可培养微生物。因此，仅靠传统培养方法不能了解酿酒微生物菌群的整体组成结构。

（二） PCR-DGGE

聚合酶链反应变性梯度凝胶电泳（Polymerase chain reaction-denaturing gradient gel electrophoresis），该技术的原理是根据 DNA 或 RNA 的碱基序列上存在一个或多个溶解区域，这些区域在相应的变性剂浓度下发生不同的构型变化，低 G＋C 含量的区域先溶解，高 G＋C 含量的区域保持双链，当 DNA/RNA 在变性剂作用下变性解链时，迁移阻力增加，达到某一浓度时，DNA/RNA 分子便会停止迁移，停留在其相应的变性梯度位置上，通过染色后便可在凝胶上显示不同位置、不同亮度的条带，然后将条带切胶回收后进行测序，与 NCBI 数据库进行比对后便可确定物种，就能分析菌群的组成和数量分布情况。

PCR-DGGE 技术作为分析研究微生物群落结构的有效手段，已广泛应用于自然环境中原核生物和真核生物群落的生物多样性研究。这一技术可直接利用 DNA 或 RNA 对微生物进行鉴定分析，提供样品中优势种类的信息并分析其差异，具有可重复性和操作简单等特点，不但避免了传统微生物技术研究中耗时的菌种培养与分离，而且还能鉴定出不可培养的菌种。通过该技术可以快速、准确地鉴定自然环境或人工环境中的微生物个体，并对微生物群落结构演替规律、种群的动态变化进行分析。

（三）宏基因组学

宏基因组学又名元基因组学，是以环境中全部微生物群体的基因组为研究对象，通过提取环境中全部微生物群的 DNA，经克隆转化、建库、测序、质控分析后进行物种分类注释，并与 KEGG、SEED、COG、Cazy 等数据库进行代谢功能及通路的注释分析，对整个环境中微生物群体的物种组成、功能基因变化进行研究，其优点在于可全面研究微生物多样性、种群结构、代谢变化及功能基因与微生物之间的关系。宏基因组学作为研究微生物发酵过程中基因及代谢通路变化的有效手段，将宏基因组学应用于浓香型白酒窖泥的研究，发现了己酸合成途径中的关键酶，并构建了由 *Clostridium*、*Clostridialcluster* Ⅳ、*Methanoculleus* 和 *Methanosarins* 的己酸合成途径；利用宏基因组学对芝麻香型高温大曲进行研究，发现大曲品温越高，高温放线菌丰度越高，其功能基因碱性磷酸酶蛋白（Clp）、groEL 分子伴侣、磷酸转运系统 ATP 蛋白（pstB）等逐渐成为优势基因，通过 Cazy 注释证明了碳水化合物降解相关基因的富集会促进大曲糖化力和酯化力的提升。

（四）高通量测序技术

高通量测序技术（High-throughput sequencing）又称之为下一代测序技术（"Next-generation" sequencing technology），由 Maxam-Gilbert 和 Sanger 测序发展而来。该技术可以在短时间内对几十万到几百万条 DNA 进行序列测定，有利于复杂微生物群落结构的快速分析，即使是含量低于 1％ 的微生物，通过高通量测序技术也能将其检测出来，为研究者提供更为全面、准确的微生物群落信息。该技术目前已被广泛应用于各种发酵食品中的微生物多样性研究。

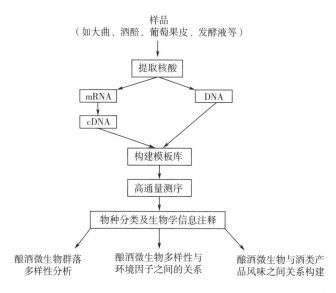

图 2-4 高通量测序技术流程图（针对酿酒微生物多样性研究）

应用高通量测序技术对酒类生产过程中的微生物群落多样性进行研究，其流程如图 2-4 所示，高通量测序技术流程一般包括采样、提取及纯化核酸序列、构建文库、测序、原始序列信息比对注释、数据分析等步骤。

目前，高通量测序技术已被国内外研究者作为研究酿酒微生物多样性的重要手段。研究者提取不同酒样中酿酒微生物的核酸后，可通过高通量测序技术直接进行测序分析。高通量测序技术不仅有利于复杂微生物群落多样性的快速分析，而且可以检测到低存在率的微生物以及存活但不可培养的微生物，从而提供更为全面的微生物群落信息。

四、酒醅微生物 DNA 的提取和菌种鉴定

1. 细菌 DNA 的提取与菌种鉴定

利用细菌基因组 DNA 提取试剂盒提取细菌基因组 DNA，用正向引物（5′-AACGCGAAGAACCTTAC-3′）和反向引物（5′-CGGTGTGTACAAGACCC-3′）扩增细菌的 16S rDNA，利用 Fermentas 公司的试剂和 Taq-DNA 聚合酶、退火温度为 56℃，扩增产物进行电泳分析，贮存于－20℃供测序分析。

2. 酵母菌 DNA 的提取与菌种鉴定

扩增酵母菌 26S rDNA 的 D1/D2 结构域：采用酵母菌基因组提取试剂盒，正向引物 NL1（5′-TGCTGGAGCCATGGATC-3′）和反向引物 RLR3R（5′-GGTCCG TGTTTCAAGAC-3′）。扩增酵母菌的 ITS1 和 ITS2 区域：正向引物 ITS1（5′-TCCGTAGGTGAACCTGCGG-3′）和反向引物 ITS4（5′-TCCTCCG CTTATTGA TATGC-3′）。

3. 霉菌 DNA 的提取与菌种鉴定

扩增霉菌的 ITS1-5.8S-ITS2 区域：正向引物 V9G（5′-TTACGTCCCTGC-CC TTTGTA-3′）、反向引物 LS266（5′-GCATTCCCAAACAACTCGACTC-3′），扩增的退火温度为 52℃。

扩增得到的细菌和真菌的 rDNA 采用 BigDye 循环测序试剂盒在 ABI Prism3700 测序，所得序列与 GeneBank/NCBI 中的序列进行比对，即可得到鉴定结果。

第六节　微生物在白酒生产中的应用

一、人工老窖

在浓香型白酒的生产中，老窖产好酒，是公认的事实，而且窖越老产的酒越

好。宜宾五粮液酒厂最老的窖有建于明代初年的，一级酒的产率可达 50% 以上。
另一个规律是接近窖底或窖壁的酒醅产出的酒，其酯（尤其是己酸乙酯、丁酸乙
酯）含量高，酒质也好。就同一个窖池而言，一般底层酒醅产的酒比中层的好，
中层酒醅产的酒比上层的好。由此可见浓香型酒的酒质与窖泥有密切的关系。为
了提高酒质、多出优质酒，人工培养老窖的技术也就产生了。

　　人工老窖就是用人工培养的窖泥筑成的发酵窖池，使新窖能在较短的时间内
生产出优质的浓香型白酒，从而大大缩短窖池自然老熟的过程。人工培养窖泥需
要添加有益的窖泥微生物，要培养好人工老窖，关键是使窖泥中有足够数量的己
酸菌等有益的窖泥微生物。人工培养老窖是微生物在白酒生产中的又一重要
应用。

　　人工培养窖泥的方法由于各浓香型酒厂的具体情况不同，所用的材料和配方
略有不同，各有所长。下面着重介绍常用的几种方法。

（一）己酸菌液体发酵培养

　　液体发酵培养的配方大约有两种，第一种是用含有七种成分的巴克氏培养
基，先在实验室培养己酸菌，再扩大培养后用于培养窖泥的方法。第二种是酒厂
利用自身生产过程中的副产物，模拟曲酒发酵条件而设计的培养方法。

　　1. 克氏培养法

　　该法采用试管、三角瓶、陶坛三级培养。

　　(1) 菌种来源　开始采用产酒质量好的老窖泥，经纯化（在 80℃ 下处理约
10min），筛选出产己酸高的菌种。各级扩大培养接种量均为 10%；培养温度
32～34℃；pH 值 6.8～7.0；培养基应尽量充满容器，造成厌氧条件；培养时间
为 7 天，大生产使用的己酸菌培养 15 天左右。培养后检验，打开培养容器闻其
气味是否正常，一般质量好的有较浓的老窖泥气味。可用显微镜检查杂菌污染情
况，用气相色谱化验其己酸含量，目前国内己酸发酵液的己酸含量为 200～
500mg/100mL。简单的检测方法可用 2% 的硫酸铜溶液检测，看乙醚层蓝色的深
浅，颜色越深己酸含量就越高。

　　(2) 培养基配方

　　① 菌种筛选培养基　乙酸钠 0.5g、95% 乙醇 20mL、硫酸铵 0.1g、碳酸钙
20g，这四种成分灭菌后，在接种前加入。磷酸氢二钾 0.5g、硫酸镁 0.1g、酵母
膏 1g、水 1000mL。

　　② 种子培养基　硫酸铵 0.5g、乙酸钠 5g、碳酸钙 10g、95% 乙醇 20mL，

这四种成分灭菌后，在接种前加入。磷酸氢二钾 0.4g、硫酸镁 0.2g、酵母膏 1g、水 1000mL，pH 值 6.8。

2. 大生产培养法

（1）培养液配方　老窖泥 2% 以上、酒尾（以酒精含量计）2%、黄水 6%、大曲粉 1.2%、酒糟 3%、黄泥 2%。

（2）配料操作　将酒糟水、干黄泥装入陶坛中倒入 85℃ 以上的热水，立即封坛，待冷至 40℃，加入曲药、老窖泥、酒尾等，接种己酸菌种子培养液 10%。

用塑料薄膜密封坛口，保温 32～34℃，培养 10～15 天。正常培养液应为淡黄色，气味与老窖泥相似，镜检杆菌多，基本无其他杂菌。

（二）人工老窖的制作

1. 人工培养老窖所需的材料

（1）菌种　上述两种培养方法培养的己酸菌。

（2）黄泥　要求黏性好，无沙粒碎石等杂物，无化学污染，注意钙和铁的含量不能过高，不然投入生产后窖壁会出现大量白色粉末（乳酸钙或乳酸铁），严重影响窖泥质量。

（3）大曲粉　酿造大曲酒用的一般大曲。

（4）黄水　发酵正常的老窖黄水。

（5）酒尾　蒸酒时取下的尾子，酒精度不能太低。

（6）其他　有的厂增加窖皮泥、塘泥（不得有化学污染）等。

2. 人工培养窖泥的配方

人工培养窖泥的配方，在全国各地配方的种类较多，现将某些配方收录如下，以供参考。

（1）用黏黄泥 94.5%，过磷酸钙 1%，大曲粉 1.5%，豆饼粉 1%，酒糟 2%。底锅水适量，培养液 5%，全部混匀，踩至柔熟，夏天密封培养 1 个月以上。

（2）用黄泥 4500kg，窖皮泥占 10%，尿素 0.04%，过磷酸钙 0.1%，黄水 1.4%，酒糟 2.6%，曲药 1%，尾酒 1%，大生产培养液 2%，将上述配料充分混匀，堆积，用塑料布和黄泥覆盖密封，在 30～35℃ 下培养 2 个月。

（3）用干黄泥 4.5m³ 计，曲药 1%～3%，黄水以浸透干泥为宜，培养液 250kg 以上，酒尾适量，将以上物料混匀、踩烂后放入大池保温发酵 1 个月以上。

3. 人工老窖的制作方法

培养成熟的香泥（窖泥）在搭窖前需加适量黄水和尾酒后踩匀踩柔，为了增加香泥与窖壁的黏着力，搭窖前先以 5％的低度酒均匀喷洒四周窖壁，使香泥紧贴窖壁。一般窖壁的香泥铺设厚度为 7.5～10cm，窖低铺设厚度 10～12.5cm，搭好后喷酒尾，然后抹平，撒少量曲粉，盖上塑料布，即可投入使用。

（三）防止窖泥退化及窖池的维护保养

在浓香型酒的酿造过程中，有些窖池经过一段时间使用后，窖壁逐渐变硬，有的表面析出白色晶体或细长的针状结晶。酒质随之下降，这就是窖泥的退化现象。

经分析表明，白色结晶物为乳酸钙和乳酸铁，是窖泥中含有过量的钙或铁，遇到酒醅中的乳酸而生成，通过窖泥的毛细管作用浓缩析出。试验表明，当乳酸钙、乳酸铁在 0.025％微量情况下，对己酸菌生长有促进作用。当乳酸钙、乳酸铁增加到 0.05％～0.1％时，则对己酸菌的生长有毒害作用。

为了防止白色结晶物的出现，可采用以下措施：在选择黄泥时，选择含钙、铁含量低的黄泥；在已发生的情况下，可把白色结晶物刮掉，多次刮后，含量少了，就不会再出现；适当加大入池酒醅的水分，使乳酸钙溶于黄水中推除。

窖泥变硬的现象是由于窖泥营养物严重不足。解决的办法是注意入池的配料，并加强养窖；可在出窖期间用己酸菌发酵液喷洒在窖壁上，增加窖泥的水分和营养物；太差的窖泥可以换上新的优质窖泥。

二、活性干酵母

（一）活性干酵母的制备及活化方法

活性干酵母是由特殊培养的鲜酵母经压榨、挤压成细条状或小球状，再利用低湿度的循环空气经流化床连续干燥，使最终水分达 8％左右，并保持强的发酵能力的干酵母制品。活性干酵母含酵母细胞数 $3×10^{10}$ 个/g 左右。其中活细胞占总数的 80％以上，产品保质期 2～3 年。在保质期内可随用随取，操作简便，易于掌握。

用水活化时，活性干酵母能迅速吸收水分，在 3～5min 细胞恢复为含水量 75％左右，再经过一段时间活化，便成为具有生理功能的自然状态的酵母细胞。为减少细胞中物质在复水期间的损失，复水温度控制在 38～40℃为宜。复水活化液可用 38℃的自来水或井水。用自来水复水活化时，加入活性干酵母量 5～10 倍的水；如向水中添加营养物质，复水活化时间可延长至 3～4h，以增加酵母菌的传代数量；如用稀糖化醪补充活化液营养，则可用 10～50 倍的活化液。现在各厂家对活性干酵母的用途已多样化，并在此基础上有许多改进。

（二）活性干酵母的应用范围

自活性干酵母推广以来，从麸曲发展到小曲、大曲，从普通白酒发展到优质白酒乃至名酒，从应用于香醅发展到粮糟和面糟，直至制曲和窖泥培养。在应用方法上也不断创新，并不断拓宽新的应用领域。历经 20 多年的实践，几乎已应用到所有的酒种，除董酒外，其他香型白酒都在采用。全国约有 70% 的国家名白酒厂已应用 TH-AADY（耐高温活性酒精干酵母），推广面遍及我国绝大部分省、市、自治区。活性干酵母自身也随着生产的需要，不断推出新品种，由酒精活性干酵母发展到耐高温酒精活性干酵母乃至产酯活性干酵母等诸多品种。

近 30 年来，糖化酶与活性干酵母已步入专业化、规模化生产。酶制剂与活性干酵母专业化生产企业技术力量强，设备先进，能够保证质量。从而使白酒生产有了可靠的保证，使糖化发酵得以顺利进行。由于使用活性干酵母，操作手续简化，故可减少从业人员和厂房面积，扩大生产，提高出酒率及产品合格率，并有效地降低了成本，提高了企业的经济效益和社会效益。这是白酒工业上的一大技术革新，是白酒工业发展的重要里程碑。

（三）活性干酵母使用效果举例

活性干酵母能够在白酒生产中大面积地推广，其原因主要是厂家得到了实惠。以沱牌酒厂为例，使用 TH-AADY 发酵，淀粉出酒率可提高 9.91%～11.97%；应用于其他工序加以配套，可提高优质品率 1.28%～5.66%；若应用于制曲，则"穿衣"效果更好。应用于窖泥培养液，活性干酵母自溶后代替酵母膏，可增加梭状芽孢杆菌的数量，并由于使用简便，容易掌握，故对窖池、母糟（酒醅）转排等生产工序并无影响。因其耐高温，故有助于安全度夏。

以下以四特酒厂、衡水酒厂和剑兰春酒厂为例，介绍活性干酵母在白酒酿造中的应用。

1. TH-AADY 在四特酒厂的应用

经过深入研究，四特酒厂将活性干酵母与糖化酶联用，在白酒生产中取得了较为理想的结果。操作方法如下。

以含淀粉 70% 的大米为原料，加入大米原料量 0.9%～1.0% 的耐高温活性干酵母、加入大米原料量 0.5% 的糖化酶（酶活力为 50000U/g）、糖化力为 800U/g 的中高温大曲粉的用量为大米原料量的 21%。

首先按班次称好糖化酶及活性干酵母。糖化酶采用干撒法拌入大曲粉中，或用 20 倍 40℃的水活化 15min。活性干酵母用 40℃温水活化 15min。使用时将溶解的糖化酶液和活化好的活性干酵母液混合均匀后泼入渣中，经翻拌达到适宜温度时入池发酵。

在发酵期间，前期升温较快，中间平挺，后期降温较慢。这有利于呈香、呈味物质的形成。顶温控制为 32℃，不超过 36℃。发酵期为 30 天。在 10 月份对出池酒醅的检测结果如表 2-1 所示。

表 2-1　出池酒醅分析

项　目	对照班	2班	4班
水分/%	67.0	68.0	66.5
酸度①	2.9	3.2	3.4
出窖糟醅淀粉浓度/%	8.7	5.5	5.3
酒精体积分数/%	4.8	5.6	6.2

①利用酸碱中和法测定，100g 酒醅滴定消耗 1mmol 氢氧化钠为 1 度，即 100g 酒醅消耗 1mol/L 的氢氧化钠溶液 1mL 为 1 度。

试验基酒 16 次，对照基酒 4 次，经气相色谱仪测定，结果与原酒酒质相近。醇类、酯类等均无明显变化。使用活性干酵母与糖化酶后，提高了酿酒原料的出酒率，经品评，酒质也差异不大。经计算，每班每天可节约 269.37 元，全厂全年可创造效益 340.75 万元。

2. TH-AADY 在衡水酒厂的应用

衡水酒厂大曲糖化力为 1300U/g，糖化酶糖化力为 20000U/g。该厂以本厂传统工艺生产作为对照组，另外 4 组按不同比例的大曲、糖化酶、活性干酵母配料，间隔进行 3 个月的试验。通过计算用糖化酶弥补减曲的糖化力，用曲量从传统的 22%减为 20%或 18%。

试验表明，使用糖化酶及活性干酵母与采用传统生产工艺相比，在发酵结果上无明显差别。分析检测表明，四大酯的检验结果与传统工艺无明显差异。组织品评，结果认为试验窖所产的酒醇香甘洌，无异味，后味稍淡，保持了清香型老白干的独特风格。

3. TH-AADY 在剑南春丢糟配套工艺上的应用

剑南春酒厂使用传统大曲，丢糟中的残余淀粉高达 9%～12%，难以将淀粉充分利用，且发酵周期长、生产成本高。因此，采用糖化酶和活性干酵母为糖化发酵剂，对丢糟进行再次糖化发酵，并对丢糟酒采用"酯化处理""复式工艺""回灌发酵"等技术，组成丢糟利用的配套工艺。糖化酶溶解与活性干酵母的活化，均以常法进行。丢糟经摊凉到 25～30℃，将稀释酶液及酵母菌液均匀地泼入糟中，拌匀后收堆入窖发酵。发酵期为 10～30 天。糖化酶、活性干酵母在丢糟中的应用工艺如图 2-5 所示。

图 2-5 糖化酶、活性干酵母在丢糟中的应用工艺流程图

丢糟利用的配套工艺条件，如表 2-2 所示。

表 2-2 丢糟利用的配套工艺条件

方案	丢糟量 / (kg/瓶)	糖化酶 /g	活性干酵母 /g	入窖温度 /℃	发酵周期 /天
1	800	300	30	30 ± 2	30
2	800	500	60	29 ± 2	25
3	800	800	90	28 ± 2	20
4	800	1000	120	27 ± 2	15
5	800	1200	150	26 ± 2	10

在分别交叉进行 3 轮试验获得数据后，优选出 3 个方案进行复试。复试结果表明产酒量都有很大的提高，每窖次都超过 280kg，并且一轮高过一轮。最后确定方案为：使用糖化酶 700g，活性干酵母 90～100g，入窖温度 26～30℃，发酵周期 20～25 天。丢糟按每瓶 800kg 计。试验班产酒量如表 2-3 所示。

表 2-3 试验班产酒量

组号	产酒量/ (kg/窖)				
	1 轮	2 轮	3 轮	4 轮	5 轮
一组	400	420	440	445	468
二组	390	380	440	460	490

出入窖酒醅化验结果，如表 2-4 所示。

表 2-4　出入窖酒醅化验结果

项　目	入窖酒醅	出窖酒醅
水分/%	55～58	60～62
酸度	1.8～2.2	2.0～2.2
糖分/%	0.8～1.5	0.5～1.2
淀粉含量/%	9～12	6～8

从表 2-4 得知，残余淀粉得到了充分利用，发酵升酸并不高。试验历时 1 年多，产酒 500 吨，折算节粮 1650 吨。按此推算，年产 1000 吨丢糟，再发酵可创利税 248 万元。

丢糟酒的气相色谱分析结果如表 2-5 所示。

表 2-5　丢糟酒气相色谱分析结果　　　　单位：mg/100mL

项目	数值	项目	数值
乙　醛	55.36	甲　醇	17.00
乙酸乙酯	42.68	己酸乙酯	113.25
正丙醇	45.43	异丁醇	35.46
仲丁醇	40.32	正丁醇	14.86
乳酸乙酯	105.04	异戊醇	21.41
乙缩醛	75.40	丁酸乙酯	12.56

感官品评认为，丢糟酒香气突出，醇甜，酒体清爽，尾较净，深受广大消费者欢迎。

三、产酯酵母

（一）产酯酵母的种类及特征

1. 概念

产酯酵母也称生香酵母，一般称产酯酵母是从广义出发的，是指酵母菌有产酯能力而言。它能使酒醅的含酯量增加，并使酒味呈较强的、类似水果的香气。除由科研部门供应菌种之外，也有从生产实践中分离出适合本厂生产的优良菌种，并获得了良好的效果。

2. 种类

产酯酵母大部分属于产膜酵母或假丝酵母，主要是汉逊酵母属或异汉逊酵母及小圆形酵母属等。其中产膜酵母是啤酒、葡萄酒生产中的大敌，它使产品产生恶臭味。但有许多种产膜酵母却是白酒产香的主要菌种。在众多产膜酵母中，也有不具产酯能力或产酯能力极低，甚至无酒精发酵能力却是专门消耗酒精的有害菌。

3. 特征

（1）形态特征　液体培养的产酯酵母在培养时菌体逐渐浮于液面，在液面上形成带有皱纹的皮膜或形成环。细胞呈卵形、圆形、腊肠形。因其好氧性，在液面与空气接触时，菌体形状与液体内均一相中相比，有些改变。

（2）产酯能力　各厂常用的产酯酵母，除产酯外并具有酒精发酵能力，但远不及酒精酵母的发酵能力强，而产酯能力却强于酒精酵母。

在浓度为 $12°Bx$ 的米曲汁中接入酒精酵母及产酯酵母（AS2300、1312、1342、1343），于 $30℃$ 下培养96h。测定结果如表 2-6 所示。不同种属的产酯酵母，其产酯能力不同，发酵酒醅的酸度也不同。XII酒精酵母的产酯能力低，酒醅酸度低，但酒精生成量却高。四种产酯酵母的产酯能力强，酒醅的酸度也高。选用产酯酵母时，不能孤立地追求化验数字，有些菌种，产酯量虽高，但味道极其单调；有的产酯酵母产酯能力稍弱，但能生成细腻的香味。

表 2-6　产酯酵母与酒精酵母发酵对比试验

项 目	菌　　　种				
	AS2300	1312	1342	1343	XII酒精酵母
酒精体积分数/%	4.8	3.9	3.2	2.8	9.9
总酸含量/%	0.041	0.044	0.049	0.046	0.010
总酯含量/（g/100mL）	0.359	0.423	0.392	0.467	0.038
CO_2 减重/g	7.0	8.0	8.5	9.5	11.5
发酵酒醅酸度	0.357	0.299	0.318	0.328	0.212

由于酵母菌种间的特性不同，繁殖速度不同，代谢产物不同，所以各厂都采用多种酵母菌，经分别培养后混合使用。

（二）产酯酵母的培养方法

1. 扩培方法及流程

常用的几种产酯酵母菌，因繁殖速度不同，故需分别在三角瓶内培养后，再混合加入卡氏罐培养，制成种子液，再接入固态培养基进行堆积固态培养，固态培养物即可用于串蒸或随醅下窖发酵。

在"液体试管→小三角瓶→大三角瓶→卡氏罐"的四级扩培流程中，每级扩大 10 倍，接种后 28～30℃保温培养 24h。为使其能接触空气，有利于产酯酵母生长，容器内的装液量仅为容积的 1/3。

2. 堆积培养用料及操作方法

配料用玉米粉 10％、麸皮 40％、鲜酒糟 50％。三者混合均匀后，加水 25％～27％拌匀（不少厂直接利用蒸酒后的回醅小渣进行堆积培养），蒸煮 1h，出甑散冷至 28～30℃，接入卡氏罐中的酵母混合培养液，接种量为原料量的 8％～10％，然后加入曲药 1％～2％、酒尾（控制其酒精含量为 2％～4％），充分拌匀后，在培养室地面上堆积培养，品温保持在 30℃左右，培养 16～20h。培养物芳香浓郁时，即可将其串蒸或加入糟醅入窖发酵。

3. 堆积培养物的检测

产酯酵母堆积培养测定结果，如表 2-7 所示。

表 2-7　产酯酵母堆积培养测定结果（取 5 次平均值）

时间/h	温度/℃	水分/％	酸度	总酯含量/％	细胞数/（1×10^8 个/g）	出芽率/％
0	24.5	50	1.09	—	—	—
2	24	—	—	—	—	—
4	25	50	1.09	0.21	0.23	121
6	27.5	50	1.09	0.453	0.4	45.3
8	29	50	1.12	0.572	1.05	57.2
10	29	50	1.16	0.586	2.3	58.6
12	31	50	1.14	0.59	3.98	59.0
14	32	50	1.12	0.654	2.9	65.4
16	34	50	1.09	0.712	2.67	71.2

第 三 章

白酒生产机理

　　我国的名、优白酒和品种不同的白酒，都有一套相应的生产工艺，这是我国劳动人民在长期的生产实践中总结出来的经验，只有严格按照相应的生产工艺进行操作，才能生产出具有自己独特风格的产品。所以熟练掌握生产工艺是酿好酒的根本。

　　白酒酿造大多是固态发酵，其主要产物是乙醇。经分析检测，白酒中除了大部分是乙醇和水外，还含有占总量 2% 左右的其他香味物质。白酒中所含的香味物质主要是醇类、酸类、酯类、醛类、酮类、芳香族化合物等物质。这些物质的形成主要是由微生物的生物化学作用而产生的。由于酒中这些香味物质的种类多少和相互比例的不同，才使白酒有别于酒精，并形成不同的风格特点。

　　本章讨论白酒生产机理，即酿酒原料中的各种成分是如何通过物理变化和化学变化一步步变为成品酒组分的。

第一节　原料浸润及蒸煮过程中的物质变化

一、原料浸润过程中的物质变化

（一）固态发酵法白酒的润料

　　在蒸料前对粮食原料进行润水，俗称润料。在这一操作中，淀粉颗粒吸收水分后稍有膨胀，为蒸煮糊化创造条件。润水的程度即加水比及润料时间的长短，由原料特性、水温、润料方法、蒸料方式及发酵工艺而定。如汾酒采用水温90℃的热水高温润料，但因采用清蒸二次清工艺，故润料时间为 18～20h；酱香

型大曲酒生产的高粱润料采用 90℃ 以上的热水润料 10h 左右；浓香型大曲酒的
生产以酸性的酒醅拌和润料，因原料需经过多次发酵，且淀粉颗粒在酸性条件下
吸水较易糊化，故润料只需几小时。

（二）小曲酒生产中大米浸洗时的物质变化

1. 洗米过程中米的成分变化

大米清洗过程中主要流失淀粉、钾、磷酸及维生素。若间歇式水洗 4 次，则
白米减重约 2.3%，粗脂肪的 65%、灰分的 49% 流失。洗米还可除去附于白米
上的糠、尘土及夹杂物。

2. 浸米过程中米的成分变化

浸米时，米中的钾和磷酸最易溶出，洗米和浸米共溶出钾约 50%。边浸边
流 1h，钾流失 60%～70%，磷酸流失 20%。浸米时，钠、镁、糖分、淀粉、蛋
白质、脂质及维生素等，均有不同程度的溶出。相反，水中的钙及铁却被米粒
吸着。

二、原料蒸煮过程中的物质变化

原料蒸煮的目的主要是使淀粉颗粒进一步吸水、膨胀、破裂、糊化，以利于
淀粉酶的作用；同时，在高温下，原辅料也得以灭菌，并排除一些挥发性的不良
成分。实际上，在原料蒸煮过程中，还会发生其他许多物质变化。对于续渣混蒸
而言，酒醅中的成分也会与原料中的成分相互作用，因此，原料蒸煮中的物质变
化是很复杂的。

（一）碳水化合物的变化

1. 淀粉的特性及其在蒸煮中的变化

（1）淀粉的特性　存在于原料细胞中的淀粉颗粒，受到细胞壁的保护。在原
料粉碎时，部分植物细胞已经破裂，但大部分仍需经蒸煮才能破裂。

淀粉颗粒实际上是与纤维素、半纤维素、蛋白质、脂肪、无机盐等成分交织
在一起的。即使是淀粉颗粒本身，也具有抵抗外力作用的外膜。其化学组成相同
于内层淀粉，但因其水分较少而密度较大，故强度也较大。

淀粉颗粒是由许多呈针状的小晶体聚集而成的，用 X 射线透视，生淀粉分
子呈有规则的结晶构造。小晶体由一束淀粉分子链组成，而淀粉分子链之间，则
由氢键联结成束。

$$淀粉分子链 \xrightarrow{氢键} 针状晶体 \xrightarrow{聚集} 淀粉颗粒$$

在显微镜下观察，淀粉颗粒呈透明，具有一定的形状和大小。大体上可分为圆形、椭圆形和多角形三类。通常含水分高、蛋白质含量低的植物果实，其淀粉颗粒较大，形状也较整齐，多呈圆形或卵形。如白薯淀粉颗粒为圆形，结构较疏松，大小为 $15\sim25\mu m$；玉米淀粉颗粒呈卵形近似球形，也有呈多角形的，结构紧密坚实，其大小为 $5\sim26\mu m$；高粱的淀粉颗粒呈多角形，大小为 $6\sim29\mu m$。据测试，1kg 玉米淀粉约含 1700 亿个淀粉颗粒，而每个颗粒又由很多淀粉分子组成。

淀粉颗粒的大小与其糊化的难易程度有关。通常颗粒较大的薯类淀粉较易糊化；颗粒较小的谷物淀粉较难糊化。

（2）淀粉在蒸煮中的变化

① 淀粉颗粒的膨胀　淀粉的膨胀：淀粉是亲水胶体，遇水时，水分子因渗透压的作用而渗入淀粉颗粒内部，使淀粉颗粒的体积和质量增加，这种现象称为淀粉的膨胀。在淀粉颗粒的膨胀过程中，淀粉颗粒犹如一个渗透系统，其中支链淀粉起着半渗透膜的功能。渗透压的大小及淀粉颗粒的膨胀程度，则随水分的增加和温度的升高而增加。在 40℃ 以下，淀粉分子与水发生水化作用，吸收 $20\%\sim25\%$ 的水分；自 40℃ 起，淀粉颗粒的膨胀速度就明显加快。1g 干淀粉可放出 104.5J 热量。

② 淀粉的糊化　当温度达到 70℃ 左右、淀粉颗粒已膨胀到原体积的 $50\sim100$ 倍时，各分子间的联系已被削弱而引起淀粉颗粒之间的解体，形成均一的黏稠体。这时的温度称之为糊化温度。这种淀粉颗粒无限膨胀的现象，称之为糊化，或称淀粉的 α-化或凝胶化，这一变化使淀粉具有黏性及弹性。经糊化的淀粉颗粒的结构，由原来有规则的结晶层状构造，变为网状的非结晶构造。支链淀粉的大分子组成立体式网状，网眼中是直链淀粉溶液及短小的支链淀粉分子。淀粉的糊化过程与初始的膨胀不同，它是个吸热过程，糊化 1g 淀粉需吸热 6.28kJ。

由于淀粉的结构、颗粒大小、疏松程度及水中盐分种类和含量的不同，加之任何一种原料的淀粉颗粒大小都不均一，故不宜采用某一个糊化温度，而应自糊化起始至终了，确定一个糊化温度范围。例如玉米淀粉为 $65\sim75$℃，高粱为 $68\sim75$℃，大米为 $65\sim73$℃。对粉碎原料而言，其糊化温度应比整粒者高些。因粉碎原料中的糖类、含氮物及电解质等成分会降低水对淀粉颗粒的渗透作用，故使膨胀作用变慢。植物组织内部的糖和蛋白质等对淀粉有保护作用，故欲使淀粉糊化完全，则需更高的温度。

实际上，原料在常压下蒸煮时，只能使植物组织和淀粉颗粒的外壳破裂，一大部分细胞仍保持原有状态；而在生产液态发酵法白酒时，当蒸煮醪液吹出蒸煮锅时，由于压差使细胞内的水变为蒸汽导致细胞破裂。这种醪液称为糊化醪或蒸煮醪。

③ 淀粉的液化　这里的"液化"概念，与由 α-淀粉酶作用于淀粉而使黏度骤然降低的"液化"含义不同。

当淀粉糊化后，若品温继续升至 130℃ 左右时，由于支链淀粉已几乎全部溶解，网状结构完全被破坏，故淀粉溶液成为黏度较低的易流动的醪液，这种现象称之为液化或溶解。溶解的具体温度因原料而异，例如玉米淀粉为 146～151℃。

淀粉糊化和液化过程中，最明显的物理性状的不同是醪液黏度的变化。但糊化以前的黏度变化不大，即在品温升至 35～45℃ 时，因淀粉受热吸水膨胀而醪液黏度略有下降；继续升温时，黏度缓慢上升；当温度升至 60℃ 以上时，部分淀粉已开始糊化，随着直链淀粉不断地溶解于热水中，致使黏度逐渐增加；待品温升至 100℃ 左右时，支链淀粉已开始溶解于水；温度继续上升至 120℃ 时，淀粉颗粒已几乎全部溶解；温度超过 120℃ 时，由于淀粉分子间的运动能增高，网状结构间的联系被削弱破坏、断裂成更小的片段，醪液黏度则迅速下降。

上述的糊化和液化现象，也可以用氢键理论予以解释：氢键随温度升高而减少，故升温使淀粉颗粒中淀粉大分子之间的氢键削弱，淀粉颗粒部分解体，形成网状组织，黏度上升，发生糊化现象；温度升至 120℃ 以上时，水分子与淀粉之间的氢键开始被破坏，故醪液黏度下降，发生液化现象。

淀粉在膨胀、糊化、液化后，尚有 10% 左右的淀粉未能溶解，须在糖化、发酵过程中继续溶解。

④ 熟淀粉的老化　经糊化或液化后的淀粉醪液，不同于用酸水解所得的可溶性淀粉溶液。当其冷却至 60℃ 时，会变得很黏稠；温度低于 55℃ 时，则变为胶凝体，不能与糖化剂混合。若再进行长时间的自然缓慢冷却，则会重新形成结晶体。若原料经固态蒸煮后，将其长时间放置、自然冷却而失水，则原来已经被 α-化的 α-淀粉，又会回到原来的 β-淀粉状。

上述两种现象，均称为熟淀粉的"返生"或"老化"或"β-化"。据试验，糖化酶对熟淀粉及 β-化淀粉作用的难易程度，相差约 5000 倍。

老化现象的原理是淀粉分子间的重新联结，或者说是分子间氢键的重新建立。因此，为了避免老化现象，若为液态蒸煮醪，则应设法尽快冷却至 60～65℃，并立即与糖化剂混合后进行糖化；若为固态物料，也应快速冷却，在不使其缓慢冷却且失水的情况下，加曲、加量水入池发酵。

⑤ 蒸煮过程中淀粉的自糖化　白酒的制曲及制酒原料中，大多含有淀粉酶系。当原料蒸煮的温度升到 50～60℃时，这些酶被活化，将淀粉分解为糊精和糖，这种现象称之为"自糖化"。例如甘薯主要含有 β-淀粉酶，故在蒸煮的升温过程中会将淀粉部分变为麦芽糖及葡萄糖。整粒原料蒸煮时，因糖化作用而生成的糖量有限；但使用粉碎原料蒸煮时，能生成较多的糖，尤其是在缓慢升温的情况下。以续渣混蒸的方式蒸料时，因酸性条件而使淀粉水解的程度并不明显。

2. 糖的变化

白酒生产中，谷物原料的含糖量最高可达 4％左右。在蒸煮时的升温过程中，由于原料本身含有的淀粉酶对淀粉的水解作用，也产生一部分糖。这些糖在蒸煮过程中会发生各种变化，尤其是在高压蒸煮的情况下。

（1）己糖的变化　原料蒸煮过程中，己糖的变化多为有机化学反应。主要有以下两种变化。

① 部分葡萄糖等醛糖会变成果糖等酮糖。

② 葡萄糖和果糖等己糖，在高压蒸煮过程中可脱水生成 5-羟甲基糠醛，5-羟甲基糠醛很不稳定，会进一步分解成戊隔酮酸及甲酸。如下式所示。

$$
\begin{array}{c}
\text{CHO} \\
| \\
\text{CHOH} \\
| \\
\text{CHOH} \\
| \\
\text{CHOH} \\
| \\
\text{CHOH} \\
| \\
\text{CH}_2\text{OH}
\end{array}
\longrightarrow
\quad
\begin{array}{c}
\text{HC} - \text{CH} \\
\quad\quad | \\
\text{C} \quad \text{C} - \text{CHO} \\
\text{H}_2\text{C} \quad \text{O} \\
\quad\quad \text{OH}
\end{array}
\longrightarrow
\quad
\begin{array}{c}
\text{COOH} \\
| \\
\text{CH}_2 \\
| \\
\text{CH}_2 \\
| \\
\text{CO} \\
| \\
\text{CH}_3
\end{array}
+ \text{HCOOH}
$$

己糖　　　　　　5-羟甲基糠醛　　　　戊隔酮酸　　甲酸

上述反应均是不可逆的，按一级动力学反应方程式进行。部分 5-羟甲基糠醛缩合，可生成棕黄色的色素物质。

（2）美拉德反应　美拉德反应（Maillard reaction）亦称非酶棕色化反应，是广泛存在于食品工业的一种非酶褐变。是羰基化合物（还原糖类）和氨基化合物（氨基酸和蛋白质）间的反应，经过复杂的历程最终生成棕色甚至是黑色的大分子物质类黑精或称拟黑素，故又称羰氨反应（1912 年法国化学家 L. C. Maillard 提出）。

生成氨基糖的速度，因还原糖的种类、浓度及反应的温度、pH 值而异。通常五碳糖与氨基的反应速度高于六碳糖；在一定的范围内，若反应温度越高、基质浓度越大，则反应速度越快。据报道，美拉德反应的最适温度为 100～110℃，pH 值为 5。但也有学者认为在碱性条件下更有利于类黑精的生成。

美拉德反应产物多为食品中极为重要的风味物质，若酒醅经水蒸气蒸馏将微量的氨基糖带入酒中，可能会起到恰到好处的呈香呈味作用；据研究，酱香型白酒主体香味成分的形成与美拉德反应产物有着密切关系。但生成氨基糖要消耗可发酵性糖及氨基酸，且氨基糖的存在，对淀粉酶和酵母的活力均有抑制作用。据报道，若发酵醪中的氨基糖含量从 0.25% 增至 1%，则淀粉酶的糖化能力下降 25.2%。

（3）焦糖的生成　在无水和没有氨基化合物存在的情况下，当原料的蒸煮温度接近或超过糖的熔化温度时，糖会失水而生成黑色的无定形产物，称为焦糖，这一现象称为糖的焦化。糖类中，果糖较易焦糖化，因其熔化温度为 95～105℃，而葡萄糖的熔化温度为 144～146℃。

焦糖的生成，不但使糖分损失，且焦糖也影响糖化酶及酵母的活力。

蒸煮温度越高、醪液中糖的浓度越大，则焦糖生成量越多。焦糖化往往发生于蒸煮锅的死角及锅壁的局部过热处。在生产中，为了降低类黑色素及焦糖的生成量，应掌握好原料加水比、蒸煮温度及 pH 值等各项蒸煮条件。

3. 纤维素、半纤维素的变化

纤维素是细胞壁的主要成分。蒸煮温度在 160℃ 以下，pH 值为 5.8～6.3 范围内，其化学结构不发生变化，而只是吸水膨胀。

半纤维素的成分大多为聚戊糖及少量多聚己糖。当原料与酸性酒醅混蒸时，在高温条件下，聚戊糖会部分地分解为木糖和阿拉伯糖，并均能继续分解为糠醛。这些产物都不能被酵母菌所利用。多聚己糖则部分地分解为糊精和葡萄糖。

半纤维素也存在于粮谷的细胞壁中，故半纤维素的部分水解，也可使细胞壁部分损伤。有利于糖化酶的糖化作用。部分纤维素、半纤维素在纤维素酶及半纤维素酶的催化下，水解为少量的葡萄糖、纤维二糖及木糖等。

（二）含氮物、脂肪及果胶的变化

1. 含氮物的变化

原料蒸煮过程中品温低于 140℃ 时，因蛋白质发生凝固及部分变性，故可溶性含氮物质的量有所下降；当温度升至 140～158℃ 时，则可溶性含氮物质的量会增加，因为发生了胶溶作用。

整粒原料的常压蒸煮，实际上分为两个阶段。前期是蒸汽通过原料层，在颗粒表面冷凝成水；后期是冷凝水向粮食颗粒内部渗透，主要作用是使淀粉 α-化及蛋白质变性。只有在液态发酵法生产白酒的原料高压蒸煮时，才有可能产生蛋白质的部分胶溶作用。在高压蒸煮整粒谷物时，有 20%～50% 的谷蛋白进入溶液；若为粉碎的原料，则比例会更大些。

2. 脂肪的变化

脂肪在原料蒸煮中的变化很小，即使是 140～158℃ 的高温，也不能使甘油酯充分分解。据研究，在液态发酵法原料的高压蒸煮中，也只有 5%～10% 的脂类物质发生变化。

3. 果胶的变化

果胶由多聚半乳糖醛酸或半乳糖醛酸的甲酯化合物所组成。果胶质是原料细胞壁的组成部分，也是细胞间的填充剂。

果胶质中含有许多甲氧基（—OCH_3），在蒸煮时果胶质分解，甲氧基会从果胶质中分离出来，生成甲醇和果胶酸，其反应式如下：

$$(\text{RCOOCH}_3)_n \xrightarrow{\text{果胶酶}+n\text{H}_2\text{O}} (\text{RCOOH})_n + n\text{CH}_3\text{OH}$$

果胶质　　　　　　　　　　　　　果胶酸　　　甲醇

原料中果胶质的含量，因其品种而异。通常薯类原料的果胶质含量高于谷物原料。蒸煮温度越高，时间越长，由果胶质生成甲醇的量越多。

甲醇的沸点为 64.7℃，故在将原料进行固态常压清蒸时，可采取从甑桶等蒸馏容器顶部放气的办法排除甲醇。若为液态蒸煮，则甲醇在蒸煮锅内呈气态，集结于锅的上方空间，故在间歇法蒸煮的过程中，应每间隔一定时间从锅顶放一次废汽，使甲醇也随之排走。若为连续法蒸煮，则可将从汽液分离器排出的二次蒸气经列管式换热器对冷水进行间壁热交换；在最后的后熟锅顶部排出废汽，也应通过间壁加热法以提高料浆的预热温度。如此，可避免甲醇蒸气直接溶于水或料浆。

（三）其他物质变化

蒸料过程中，还有很多微量成分会分解、生成或挥发。例如由于含磷化合物分解出磷酸，以及水解等作用生成一些有机酸，故使酸度增高。若大米的蒸饭时间较长，则不饱和脂肪酸减少较多；而醋酸异戊酯等酯类成分却增加。

物料在蒸煮过程中的含水量也是增加的。自浸渍前的白米至饭粒的总吸水率被称为饭粒吸水率，通常为 36%～40%，比蒸饭前浸过的米多 10%。通常使淀

粉 α-化的最短时间为 15min，因此无论是使用甑桶或蒸饭机蒸饭，自蒸汽接触米粒算起，需要至少蒸 20min。

（四）原料蒸煮的一般要求

原料经过蒸煮，其目的是有利于微生物和酶的作用，同时还有利于酿酒生产的操作。因此，蒸煮过程并不是越熟越好，蒸煮过于熟烂，淀粉颗粒易溶于水，看起来有利于发酵，但事实上，淀粉颗粒蒸得过于黏糊，转化为糖、糊精过多，从而使醅子发黏，疏松透气性能差，不利于固态发酵生产操作，同时糖分转化过多过快，会造成发酵过快，发酵前期升温过猛，引起发酵过程中酵母菌的早衰，影响酵母的生长、繁殖、发酵。导致中挺时间短，破坏大曲酒发酵过程中"前缓、中挺、后缓落"的温度变化规律，给大曲酒的产量、质量带来不利影响；相反，如果原料蒸煮不熟不透，灭菌不彻底，发酵时带入酒醅的杂菌过多，窖内的微生物对原料不能充分利用，又易生酸。因此应对蒸煮时间、蒸煮效果进行控制，要结合具体的生产情况，把好蒸煮关，保证蒸煮达到"熟而不黏，内无生心"的效果。

第二节　制曲过程中的物质变化

生产非纯培养的大曲或小曲，则通常认为其主要目的是繁殖一定量的有利于糖化和发酵的微生物，并积累大量的酶。因此，过去着重注意为达到这两个目的而所需的条件及其结果，同时也注意曲的色、香、味等感官指标。但对制曲过程，尤其是制大曲过程中的各种物质变化，研究得很不够。事实上，在制曲过程中，生料本身带来的酶及制曲时新产生的酶，每时每刻都在起各种作用；各种微生物、特别是某些特种微生物，在特定的高温等条件下，进行着特殊的新陈代谢活动，产生着特别的成分。这些尚未被人们所认识的极为微量的成分，可能具有举足轻重的作用。这些成分或本身单独起作用，或作为前体再继续进行一步或多步反应而生成特殊成分，或与别的一些成分形成恰到好处的量比关系等，使成品酒具有特有的风格。

不应将天然大曲和小曲看成单纯的糖化剂，只着重考察其淀粉酶及菌数等内容；而应将其看作一种进行糖化发酵的极为重要的特殊的中间原料，由微生物和酶类等在特殊条件下进行生理生化反应，将初始原料中的成分转变成许多新的成分，其中也包括特别的成分，而且这些成分之间也在进行着错综复杂的反应。大曲酒的用曲量大，制曲操作复杂，制曲周期长，很有必要探究其形成的一些成分。只有将制曲条件、菌的消长、酶的形成、制曲过程中的成分变化、糖化发酵，以及酒的色、香、味六个方面联系起来，找出关键所在，才能掌握并主动地运用白酒酿造的客观规律。

制曲过程中产生的大量香味物质如表 3-1～表 3-6 所示。

表 3-1　大曲中的酯类物质

	高温大曲	中温大曲	低温大曲
酯类物质	甲酸乙酯，乙酸乙酯，乙酸异戊酯，乙酸辛酯，丙酸乙酯，2-甲基丙酸乙酯，丁酸乙酯，2-甲基丁酸乙酯，3-甲基丁酸乙酯，戊酸乙酯，己酸甲酯，己酸乙酯，己酸丁酯，庚酸乙酯，辛酸甲酯，辛酸乙酯，壬酸甲酯，壬酸乙酯，癸酸乙酯，月桂酸甲酯，月桂酸乙酯，十四酸甲酯，十四酸乙酯，十五酸甲酯，棕榈酸甲酯，棕榈酸乙酯，丙烯酸乙酯，2-甲基-2-壬烯酸甲酯，（Z）-9-十六碳烯酸乙酯，（Z）-9-十八烯酸甲酯，油酸乙酯，亚油酸甲酯，亚油酸乙酯，乙酸苯乙酯，苯甲酸甲酯，3,4-二甲基苯甲酸甲酯，苯甲酸乙酯，苯乙酸甲酯，2-苯乙酸乙酯，3-苯丙酸乙酯，戊酸-3-苯基丙酯，乳酸乙酯，2,3-环氧丙酸乙酯	甲酸乙酯，甲酸己酯，乙酸乙酯，乙酸异戊酯，乙酸庚酯，乙酸辛酯，丙酸甲酯，丁酸甲酯，丁酸乙酯，2-甲基丁酸乙酯，3-甲基丁酸乙酯，2-甲基丁酸丁酯，丁酸-3-甲基丁酯，戊酸甲酯，己酸甲酯，己酸乙酯，己酸丁酯，己酸己酯，己酸十二酯，庚酸乙酯，辛酸甲酯，辛酸乙酯，2,6-二甲基辛酸甲酯，壬酸乙酯，癸酸乙酯，十一酸乙酯，月桂酸乙酯，12-甲基十三烷酸甲酯，十四酸乙酯，13-甲基十四酸乙酯，十五酸甲酯，十五酸乙酯，棕榈酸甲酯，棕榈酸乙酯，棕榈酸异丙酯，15-甲基棕榈酸乙酯，十七烷酸乙酯，十八酸甲酯，十八酸乙酯，二十二烷酸甲酯，（E）-2-己烯酸己酯，（E）-3-壬烯酸乙酯，2-甲基-2-壬烯酸乙酯，肉豆蔻烯酸乙酯，11,13-二甲基-9-十四碳烯酸乙酯，9-十六烯酸乙酯，（E）-11-十六烯酸乙酯，11-十六烯酸乙酯，（Z）-9-十七烯酸乙酯，（Z）-9-十八烯酸甲酯，反-油酸甲酯，油酸乙酯，反-油酸乙酯，（E,E）-7,9-十二碳二烯醇乙酸酯，9,12-十六碳二烯酸乙酯，亚油酸甲酯，亚油酸乙酯，亚麻酸甲酯，乙酸苯乙酯，苯甲酸甲酯，苯甲酸乙酯，苯乙酸甲酯，3-苯丙酸甲酯，2-苯乙酸乙酯，3-苯丙酸乙酯，乳酸乙酯，乳酸异戊酯，3-羟基丁酸乙酯，2-羟基-4-甲基戊酸乙酯，甲氧基乙酸异戊酯，9-壬酮酸乙酯，乙二醇二丁酸酯，丁二酸二乙酯，甘油三丁酸酯，邻苯二甲酸二丁酯	甲酸异戊酯，乙酸乙酯，乙酸丙酯，乙酸异戊酯，乙酸己酯，丙酸乙酯，2-甲基丙酸乙酯，丁酸乙酯，3-甲基丁酸乙酯，己酸乙酯，庚酸乙酯，辛酸乙酯，壬酸乙酯，癸酸乙酯，十四酸乙酯，十五酸乙酯，棕榈酸乙酯，（Z）-己基-3-烯酸乙酯，油酸乙酯，亚油酸乙酯，乙酸苯甲酯，乙酸苯乙酯，苯甲酸乙酯，2-苯乙酸乙酯，3-苯丙酸乙酯，乳酸乙酯，乳酸异戊酯，2-羟基己酸乙酯，2-羟-2-（3-羟基苯基）乙酸乙酯，戊二酸单乙酯，丁二酸二乙酯

表 3-2　大曲中的醇类物质

	高温大曲	中温大曲	低温大曲
醇类物质	乙醇，1-丙醇，异丙醇，正丁醇，2-丁醇，异丁醇，2-甲基丁醇，1-戊醇，2-戊醇，异戊醇，1-己醇，2-己醇，2-乙基己醇，庚醇，2-庚醇，辛醇，2-辛醇，3-辛醇，1-壬醇，1-癸醇，2-十九烷醇，2-甲基-3-丁烯-2-醇，2-甲基-1-丁烯-4-醇，6-甲基-5-庚烯醇，1-辛烯-3-醇，3,7-二甲基-1,6-辛二烯-3-醇，橙花醇，苯甲醇，β-苯乙醇，2-苯基-1-丙醇，2-苯基-1-丁醇，2-羟基-4-异丙基萘，1,2-丙二醇，1,3-丁二醇，1,4-丁二醇，2,3-丁二醇，3,4-己二醇，2,7-二甲基-4,5-辛二醇	1-丙醇，异丙醇，正丁醇，2-丁醇，异丁醇，2-甲基丁醇，1-戊醇，2-戊醇，异戊醇，1-己醇，2-己醇，3-甲基-3-己醇，2-乙基己醇，庚醇，2-庚醇，辛醇，2-辛醇，3-辛醇，1-壬醇，反-2-乙基-环戊基甲醇，1-正丁基-环己醇，土味素，异戊烯醇，1-辛烯-3-醇，(E)-2-辛烯-1-醇，(E)-2-壬烯-1-醇，(Z)-1-(2-己烯基)环己醇，2,4-己二烯-1-醇，3,5-辛二烯-2-醇，喇叭茶醇，苯甲醇，β-苯乙醇，1-苯基-2-丙醇，2-苯基-1-丁醇，1-甲基-3-苯基丙烯醇，韦得醇，1,2-乙二醇，1,2-丙二醇，1,4-丁二醇，2,3-丁二醇，丙三醇	甲醇，乙醇，正丁醇，2-丁醇，异丁醇，1-戊醇，异戊醇，1-己醇，5-甲基-3-己醇，2-乙基己醇，庚醇，2-庚醇，辛醇，2-辛醇，3-辛醇，1-壬醇，2-壬醇，土味素，异戊烯醇，叶醇，1-辛烯-3-醇，(E)-2-辛烯-1-醇，(Z)-2-辛烯-1-醇，(Z)-3-壬烯-1-醇，2-癸烯-1-醇，2,4-癸二烯-1-醇，苯甲醇，β-苯乙醇

表 3-3　大曲中的醛类物质

	高温大曲	中温大曲	低温大曲
醛类物质	乙醛，2-甲基丙醛，2-甲基丁醛，3-甲基丁醛，戊醛，己醛，3-甲基己醛，正辛醛，壬醛，癸醛，2-甲基-2-丁烯醛，(E)-2-庚烯醛，(E)-2-辛烯醛，(E,E)-2,4-辛二烯醛，柠檬醛，苯甲醛，苯乙醛，2-羟基苯甲醛，2-羟基-6-甲基苯甲醛，2-苯基-2-丁烯醛，4-甲基-2-苯基-2-戊烯醛，5-甲基-2-苯基-2-己烯醛，香兰素	乙醛，3-甲基丁醛，戊醛，己醛，庚醛，正辛醛，壬醛，(E)-2-壬醛，癸醛，2-丁烯醛，2-甲基-2-丁烯醛，3-甲基-2-丁烯醛，(Z)-2-戊烯醛，2-甲基-2-戊烯醛，2-己烯醛，(E)-2-庚烯醛，(E)-2-辛烯醛，(E)-2-癸烯醛，2-十一烯醛，5-乙基-1-环戊烯基-1-甲醛，2-乙基-2-丁烯醛，(E,E)-2,4-己二烯醛，(E,E)-2,4-庚二烯醛，(E,E)-2,4-壬二烯醛，(E,Z)-2,4-壬二烯醛，(E,E)-2,4-癸二烯醛，2,4,6-辛三烯醛，苯甲醛，苯乙醛，2-羟基苯甲醛，2-苯基-2-丁烯醛	乙醛，正丙醛，2-甲基丙醛，己醛，壬醛，十六醛，(E)-2-庚烯醛，(Z)-2-庚烯醛，(E)-2-辛烯醛，(E,E)-2,4-庚二烯醛，(E,E)-2,4-壬二烯醛，(E,E)-2,4-癸二烯醛，苯甲醛，苯乙醛，2-羟基苯甲醛

表 3-4   大曲中的酮类物质

	高温大曲	中温大曲	低温大曲
酮类物质	2-丁酮，3-甲基-2-丁酮，2-戊酮，4-甲基-2-戊酮，2-庚酮，2-辛酮，3-辛酮，2-十一酮，植酮（6，10，14-三甲基-2-十五烷酮），6-甲基-5-庚烯酮，3-辛烯-2-酮，1 辛烯-3-酮，1-羟基-2-丙酮，3-羟基-2-丁酮，香叶基丙酮，乙酰苯，2-氨基丙酮，乙酰香草酮（4-羟基-3-甲氧基苯乙酮），3,4-二甲氧基苯乙酮，2,3-戊二酮	2-戊酮，2-甲基-3-戊酮，5-甲基-2-己酮，2-庚酮，5-甲基-3-庚酮，2-辛酮，3-辛酮，4-辛酮，2-十一酮，2-庚烯酮，3-辛烯-2-酮，1-辛烯-3-酮，4-辛烯-3-酮，6-甲基-5-庚烯-2-酮，3,5-辛二烯-2-酮，β-大马酮，3-羟基-2-丁酮，苯乙酮，苯基丙酮，（Z）-氧代环十七碳-8-烯-2-酮，3,4-二羟基-3,4 二甲基-2,5-己二酮，2,6-二叔丁基苯醌	2-戊酮，4-甲基-2-戊酮，2-庚酮，2-辛酮，3-辛酮，3-辛烯-2-酮，1-辛烯-3-酮，2-壬酮，6-甲基-5-庚烯-2-酮，3,5-辛二烯-2-酮，β-大马酮，3-羟基-2-丁酮，苯乙酮

表 3-5   大曲中的酸类物质

	高温大曲	中温大曲	低温大曲
酚类物质	苯酚，4-乙基苯酚，2,4-二叔丁基苯酚，2,6-二叔丁基对甲酚，4-乙烯基苯酚，愈创木酚，4-甲基愈创木酚，4-乙基愈创木酚，4-乙烯基愈创木酚，丁香酚	苯酚，4-甲基苯酚，4-乙基苯酚，2,4-二叔丁基苯酚，2,6-二叔丁基对甲酚，2,6-二叔丁基-4-（2-甲基丙基）苯酚，愈创木酚，4-甲基愈创木酚，4-乙基愈创木酚，4-乙烯基愈创木酚，丁香酚，3-乙基-1,2-苯二酚，2,6-二叔丁基-1,4-苯二酚	苯酚，4-乙基苯酚，愈创木酚，4-甲基愈创木酚，4-乙基愈创木酚，4-乙烯基愈创木酚

表 3-6   大曲中的酚类物质

	高温大曲	中温大曲	低温大曲
酸类物质	甲酸，乙酸，丙酸，2-甲基丙酸，丁酸，2-甲基丁酸，3-甲基丁酸，戊酸，4-甲基戊酸，己酸，庚酸，辛酸，壬酸，癸酸，棕榈酸，（E）-2,3-二甲基-2-戊烯酸，9-十八炔酸，γ-亚麻酸，苯甲酸，苯乙酸，4-羟基丁酸，乳酸，丁二酸，富马酸	甲酸，乙酸，丙酸，2-甲基丙酸，丁酸，2-甲基丁酸，3-甲基丁酸，戊酸，4-甲基戊酸，己酸，庚酸，辛酸，壬酸，癸酸，棕榈酸，正十八酸，3-甲基-2-丁烯酸，2,3-二甲基-2-戊烯酸，油酸，亚油酸，（Z,Z,Z）-8,11,14-二十碳三烯酸，环己烯甲酸，苯甲酸，苯乙酸，苯丙酸，2-羟基-4-甲戊酸，乳酸，丙酮酸	甲酸，乙酸，丙酸，2-甲基丙酸，丁酸，3-甲基丁酸，戊酸，己酸，庚酸，辛酸，壬酸，癸酸，月桂酸，肉桂酸，乳酸，乙酰乙酸，丁二酸，己二酸，富马酸

对于纯种培养的曲，则往往着眼于其对糖化是否有利。但纯种培养的白酒曲与酒精生产用曲不同，如六曲香的曲，由来自于汾酒大曲和酒醅的六种霉菌经纯培养制成，其菌群和物质成分也较复杂。这些成分与发酵及酒质密切相关，其中某些成分起到微妙的作用。因此，即使是纯培养曲，我们对其的认识也应进入更深的层次。

第三节　糖化过程中的物质变化

蒸煮后原料中的淀粉已经糊化，为接下来的糖化和发酵步骤奠定了基础。向蒸煮糊化后的原料中加入酒曲等糖化发酵剂，就进入了糖化发酵的关键工艺阶段。在白酒生产中，除了液态法白酒是先糖化、后发酵外，固态或半固态发酵的白酒，均是糖化和发酵同时进行的。

一、淀粉的糖化

将淀粉经酶的作用生成糖及其中间产物的过程，称为糖化。为清晰起见，将糖化和发酵过程中的物质变化分节予以叙述。

淀粉酶解生成糖的总的反应式如下：

$$(C_6H_{10}O_5)_n + nH_2O \xrightarrow{\text{淀粉酶}} n\ C_6H_{12}O_6$$
$$\underset{\text{淀粉}}{} \qquad\qquad\qquad \underset{\text{葡萄糖}}{}$$

在理论上，100kg 淀粉可生成 111.12kg 葡萄糖。但是实际上，淀粉酶包括 α-淀粉酶、糖化酶、异淀粉酶、β-淀粉酶、麦芽糖酶、转移葡萄糖苷酶等多种酶。这些酶同时在起作用，产物除葡萄糖等单糖外，还有二糖、低聚糖及糊精等成分。

实际上，除了液态发酵法白酒外，酒醅和醪中始终含有较多的淀粉。淀粉浓度的下降速度和幅度受曲的质量、发酵温度和生酸状况等因素的制约。若酒曲的糖化力高且持久、酵母发酵力强且有后劲，则酒醅升温及生酸稳定、淀粉浓度下降快，出酒率高。通常在发酵的前期和中期，淀粉浓度下降较快；发酵后期，由于酒精含量及酸度较高、淀粉酶和酵母活力减弱，故淀粉浓度变化不大。在丢糟中，仍然含有相当浓度的残余淀粉。淀粉糖化的产物如下。

1. 糊精

糊精是介于淀粉和低聚糖之间的酶解产物。无一定的分子式，呈白色或黄色无定形，能溶于水成胶状溶液，不溶于乙醚。淀粉酶解时，能产生不同的糊精，通常遇碘呈红棕色，生成的无色糊精遇碘后不变色。

2. 低聚糖

人们对低聚糖的定义说法不一。有说其分子组成为 2～6 个葡萄糖单位的，或说 2～10 个、2～20 个葡萄糖单位的；也有人认为它是二糖、三糖、四糖的总称；还有称其为寡糖的。但一般认为的寡糖是非发酵性的三糖或四糖。低聚糖以二糖和三糖为主。

凡是直链淀粉酶解至分子组成少于 6 个葡萄糖苷单位的低聚糖，都不与碘液起呈色反应。因为每 6 个葡萄糖残基链形成一圈螺旋，可以束缚 1 个碘分子。

3. 二糖

又称双糖，是相对分子质量最小的低聚糖，由 2 分子单糖结合而成。重要的二糖有蔗糖和麦芽糖，均为可发酵性糖。1 分子麦芽糖经麦芽糖酶水解时，生成 2 分子葡萄糖；1 分子蔗糖经蔗糖酶水解时，生成 1 分子葡萄糖、1 分子果糖。

4. 单糖

单糖是不能再继续被淀粉酶类水解的最简单的糖类。它是多羟基醇的醛或酮衍生物，如葡萄糖、果糖等。单糖按其含碳原子的数目又可分为丙糖、丁糖、戊糖和己糖。每种单糖都有醛糖和酮糖，如葡萄糖，也称右旋糖，是最为常见的六碳醛糖。果糖也称左旋糖，是一种六碳酮糖，是普通糖类中最甜的糖。葡萄糖经异构酶的作用，可转化为果糖。

通常，单糖和双糖能被一般酵母利用，是最为基本的可发酵性糖类。

酒醅中还原糖的变化，微妙地反映出了糖化与发酵速度的平衡程度。通常在发酵前期，尤其是前几天，由于发酵菌数量有限，而糖化作用迅速，故还原糖含量很快增长至最高值；随着发酵时间的延续，因酵母等微生物数量已经相对稳定，发酵力增强，故还原糖含量急剧下降；到了发酵后期时，还原糖含量基本不变。发酵期间还原糖含量的变化，主要是受曲的质量及酒醅酸度的制约。发酵后期酒醅中残糖含量的多少，表明发酵的程度和酒醅的质量。不同大曲酒醅的残糖也有差异。

二、糖化过程中其他物质的变化

（一）蛋白质

在蛋白酶类的作用下，蛋白质水解为胨、多肽及氨基酸等中、低分子量的含氮化合物，为酵母菌等提供营养。

（二）脂肪

脂肪由脂肪酶水解为甘油和脂肪酸。一部分甘油为微生物的营养源；脂肪酸的一部分受曲霉及细菌的 β-氧化作用，除去两个碳原子而生成各种低级脂肪酸。

（三）果胶

果胶在果胶酶的作用下，水解生成果胶酸和甲醇。

为了探讨白酒中甲醇的来源，景芝酒厂将高粱、稻壳、高粱加酒醅进行清蒸试验，结果如表 3-7 所示。

表 3-7　原辅料等蒸馏液中甲醇含量的测定结果　　　　单位：mg/L

馏分	高粱	稻壳	高粱＋酒醅
1	488	101.6	191.6
2	232.9	67.9	94.1
3	112.5	49.9	58
4	61.2	41.7	59.2
5	41.4	31.9	45.5
6	39.2	29.2	52
7	—	—	41.4
8	—	—	30.4
9	—	—	—
平均	162.5	53.7	71.53

由以上试验，可以得出如下结论：

（1）原辅料中的果胶质加热分解生成的甲醇量占绝大部分。

（2）原辅料中的果胶未被加热分解的部分残留于酒醅中，经发酵与加热的双重作用，又生成一部分甲醇，但其生成量较小。

（3）原辅料清蒸是降低白酒中甲醇含量的有效措施。

（4）原辅料经水蒸气蒸馏，其中并无酒精介入，因此并没有精馏系数的存在。在蒸馏馏分中，是前馏液甲醇含量＞中馏液＞后馏液。

（四）单宁

单宁在单宁酶的作用下生成丁香酸，如下式所示。

$$CH_2O(CHOR)_5 \xrightarrow{\text{单宁酶}}$$

单宁   丁香酸

（五）有机磷化合物

在磷酸酯酶的作用下，磷酸从有机酸化合物中释放出来，为酵母等微生物的生长和发酵提供了磷源。

（六）纤维素、半纤维素

部分纤维素、半纤维素在纤维素酶及半纤维素酶的催化下，水解为少量的葡萄糖、纤维二糖及木糖等糖类。

（七）木质素

木质素在白酒原料中也存在，它是一种含苯丙烷邻甲氧基苯酚等以不规则方式结合的高分子芳香族化合物。在木质素酶的作用下，可生成酚类化合物，如香草醛、香草酸、阿魏酸及4-乙基阿魏酸等。若粮糟在加曲后、入窖前采用堆积升温的方法，则可增加阿魏酸等成分的生成量。

此外，在糖化过程中，氧化还原酶等酶类也在起作用；加之发酵过程也在同时进行，故物质变化是错综复杂的，很难说得非常清楚。

第四节　发酵过程中的物质变化

一、白酒发酵过程物质变化的类型

通常的发酵类型有常压或带压、间歇或半连续及连续、敞口或半密闭及密闭发酵之分；但从原料及发酵进程中的生物化学变化来分，则有单式及复式发酵两大类，复式发酵又有单行及并行之分。而白酒发酵包括了上述所有的发酵类型，故其复杂性是其他任何酒类所无可比拟的。

（一）单式发酵

单式发酵是指使用糖质原料，无需糖化过程的一类发酵。例如以各种果类及制糖副产物等为原料制取烧酒等。

（二）复式发酵

复式发酵是指使用含淀粉的原料（淀粉质原料），需经淀粉酶进行糖化的一类发酵。

1. 单行复式发酵

指淀粉质原料经蒸煮后，先由曲类等糖化剂将淀粉糖化为可发酵性糖，再添加发酵剂进行发酵的一类发酵。例如以高粱、玉米、薯类等为原料，采用液态发酵法生产白酒，即属于这种发酵类型。

2. 并行复式发酵

指使用淀粉质原料，糖化和发酵同时进行的一类发酵。例如大曲及麸曲固态发酵法制白酒，以及小曲酒的生产，均属这种发酵类型。在小曲白酒生产中，如桂林三花酒的发酵前期，物料呈固态，以糖化作用为主，故人们习惯上称其为先糖化；然后再加水继续进行糖化发酵。但实际上由于小曲本身既是糖化剂，又是发酵剂，且物料呈固体状态和发酵前期的温度等条件，也适于发酵菌的发酵，故总的说来，其整个发酵过程仍应称为并行复式发酵，因为它与上述的液态发酵法制白酒的单行复式发酵有实质性的区别。

二、酒精发酵期间酵母菌的酶系

从酵母菌体中可以分离出二三十种酶，但直接参与酒精发酵的只有十多种。通常的酒精酵母不含 α-淀粉酶及葡萄糖淀粉酶等淀粉酶系，所以它不能直接利用淀粉进行酒精发酵。酒精酵母也不含乳糖酶，所以乳糖的酒精发酵要使用特殊的酵母菌株。

酵母菌体内含有的酶中，与酒精发酵有关的主要是两类：一类为水解酶；另一类是酒化酶。

（一）水解酶类

它是一类能将较简单的碳水化合物、蛋白质类物质加水分解，生成更为简单的物质的酶。酒精酵母主要含有以下几种水解酶。

1. 蔗糖酶

能将蔗糖分解成为 1 分子葡萄糖和 1 分子果糖。蔗糖酶能从酵母细胞中分泌出来，进入周围环境中，是一种胞外酶。

2. 麦芽糖酶

可将麦芽糖水解成为 2 分子葡萄糖。麦芽糖酶的最适 pH 值为 6.75～7.25，最适温度为 40℃。该酶对温度较为敏感，55℃即被破坏。

3. 肝糖酶

可将酵母体内贮存的肝糖（一种类似支链淀粉，但分子量较小的物质）分解为葡萄糖。肝糖酶是胞内酶，所以它不能参与细胞外环境中淀粉的水解作用。

（二）酒化酶

酒化酶是参与酒精发酵的各种酶和辅酶的总称。它主要包括己糖磷酸化酶、氧化还原酶、烯醇化酶、脱羧酶及磷酸酶等。在这些酶的作用下，可发酵性糖被转化为酒精。这一类酶都是胞内酶。有了大量强壮的酵母，才能有大量的酒化酶，酒精发酵就可以顺利地进行。

三、酵母菌的酒精发酵机理

酒精发酵机理是研究可发酵性糖如何在酵母菌的酒化酶作用下生成酒精的理论。酵母菌由酒化酶作用于葡萄糖生成酒精和二氧化碳，这是厌氧发酵过程。这一过程包括葡萄糖酵解（简称 EMP 途径）和丙酮酸的无氧降解两大生化反应过程，但通常将它们总称为葡萄糖酵解。酵母菌的酒精发酵过程主要经过下述四个阶段，12 个已知的步骤。

（一）第一阶段

葡萄糖磷酸化，生成的 1,6-二磷酸果糖。

1. 葡萄糖的磷酸化（生成 6-磷酸葡萄糖）

葡萄糖在己糖激酶的催化下，由 ATP 供给磷酸基，转化成 6-磷酸葡萄糖。反应需要 Mg^{2+} 激活。

$$葡萄糖 + ATP \xrightarrow{\text{己糖激酶，} Mg^{2+}} 6\text{-磷酸葡萄糖} + ADP$$

2. 6-磷酸葡萄糖和 6-磷酸果糖的互变

6-磷酸葡萄糖在磷酸己糖异构酶的催化下，转变为 6-磷酸果糖。

$$6\text{-磷酸葡萄糖} \xleftrightarrow{\text{磷酸己糖异构酶}} 6\text{-磷酸果糖}$$

3. 6-磷酸果糖生成 1,6-二磷酸果糖

6-磷酸果糖在磷酸果糖激酶催化下，由 ATP 供给磷酸基及能量，进一步磷酸化，生成活泼的 1,6-二磷酸果糖，反应需 Mg^{2+} 激活。

$$6\text{-磷酸果糖} + ATP \xleftrightarrow{\text{磷酸果糖激酶，} Mg^{2+}} 1,6\text{-二磷酸果糖} + ADP$$

（二）第二阶段

1,6-二磷酸果糖裂解成为两个分子的磷酸丙糖。

1. 1,6-二磷酸果糖分解生成两分子三碳糖

一分子 1,6-二磷酸果糖在醛缩酶的催化下,分裂为一分子的磷酸二羟丙酮和一分子的 3-磷酸甘油醛。

$$1,6\text{-}二磷酸果糖 \xleftrightarrow{\text{醛缩酶}} 磷酸二羟丙酮 + 3\text{-}磷酸甘油醛$$

2. 磷酸二羟丙酮与 3-磷酸甘油醛互变

磷酸二羟丙酮和 3-磷酸甘油醛是同分异构体,两者可以在磷酸丙糖异构酶催化下互相转化:

$$磷酸二羟丙酮 \xleftrightarrow{\text{磷酸丙糖异构酶}} 3\text{-}磷酸甘油醛$$

反应平衡时,平衡点趋向于磷酸二羟丙酮(占 96%)。

(三)第三阶段

3-磷酸甘油醛经氧化(脱氢),并磷酸化,生成 1,3-二磷酸甘油酸,然后将高能磷酸键转移给 ADP,以产生 ATP,再经磷酸基变位和分子内重新排列,再给出一个高能磷酸键,而后生成丙酮酸。

1. 3-磷酸甘油醛脱氢并磷酸化生成 1,3-二磷酸甘油酸

$$3\text{-}磷酸甘油醛 + NAD \xleftrightarrow{\text{3-磷酸甘油醛脱氢酶}} 1,3\text{-}二磷酸甘油酸 + NADH_2$$

2. 3-磷酸甘油酸的生成

1,3-二磷酸甘油酸在磷酸甘油酸激酶的作用下,将高能磷酸(酯)键转移给 ADP,其本身变为 3-磷酸甘油酸,反应需 Mg^{2+} 激活:

$$1,3\text{-}二磷酸甘油酸 + ADP \xleftrightarrow{\text{磷酸甘油酸激酶},Mg^{2+}} 3\text{-}磷酸甘油酸 + ATP$$

生物体通过这个反应可以获得能量(ATP)。

3. 3-磷酸甘油酸和 2-磷酸甘油酸的互变

在磷酸甘油酸变位酶的催化下,3-磷酸甘油酸生成中间产物 2,3-二磷酸甘油酸,并进而生成 2-磷酸甘油酸。

$$3\text{-}磷酸甘油酸 \xleftrightarrow{\text{磷酸甘油酸变位酶}} 2\text{-}二磷酸甘油酸$$

4. 2-磷酸烯醇式丙酮酸的生成

在烯醇化酶的催化下,2-磷酸甘油酸脱水,生成 2-磷酸烯醇式丙酮酸,反应需 Mg^{2+} 激活。

$$2\text{-}磷酸甘油酸 \xleftrightarrow{\text{烯醇化酶},Mg^{2+}} 2\text{-}磷酸烯醇式丙酮酸 + H_2O$$

5. 丙酮酸的生成

在丙酮酸激酶的催化下，2-磷酸烯醇式丙酮酸失去高能磷酸键，生成烯醇式丙酮酸。

$$2\text{-磷酸烯醇式丙酮酸} + ADP \xrightarrow{\text{丙酮酸激酶，}Mg^{2+}\text{或}K^+} \text{烯醇式丙酮酸} + ATP$$

烯醇式丙酮酸极不稳定，不需要酶催化即可转变成丙酮酸：

$$\text{烯醇式丙酮酸} \longleftrightarrow \text{丙酮酸}$$

以上 10 步反应可归纳为（未计水分子出入）：

$$C_6H_{12}O_6 + 2NAD + 2H_3PO_4 + 2ADP \rightarrow 2CH_3COCOOH + 2NADH_2 + 2ATP$$

从总反应式可见，1 分子葡萄糖生成 2 分子丙酮酸及 2 分子 ATP，并使 2 分子 NAD 还原成 $NADH_2$，后者不能积累，必须脱氢重新氧化成 NAD 后，才能继续不断地推动全部反应，$NADH_2$ 上的氢在无氧条件下可以交给其他有机物；在有氧条件下，则可经呼吸链最终交给分子氧。

由上述 EMP 途径生成的丙酮酸，在代谢过程中具有重要作用，在无氧条件下，可继续降解生成酒精或其他产物；在有氧条件下，则进入三羧酸循环，被彻底氧化成二氧化碳和水。

（四）第四阶段

酵母菌在无氧条件下，将丙酮酸继续降解，生成乙醇，其反应过程如下。

1. 丙酮酸脱羧生成乙醛

在脱羧酶催化下，丙酮酸脱羧，生成乙醛，反应需要 Mg^{2+} 激活。

$$\text{丙酮酸} \xrightarrow{\text{丙酮酸脱羧酶，焦磷酸硫胺素，}Mg^{2+}} \text{乙醛} + CO_2$$

2. 乙醛还原生成乙醇

乙醛在乙醇脱氢酶及具辅酶（$NADH_2$）的催化下，还原成乙醇。

$$\text{乙醛} + NADH_2 \xrightarrow{\text{乙醛脱氢酶，}Mg^{2+}} \text{乙醇} + NAD$$

由葡萄糖发酵生成乙醇的总反应式为：

$$C_6H_{12}O_6 + 2ADP + 2H_3PO_4 \xrightarrow{\text{酒化酶}} 2C_2H_5OH + 2CO_2 + 2ATP$$

上述 12 步反应可归纳如图 3-1。

在厌氧条件下酵母菌进行酒精发酵，葡萄糖经过此代谢途径产生的能量比有氧呼吸少得多，因为每分子葡萄糖通过厌氧发酵生成酒精和 CO_2，可净产生 2 分子 ATP，而每分子葡萄糖经有氧氧化（三羧酸循环）生成 CO_2 和 H_2O 时，可净产生 32 分子或 30 分子 ATP。所以，在白酒生产的酒精发酵阶段，酵母菌要

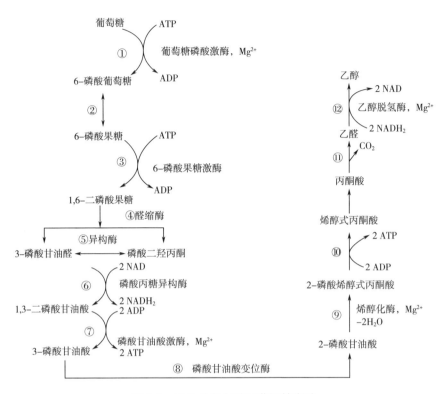

图 3-1 EMP 途径与酵母菌酒精发酵

分解比有氧呼吸多许多倍的可发酵性糖，以获得所需的能量。白酒生产实质上就是利用酵母菌的厌氧呼吸来生成更多的乙醇。

从上式可看出，100kg 葡萄糖在理论上可生成 51.1kg 酒精。

在实际生产中，理论值与实际产率总有差距。如在发酵过程中，酒精仅是主产物，伴生的副产物很多，菌体繁殖和维持生命，以及生成酶类、各工段损失等，都要消耗糖分。在发酵后期，乙醇还会参与很多化学反应和酒精挥发而使酒精损失。各种白酒因生产工艺不同，实际出酒率存在着较大差异。一般情况下，液态法白酒的淀粉出酒率可达理论出酒率的 80%～90%，小曲酒为 65%～80%，麸曲白酒为 60%～75%，而大曲白酒只有 40%～65%。

在正常条件下，酒醪中的酒精含量随着发酵时间的推移而不断增加。在发酵前期，因酒醪含有一定量的氧，故酵母菌得以大量繁殖，而酒精发酵作用微弱；发酵中期，因酵母菌已经达到足够的数量，酒醪中的空气也已经基本耗尽，故酒精发酵作用较强，酒醪的酒精含量迅速增加；发酵后期，因酵母逐渐衰老或死亡，故酒精发酵基本停止，酒醅中的酒精含量增长甚微，甚至略有下降，通常混蒸续渣法大曲酒的大渣酒醅出窖时的酒精含量约为 6%，高的达到 7%～8%；清蒸清渣法大曲酒大渣酒醅出缸时酒精含量为 11%～12%，但二渣酒醅出缸时酒精含量仅为 5%左右。

四、细菌的酒精发酵机理

细菌由 ED 途径将葡萄糖发酵成酒精。即葡萄糖被磷酸化后，再氧化成 6-磷酸葡萄糖酸。这时，因脱水而形成 2-酮-3-脱氧-6-磷酸葡萄糖酸（KDPG）后，再经 KDPG 缩酶的分解作用，可由 1mol 葡萄糖生成 2mol 丙酮酸，并生成 1mol ATP。

ED 途径的具体过程如图 3-2 所示。

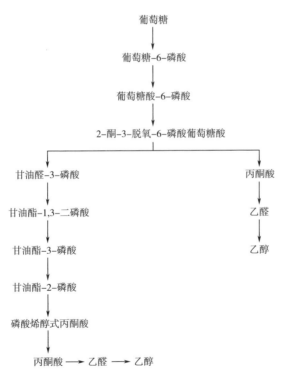

图 3-2 细菌的酒精发酵途径

ED 途径与 EMP 途径相比，EMP 途径由 1mol 葡萄糖生成 2mol ATP；而 ED 途径只生成 1mol ATP。通常，ATP 的生成量与菌体量成正比，故利用细菌发酵产酒精时，生成的菌体量也约为酵母菌的一半。因细菌菌体生成量较少，故酒精产率较高。但能产酒精的细菌，大多同时生成一些副产物，诸如丁醇、2,3-丁二醇等醇类，甲酸、乙酸、丁酸、乳酸等有机酸，甘油和木糖醇等多元醇，以及甲烷、二氧化碳、氢气等气体。因而细菌发酵时酒精的实际得率比酿酒酵母要低。

在白酒生产中，酒精发酵主要是由各种酵母菌来完成的。

第五节　风味物质的形成

白酒除了酒精和水之外，还含有2%左右的风味物质，这些物质的含量高的和相互配比直接左右着白酒的质量和风格。目前已知浓香型白酒中香味物质有400多种，酱香型白酒中能够定性的香味物质多达800多种。这些物质多归属于醇、醛、酸、酯等几大类，它们大多是在发酵过程中由霉菌、酵母、细菌等各种微生物代谢而产生的。研究他们的形成过程，有利于科学地指导生产，进一步提高酒的质量。

一、酸类

糖化和发酵均需在一定的pH范围内进行，酒醅中酸度过低或过高都不利于糖化、发酵。故在白酒生产中应掌握好入窖（缸）物料的酸度，并需控制好发酵过程中的酒醅升酸幅度。酵母菌在产酒精时，也产生多种有机酸；根霉等霉菌也产乳酸等有机酸；但大多有机酸是由细菌生成的。通常在发酵前期及中期生酸量较少，发酵后期则产酸较多。一般大曲酒醅的酸度增长幅度为0.7~1.6。但清蒸清渣法大曲酒因大渣的入缸酸度很低，故发酵前期及整个发酵过程的升酸幅度较大。

白酒醅（醪）中生成的有机酸种类很多，产酸的途径也很多。很多有机物都能通过生物化学反应生成，低级的酸也可逐步合成较高级的酸，醇和醛也可氧化为相应的有机酸。

（一）甲酸的生成

甲酸是酒精发酵的中间产物之一，甲酸主要由发酵中间产物丙酮酸加一分子水与醋酸共生。

$$CH_3COCOOH + H_2O \longrightarrow HCOOH + CH_3COOH$$
　　　丙酮酸　　　　　　　　　甲酸　　　乙酸

（二）乙酸（醋酸）的生成

1. 酵母菌酒精发酵产乙酸

在发酵过程中，酵母菌生成乙醇的时候，也伴随着乙酸和甘油的产生。

$$2C_6H_{12}O_6+H_2O \longrightarrow C_2H_5OH+CH_3COOH+2C_3H_5(OH)_3+2CO_2$$

葡萄糖　　　　　　　乙醇　　　　乙酸　　　　甘油

2. 醋酸菌将乙醇氧化为乙酸

$$CH_3CH_2OH \xrightarrow{[O_2]} CH_3COOH+H_2O$$

乙醇　　　　　　　乙酸

3. 乙醛经歧化作用生成乙酸

糖经发酵生成乙醛，再经歧化作用生成乙酸

$$2CH_3CHO+H_2O \longrightarrow CH_3COOH+CH_3CH_2OH$$

乙醛　　　　　　　乙酸　　　　乙醇

在发酵时，因歧化作用，乙酸和酒精是同时形成的。当糖分发酵约50%时，酒醅中乙酸含量最高；在发酵后期，酒醅中酒精含量较多时，则乙酸生成量较少。通常，在酵母菌的生长及发酵条件较好时，乙酸生成量较少。若酒醅中进入枯草芽孢杆菌，则乙酸生成量较多。

（三）乳酸的生成

乳酸是含有羟基的有机酸，它也可由多种微生物产生。

由乳酸菌发酵生成乳酸有两种类型。

（1）正常型乳酸菌发酵　又称同型或纯型乳酸发酵，即发酵产物全为乳酸。

$$C_6H_{12}O_6 \longrightarrow 2CH_3CHOHCOOH$$

葡萄糖　　　　　乳酸

（2）异型乳酸发酵　或称异常型乳酸发酵。其发酵产物因菌种而异，除生成乳酸外，还同时生成乙酸、酒精、甘露醇等成分。大体有以下3条反应途径。

$$C_6H_{12}O_6 \longrightarrow CH_3CHOHCOOH+C_2H_5OH+CO_2$$

葡萄糖　　　　　　乳酸　　　　　酒精

$$2C_6H_{12}O_6+H_2O \longrightarrow 2CH_3CHOHCOOH+C_2H_5OH+CH_3COOH+2CO_2+2H_2$$

葡萄糖　　　　　　　　乳酸　　　　酒精　　　乙酸

$$3C_6H_{12}O_6+H_2O \longrightarrow 2C_6C_{14}O_6+CH_3CHOHCOOH+CH_3COOH+CO_2$$

葡萄糖　　　　　　甘露醇　　　　乳酸　　　　　乙酸

（四）丁酸的生成

丁酸（酪酸）的生成途径如下。

1. 由丁酸菌将葡萄糖、氨基酸、乙酸和酒精生成丁酸

$$C_6H_{12}O_6 \longrightarrow CH_3CH_2CH_2COOH+2CO_2+2H_2$$

葡萄糖　　　　　丁酸

$$RCHNH_2COOH \xrightarrow{\text{[H]}} CH_3CH_2CH_2COOH+NH_3+CO_2$$
氨基酸   丁酸

$$CH_3COOH+C_2H_5OH \xrightarrow{\text{[H]}} CH_3CH_2CH_2COOH+H_2O$$
乙酸   酒精   丁酸

2. 丁酸菌将乳酸发酵为丁酸

有如下 2 条途径，一条是乳酸和乙酸反应生成丁酸：

$$CH_3CHOHCOOH+CH_3COOH \longrightarrow CH_3CH_2CH_2COOH+H_2O+CO_2$$
乳酸   乙酸   丁酸

另一条由乳酸转变为乙酸，再由乙酸变为丁酸：

$$CH_3CHOHCOOH+H_2O \xrightarrow{-2H_2} CH_3COOH+CO_2$$
乳酸   乙酸

$$2CH_3COOH+2H_2 \longrightarrow CH_3CH_2CH_2COOH+2H_2O$$
乙酸   丁酸

（五）己酸的生成

1. 由酒精和乙酸合成丁酸和己酸

（1）当醅中乙酸多于酒精时，主要产物为丁酸。

$$CH_3COOH+C_2H_5OH \longrightarrow CH_3CH_2CH_2COOH+H_2O$$
乙酸   酒精   丁酸

（2）当醅中乙醇多于乙酸时，主要产物为己酸。

$$CH_3COOH+2C_2H_5OH \longrightarrow CH_3CH_2CH_2CH_2CH_2COOH+2H_2O$$
乙酸   酒精   己酸

2. 由乙醇和丁酸合成己酸

巴克等认为，己酸菌将酒精和丁酸合成己酸时，必须先由丁酸菌将酒精和乙酸合成丁酸。

$$C_3H_7COOH+C_2H_5OH \longrightarrow CH_3CH_2CH_2CH_2CH_2COOH+H_2O$$
丁酸   乙醇   己酸

3. 由丁酸和乙酸合成己酸

先生成丙酮酸，丙酮酸再变为丁酸，丁酸再与乙酸合成己酸。反应式如下。

$$C_6H_{12}O_6 \longrightarrow 2CH_3COCOOH+2H_2$$
葡萄糖   丙酮酸

$$2CH_3COCOOH+2H_2O \longrightarrow CH_3CH_2CH_2COOH+CH_3COOH+2O_2$$
丙酮酸   丁酸   乙酸

$$CH_3CH_2CH_2COOH+2CH_3COOH+2H_2 \longrightarrow C_6H_{11}COOH+CH_3COOH+2H_2O$$
丁酸   乙酸   己酸   乙酸

（六）琥珀酸的生成

又名丁二酸，在酒精发酵过程中，由氨基酸脱氨基而生成。当葡萄糖与谷氨酸在发酵中共存时，能生成琥珀酸和甘油。

$$C_6H_{12}O_6+HOOCCH_2CH_2CHNH_2COOH+2H_2O$$

$$\longrightarrow COOHCH_2CH_2COOH+NH_3+CO_2+2CH_2OHCHOHCH_2OH$$

同时，在白酒发酵过程中，通过醋酸转化，也会产生少量的琥珀酸：

$$2CH_3COOH+NAD+2ATP \longrightarrow COOHCH_2CH_2COOH+NADH_2+2AMP$$
$$\text{乙酸} \qquad\qquad\qquad\qquad\qquad \text{琥珀酸}$$

琥珀酸是在酒精发酵末期，当酵母困倦时产生的，延长发酵期可增加琥珀酸的形成，它是酵母对含氮物质的代谢产物，也可以在发酵时由乙醛或乙醛的衍生物转变而来。

琥珀酸具有酸味及轻微的咸味和苦味，很易溶于酒，使酒味调和，是酒的重要成分。它富于味觉反应，酒中的其他酸的酸味，只有同琥珀酸的酸味结合起来，口味才好。

二、高级醇

高级醇是指碳原子数大于 2 的脂肪族醇类的统称，颜色呈黄色或棕色，具有特殊气味。高级醇以异戊醇为主，包括正丙醇、异丁醇、异戊醇、活性戊醇等；因其呈油状，溶于高浓度乙醇而不溶于低浓度乙醇和水，故又名杂醇油。高级醇是构成酒类风味的重要组成成分之一，当其过量时会影响产品质量，是酒类产品质量指标之一，应予以控制。

杂醇油的生成途径有三条，主要为前两条，即由酵母利用糖及氨基酸合成杂醇油。在这两条途径中，α-酮酸及醛均为重要的中间产物，高级醇生成的代谢途径如图 3-3 所示。

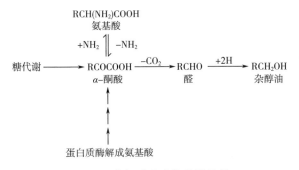

图 3-3　高级醇生成的代谢途径

途径一：由氨基酸脱氨、脱羧，生成比氨基酸分子少 1 个碳原子的高级醇。这种反应在酵母菌细胞内进行，其反应通式为：

$$RCH(NH_2)COOH + H_2O \longrightarrow RCH_2OH + NH_3 + CO_2$$
氨基酸 高级醇

例如：

$$(CH_3)_2CHCH_2CH(NH_2)COOH + H_2O \longrightarrow (CH_3)_2CHCH_2CH_2OH + NH_3 + CO_2$$
亮氨酸 异戊醇

$$(CH_3)_2CHCH(NH_2)COOH + H_2O \longrightarrow (CH_3)_2CHCH_2OH + NH_3 + CO_2$$
缬氨酸 异丁醇

$$CH_3CH_2CH(CH_3)CH(NH_2)COOH + H_2O \longrightarrow CH_3CH(C_2H_5)CH_2OH + NH_3 + CO_2$$
异亮氨酸 活性戊醇

正丙醇可由苏氨酸生成，也可由糖代谢中 α-酮丁酸生成。

途径二：由糖代谢生成丙酮酸，丙酮酸与氨基酸作用，生成另一种氨基酸和另一种有机酸（α-酮酸）；该有机酸脱羧变为醛，再还原成高级醇。例如：

丙酮酸+脱氨酸 → 丙氨酸
→ α-酮基异己酸 —脱羧→ 异戊醛 —还原→ 异戊醇

白酒发酵过程中，生成杂醇油的种类和含量与原料、菌种、接种量、酒醅成分及发酵条件等有关。若原料的蛋白质含量高，曲的蛋白酶活力强，则杂醇油生成量也较多；乙醇发酵能力弱的酵母菌，产杂醇油量较少，尤其是戊醇的生成量少；酒母用量大时，会迅速将糖分消耗，而对氨基酸的作用不充分，也可大大降低杂醇油的生成量；若酒醅中含有比氨基酸更容易被酵母菌利用的无机氮等氮源时，则能阻止或延迟酵母菌对氨基酸的分解，但蔗糖的存在，却可促进杂醇油的生成；发酵温度及 pH 值高、醅中含氧量多，均有利于杂醇油的生成；发酵后期，酵母菌自溶时也会产生杂醇油。

高级醇是白酒中的助香成分，但是在口味上弊多利少。含量过多，会导致酒的苦、涩、辣味增大。

三、多元醇

多元醇是指羟基数多于 1 个的醇类。如 2,3-丁二醇、丙三醇（甘油）、丁四醇（赤藓醇）、戊五醇（阿拉伯醇）、己六醇（甘露醇）、环己六醇（肌醇）等。其中甘油和甘露醇在白酒中含量较多。

多元醇虽属于不挥发醇类，但在用甑蒸馏酒醅时，水蒸气会将其部分地带入酒中。多元醇是白酒甜味及醇厚感的重要成分，其甜度随羟基数增加而增强。

（一）甘油的生成

酵母菌在产酒精的同时，生成部分甘油。酒醅中蛋白质含量越多，温度及 pH 值越高，则甘油的生成量也越多。甘油主要产于发酵后期。其反应式为：

$$\underset{\text{葡萄糖}}{C_6H_{12}O_6} \longrightarrow \underset{\text{甘油}}{C_3H_5(OH)_3} + \underset{\text{乙醛}}{CH_3CHO} + CO_2$$

或

$$\underset{\text{葡萄糖}}{2C_6H_{12}O_6} + 2H_2O \longrightarrow \underset{\text{甘油}}{2C_3H_5(OH)_3} + \underset{\text{乙醇}}{CH_3CH_2OH} + \underset{\text{乙酸}}{CH_3COOH} + 2CO_2$$

或

$$\text{糖代谢} \longrightarrow \text{羟基磷酸丙糖} \xrightarrow{+2H} \text{甘油磷酸} \xrightarrow{\text{磷酸酯酶}} \text{甘油}$$

某些细菌在有氧条件下也产生甘油。

（二）甘露醇的生成

许多霉菌能产甘露醇，故大曲中含量较多。甘露醇在大曲名酒、麸曲酒及小曲酒中都有检出。某些混合型乳酸菌也能利用葡萄糖生成甘露醇，并生成 2,3-丁二醇、乳酸及乙酸。

（三） 2,3-丁二醇的生成

除前述由混合型乳酸菌可生成该醇外，还有如下 4 条途径。

1. 由双乙酰生成

分两步进行，先由双乙酰生成醋嗡及乙酸，再由醋嗡如下式生成 2,3-丁二醇。

$$\underset{\text{醋嗡}}{CH_3COCHOHCH_3} + \underset{\text{还原型辅酶A}}{AH_2} \longrightarrow \underset{\text{2,3-丁二醇}}{CH_3CHOHCHOHCH_3} + \text{辅酶 A}$$

2. 由多黏菌及产气杆菌生成

$$\underset{\text{葡萄糖}}{C_6H_{12}O_6} \longrightarrow \underset{\text{2,3-丁二醇}}{CH_3CHOHCHOHCH_3} + H_2 + 2CO_2$$

3. 由赛氏杆菌（*Serratia sp.*）生成

反应式同多黏菌及产气杆菌生成 2,3-丁二醇。

4. 由枯草芽孢杆菌生成

该反应途径同时生成甘油。

$$\underset{\text{葡萄糖}}{3C_6H_{12}O_6} \longrightarrow \underset{\text{2,3-丁二醇}}{2CH_3CHOHCHOHCH_3} + \underset{\text{甘油}}{2C_3H_5(OH)_3} + 4CO_2$$

四、酯类物质

酯类是白酒的主要呈香物质，一般名优曲酒的酯含量均较高，其中乙酸乙酯、己酸乙酯和乳酸乙酯是决定白酒质量优劣和香型的三大酯类。酯是由醇和酸的酯化作用形成的。酯化作用可以通过两种途径进行。

（一）通过微生物体内的酯酶催化生成

使酸类先形成酰基辅酶 A，再与醇酯化成酯。

$$RCO-SCoA + R'OH \longrightarrow RCOOR' + CoA-SH$$

某些生香酵母（汉逊酵母、假丝酵母等）有较强的产酯能力，可以将乙醇与有机酸进行酯化而形成酯。

（二）通过化学反应生成

$$R \cdot COOH + R'OH \longrightarrow RCOOR' + H_2O$$

这种反应一般进行得极其缓慢，所以延长发酵时间或贮酒时间，能使酯化作用进行多些，利于增加酒的香气。在白酒中，乙酸类酯的含量和种类最多。不同的酯类其呈香呈味也不相同，含量的多少也可使香气发生变化。乙酸乙酯具有水果香气，是清香型曲酒的主体香气成分，己酸乙酯是浓香型大曲酒的主体香气成分，但过多时会产生臭味和辣味。乳酸乙酯在各种曲酒中含量均较高，适量时能烘托主体香和使酒体完美，对酒体的后味起缓冲作用，过多会造成酒的生涩味，抑制主体香。

（三）乳酸乙酯的产生

乳酸乙酯的合成，符合一般脂肪酸乙酯的共同途径。即乳酸经转酰基酶活化成乳酰辅酶 A，再在酯化酶作用下与乙醇合成乳酸乙酯。

$$CH_3CHOHCOOH \xrightarrow{\text{CoASH，ATP，转酰基酶}} CH_3CHOHCO-SCoA$$

$$\xrightarrow{C_2H_5OH，\text{酯化酶}} CH_3CHOHCOOC_2H_5$$

（四）丁酸乙酯和己酸乙酯的产生

Nordstrom 在含有丁酸和己酸的麦芽汁培养基中接入啤酒酵母进行发酵后，用气相色谱仪检测发酵液，发现有丁酸乙酯和己酸乙酯生成。由此，他提出了关于脂肪酸与醇通过生物化学反应酯化为脂肪酸酯的如下通式：

$$RCOOH + ATP + CoASH \longrightarrow RCO-SCoA + AMP + PPi$$

$$RCO-SCoA + R'OH \longrightarrow RCOOR' + CoA-SH$$

这在前面已提到过。据此理论，丁酸乙酯及己酸乙酯的合成途径，可用以下的反应式表示。

1. 丁酸乙酯的生成

$$C_3H_7COOH \xrightarrow{\text{CoASH，ATP，转酰基酶}} C_3H_7CO—SCoA$$

$$\xrightarrow{C_2H_5OH，酯化酶} C_3H_7COOC_2H_5$$

2. 己酸乙酯的生成

$$C_5H_{11}COOH \xrightarrow{\text{CoASH，ATP，转酰基酶}} C_5H_{11}CO—SCoA$$

$$\xrightarrow{C_2H_5OH，酯化酶} C_5H_{11}COOC_2H_5$$

另外，Krebes 还提出了由氨基酸生成酯的如下途径：

$$RCHCOOH \longrightarrow RCOCOOH \longrightarrow RCHO \longrightarrow RCH_2OH$$
$$\downarrow \qquad\qquad\quad \downarrow \qquad\qquad\quad \downarrow$$
$$NH_2 \qquad\quad RCOCOOR' \qquad RCOOH$$
$$\downarrow \qquad\qquad\qquad\qquad\qquad\quad \downarrow$$
$$RCHOHCOOH \qquad\qquad\qquad RCOOR'$$
$$\downarrow$$
$$RCHOHCOOR'$$

五、醛类化合物

常温下除甲醛为气体外，其余低级醛大部分是液体，高级醛是固体。醛类具有香味，低级醛刺激性气味较强，中级醛有果香味，它们对白酒的香气形成有一定的作用。例如茅台酒的总醛含量较其他名酒高，形成特殊的茅香酒体。但醛的种类不同，对白酒风味影响也不同。醛过多，酒辛辣，刺激太大。

（一）乙醛

乙醛主要由发酵中间产物丙酮酸经脱羧生成，同时，当乙醇氧化时也能产生乙醛，目前认为乙醇氧化是乙醛的主要来源。因为由丙酮酸脱羧形成的乙醛只是一种中间产物，仅极少数残存于酒醅中。

$$2CH_3CH_2OH + O_2 \longrightarrow 2CH_3CHO + 2H_2O$$
$$\text{乙醇} \qquad\qquad\qquad\quad \text{乙醛}$$

乙醛的沸点低（21.5℃），白酒中乙醛含量与流酒温度有关。在蒸酒时，必须掐头去尾，控制它进入酒液的数量。在贮存过程中，乙醛经挥发、氧化和缩合，含量可以降低。

（二）糠醛

糠醛是原料皮壳和糠壳中的多聚戊糖在蒸煮过程中受热分解或在发酵过程中由微生物生成的。糠壳是白酒生产最主要的填充料和疏松剂。在固态白酒生产中用来调节酒醅的淀粉浓度和酸度，吸收生成的酒精成分，保持发酵中的一定浆水，维持酒醅的疏松程度，保证发酵、蒸馏的顺利进行。投入生产使用的糠壳要求新鲜、干燥，使用前务必清蒸杀菌，圆汽后再蒸 30min 左右，立即出甑扬冷，再用于配料。凡是水分大、霉变、太细、太小的糠壳，都不宜用作白酒生产的原料。生成糠醛的反应式如下。

$$
\begin{array}{c}
\text{CHO} \\
|\\
\text{CHOH} \\
|\\
\text{CHOH} \\
|\\
\text{CHOH} \\
|\\
\text{CH}_2\text{OH}
\end{array}
\qquad\longrightarrow\qquad
\begin{array}{c}
\text{HC} \!-\! \text{CH} \\
\| \qquad \| \\
\text{HC} \quad \text{C} \!-\! \text{CHO} \;+\; 3\text{H}_2\text{O} \\
\diagdown\,\text{O}\,\diagup
\end{array}
$$

戊糖   糠醛

白酒中的呋喃成分主要是糠醛，此外还有醇基糠醛（糠醇）和甲基糠醛等呋喃衍生物。在名曲酒中可能存在以呋喃为基础的分子结构更加复杂的物质，成为"糟香"或"焦香"的重要组成部分。糠醛是酒香的重要物质，不少好酒都含有一定量的糠醛，一般含量为 $0.002\sim0.003g/100mL$。

（三）缩醛

白酒中的缩醛以乙缩醛为主，其含量几乎与乙醛相等。它由醇、醛缩合而成。

$$RCHO + 2R'OH \rightleftharpoons RCH(OR')_2 + H_2O$$

醛   醇   缩醛

$$CH_3CHO + 2C_2H_5OH \longrightarrow CH_3CH(OC_2H_5)_2 + H_2O$$

乙醛   乙醇   乙缩醛

乙缩醛本身具有愉快的清香味，似果香，带甜味，是白酒老熟的重要标志，也是名优白酒含量最高的醛类，它是白酒主要香味成分之一，含量可高达 0.1% 以上。

（四）丙烯醛（甘油醛）

固态或液态白酒发酵不正常时，常会出现丙烯醛，冲辣刺眼，并有持续性的苦味。丙烯醛和丙烯醇是催泪物质，对人体危害极大。

因为酒醅中含有甘油，如感染大量杂菌，尤其当酵母菌与乳酸菌共栖时，便产生丙烯醛。

$$CH_2OHCHOHCH_2OH \xrightarrow{-H_2O} CH_2CHOCH_2OH \xrightarrow{-H_2O} CH_2CHCHO$$
甘油　　　　　　　　　　丙烯醇　　　　　　　丙烯醛

（五）α-联酮

α-联酮包括双乙酰、醋嗡（3-羟基丁酮）、2,3-丁二醇等。α-联酮类物质是名优白酒共同具有的香味成分，在一定数值范围内，α-联酮类物质在酒中含量越多，酒质越好，是构成名优白酒入口喷香、醇甜、后味绵长的重要成分。

1. 双乙酰

双乙酰是由糖代谢中间产物丙酮酸与焦磷酸硫胺素（TPP）结合转化成活性丙酮酸，经脱羧后生成活性乙醛，然后与丙酮酸缩合成 α-乙酰乳酸，经非酶氧化生成双乙酰，双乙酰经酵母还原可生成 2,3-丁二醇。

另外，在发酵和贮存过程中，乙醛和醋酸相作用，经过缩合而生成双乙酰：

$$CH_3CHO + CH_3COOH \longrightarrow CH_3COCOCH_3 + H_2O$$
乙醛　　　　　醋酸　　　　　　双乙酰

双乙酰在含量较低时，呈类似蜂蜜样的香甜，在名白酒中的含量为 20～110mg/100mL，可增强喷香。

2. 醋嗡

又名乙偶姻，3-羟基丁酮，有刺激性，在酒中含量适中有增香和调味的作用，在名白酒中含量为 4～180mg/100mL。

（1）在发酵过程中，乙醛经过缩合而生成醋嗡。

$$CH_3CHO + CH_3CHO \longrightarrow CH_3COCHOHCH_3$$
乙醛　　　　　乙醛　　　　　　醋嗡

（2）双乙酰和乙醛经过氧化还原作用生成醋嗡。

$$CH_3COCOCH_3 + CH_3CHO + H_2O \longrightarrow CH_3COCHOHCH_3 + CH_3COOH$$
双乙酰　　　　　乙醛　　　　　　　　醋嗡　　　　　　醋酸

醋嗡经过酵母的还原作用可以生成 2,3-丁二醇。

α-联酮类对酒的进口喷香、后味绵甜和完善浓香型曲酒的风味，起着微妙和关键作用，在曲酒生产上，可采取以下措施，提高其含量。

① 堆集发酵　茅台酒、汾酒都巧妙地应用了堆集工艺，以利于操作环境中的细菌落入原料渣醅上，尤其是好气性产香细菌，使它们在堆集时生长繁殖并发酵生成醇甜物质。经试验，堆集 48h 以上，双乙酰生成量可增加一倍，2,3-丁二

醇数量可增加2～10倍，这是增加醇甜物质的有效措施。

② 老窖泥中发酵　泸州特曲酒的双乙酰含量较高，为普通优质酒的3倍多，这与窖泥中的厌气性微生物的活动有关。其中，窖泥中存在的多黏杆菌，进行厌氧发酵可以产生2,3-丁二醇。所以与窖壁、窖底接触的香醅产的酒特别香甜。

③ 缓慢发酵、缓汽蒸酒　缓慢发酵是中国大曲酒的特点之一，洋河大曲低温（3～5℃）入窖，使其缓慢发酵，升温正常，所产的酒特别醇甜，就是多元醇及α-联酮类物质在缓慢发酵时大量形成所致。另外，在低温厌氧条件下，升酸幅度小，不利于高沸点苦味物质的生成，使酒的甜味更为突出。

缓慢蒸馏、量质摘酒对收集α-联酮类物质也很重要。除双乙酰外，醋嗡、2,3-丁二醇的沸点都较高，在蒸馏时，中、后阶段馏分中含量较高。只有在蒸汽压力不高、缓慢蒸馏时，才有利于α-联酮类物质被蒸馏到酒中去。

六、芳香族化合物

芳香族化合物是苯及其衍生物的总称。它们在名优曲酒中含量虽少，但呈香作用很大，在百万甚至千万分之一时，也能呈现出强烈的香味。芳香族化合物主要来源于蛋白质的分解产物，其次是木质素、单宁等。另外，芳香族化合物相互转化也能形成新的芳香化合物。

（一）阿魏酸、4-乙基愈疮木酚、香草醛

阿魏酸、4-乙基愈疮木酚、香草醛都是白酒的重要香味物质，它们可以使酒体浓稠、柔厚，回味悠长。它们主要由木质素的降解而生成。木质素在漆酶（酚氧化酶）的作用下，成为水溶性物质，再与细胞的加氧酶系作用后进一步水解而得到这些中间产物。

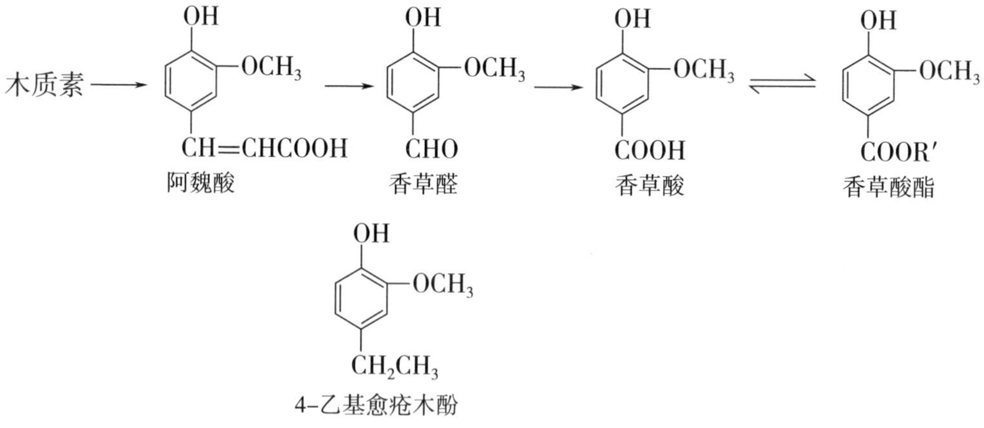

阿魏酸具有轻微的香味和辛味，4-乙基愈疮木酚具有类似酱油的香味，其含量在 0.11mg/L 时就可使人感觉出强烈的香气。

（二）丁香酸

丁香酸来自单宁。丁香酸是一种呈味物质，与香草酸类似并比它稍浓，带有愉快的清香味，在酒中还发出芳香的甘味。高粱中含有酚类化合物，其中有较多的阿魏酸和丁香酸。酒醅发酵后，主要形成了丁香酸、丁香醛和其他一些芳香族化合物。

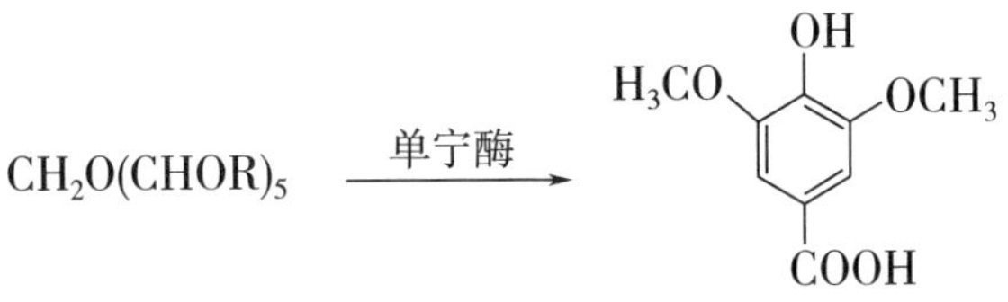

$CH_2O(CHOR)_5$
单宁酶
OH
H_3CO
OCH_3
COOH

单宁　　　　丁香酸

小麦中含有少量的阿魏酸、香草酸和香草醛，用小麦制曲时，经微生物作用而生成大量的香草酸及少量的香草醛。小麦经酵母发酵后，香草酸也会大量增加，但麦曲经酵母发酵后，香草酸有部分变成4-乙基愈疮木酚。阿魏酸经酵母和细菌发酵后，生成4-乙基愈疮木酚和少量香草醛。香草醛经酵母、细菌发酵也会转化成4-乙基愈疮木酚。

（三）酪醇

又称对羟基苯乙醇，是酪氨酸经酵母发酵生成的。含量适当可使白酒具有愉快的芳香气味，含量过高则造成苦味。当曲酒发酵时，加曲量过大、蛋白质分解过多，发酵温度又偏高，会增加酪醇的形成，使酒发苦，而且苦味延续性长。

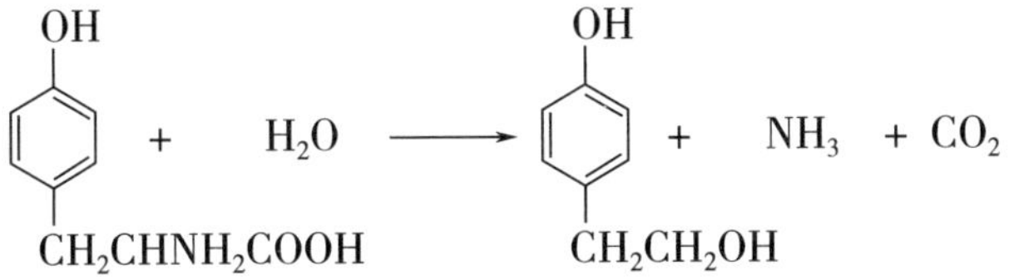

OH
+
H_2O
CH_2CHNH_2COOH
OH
+
NH_3
+ CO_2
CH_2CH_2OH

酪氨酸　　　　酪醇

七、硫化物

白酒中的硫化物有 H_2S、硫醇、二乙基硫醇等。它们主要来自蛋白质分解产物的含硫氨基酸，如胱氨酸、半胱氨酸、蛋氨酸等。霉菌、酵母菌、细菌均能作用于胱氨酸生成 H_2S 等，另外，当有较多的糠醛、乙醛存在时进行高温蒸煮和蒸馏，也会促进胱氨酸生成 H_2S。硫化物是形成新酒味的主要成分，通过贮存，这类物质可（挥发）除去。

第六节　白酒蒸馏机理

蒸馏是利用各组分挥发性的不同，以分离液态混合物的单元操作。在白酒生产中，把液态发酵醪加热使液体沸腾或利用蒸汽直接加热固态发酵酒醅，产生的蒸气比原来混合物中含有更多的易挥发组分，剩余混合物中含有较多难以挥发的组分，因而可使原来混合物中的组分得到部分分离或完全分离，由此可将酒精和其他香味成分从固态发酵酒醅或液态发酵醪中分离浓缩，生成的蒸气经冷凝成液体，即得到含有众多微量香味成分及酒精的白酒。

白酒蒸馏方法分为液态发酵醪蒸馏法、固态发酵蒸馏法及固、液结合串香蒸馏法。

一、液态发酵醪的蒸馏机理

（一）液态蒸馏的工作原理

液态蒸馏法的工作原理符合拉乌尔定律：混合溶液中，蒸气压高（沸点低）的组分，在气相中的含量，总是比液相中高，反之，蒸气压低（沸点高）的组分，在液相中的含量，总是比气相中高。

酒精水溶液加热沸腾时，蒸气中的酒精含量较溶液中含量高。酒精水溶液的酒精含量愈高，其升温和汽化所需热量越少，人们设计了多级蒸馏的设备（蒸馏塔）来获得高浓度酒精。图 3-4 是这种多级蒸馏设备的示意图，以若干个简单蒸馏器为单元，通过升气管和回流管连接在一起。图 3-4 中，A、B、C、D 均为蒸馏釜，每个釜的底部都有加热多孔蛇管。除蛇管与热源（蒸气）相连接外，其余则与前一个蒸馏釜的蒸气导出管相接。每个釜底部还装有回流管，A 釜的回流管可将蒸馏残液排出釜外，其余的回流管都将蒸馏液导至前一个蒸馏釜内，作为回流。

在蒸馏开始之前，假设 A 釜中装入已达沸点 95℃ 的 5％酒精水溶液，B 釜中装已达沸点 83.5℃ 的 36％酒精水溶液，C 和 D 釜中也分别装如图所示浓度的沸腾酒精水溶液。A 釜导入 100℃ 的水蒸气，由于釜中液温度为 95℃，所以导入的水蒸气全部凝结成水，释放出来的潜热使釜中酒精溶液汽化，这时气体中酒精浓度为 36%（汽液平衡状态下），该气体经蛇管导入 B 釜，而 B 釜中液体温度仅 83.5℃，故导入酒精水蒸气又凝结成液体，释放出来的热量使 B 釜液体汽化，得到 73% 浓度的酒精蒸气，经蛇管导入 C 釜，如此逐级推进，就能进行多级蒸馏。但是，如果不设回流管，则每个釜中酒精浓度降低，沸点升高，各釜之间液体间温差消失，上述蒸馏就会无法进行。

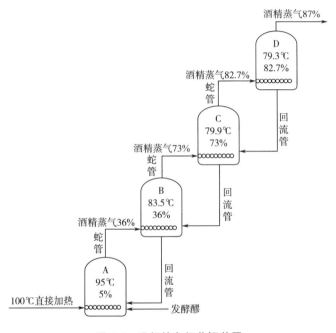

图 3-4　设想的多级蒸馏装置

（二）液态发酵醪的蒸馏

　　除了液态发酵白酒外，广西桂林三花酒、广东米酒和豉味玉冰烧酒等传统白酒，也都采用液态发酵、液态蒸馏。传统罐式蒸馏设备构造简单，加工方便。在蒸馏过程中可以截头去尾，以及将部分香味成分蒸入酒中。但蒸馏效率低，蒸气消耗量大，某些香味成分损失较大。原来直火加热的液态蒸馏方式已被淘汰，现全部改用蒸气加热。加热蒸气进入蒸馏设备的不同形式，对蒸气耗量、蒸馏时间、蒸馏出的酒精浓度等都有影响。

　　在液态发酵醪的蒸馏中，某些高级醇和酯类，尽管比酒精沸点高，但是在低浓度时比酒精容易挥发，因而这些香味成分在初馏液中的含量较多。

　　白酒发酵醪蒸馏的初馏分中有棕榈酸乙酯、油酸乙酯及亚油酸乙酯等高沸点成分被蒸出，后馏分中有 β-苯乙醇、糠醛等高沸点成分。

二、固态酒醅的蒸馏机理

固态发酵法白酒的蒸馏，不仅要将发酵糟醅中的酒精蒸出，更重要的是要将酒醅中的香味成分随酒精一起蒸出，因而传统上有"生香靠发酵，提香靠蒸馏"之说，可见蒸馏对于固态发酵法白酒质量的重要性。

（一）固态蒸馏设备

在传统的固态发酵法白酒生产中，发酵成熟的酒醅采用甑桶蒸馏而得白酒。甑桶是一个上口直径约 2m，底口直径约 1.8m，高约 1m 的锥台形蒸馏器。用多孔箅子相隔下部加热器，上部活动盖与冷却器相接。甑桶是一种不同于世界上其他酒蒸馏器的独特蒸馏设备，是根据固态发酵酒醅这一特性而设计发明的。自白酒问世以来，千百年来一直沿用至今。虽然随着生产量的大幅度增长及技术改造，甑桶由小变大，材质由木材改为钢筋水泥或不锈钢，冷却器由天锅改为直管式，但间隙式人工装甑的基本操作要点仍然不变，连续进料及排料的机械化至今尚不成功。

甑桶蒸馏可以认为是一个特殊的填料塔。将约含有 60% 水分及酒精和数量众多的微量香味成分的固态发酵酒醅，通过人工装甑逐渐形成甑内的填料层。在蒸气不断加热下，使甑内酒醅温度不断升高，下层醅料的可挥发性组分浓度逐层不断变少，上层醅料的可挥发性组分浓度逐层变浓，使含于酒醅中的酒精及其他香味成分经过汽化、冷凝、再汽化、再冷凝，而达到多组分浓缩、提取的目的。少量难挥发组分也同时被带出，进入酒中。

（二）甑桶蒸馏的原理

白酒的甑桶蒸馏是以拉乌尔定律为基础的。白酒的固态甑桶蒸馏可以假设为多层塔板的多级蒸馏装置。甑桶好似一个填料塔。酒醅是一种特殊的填料，同时也起到了塔板作用。

在蒸馏前，酒醅中已均匀分布着各种被蒸馏的成分，酒醅的每个固体颗粒好似一个微小的塔板，比表面积大，无数个塔板形成了极大的汽液接触界面，使固态蒸馏的传热、传质速度大大增强。

可以这样理解白酒甑桶蒸馏原理：如图 3-5 所示，在蒸馏初始时，假设甑桶 A 处的酒醅的温度为 95℃，酒醅的酒精含量为 5%，甑底通入 100℃ 的加热蒸汽，由于 A 处的酒醅的温度为 95℃，所以通入的水蒸气全部凝结成水，释放出来的潜热使 A 处酒醅中的酒精汽化，这时气体中的酒精浓度为 36%（气液平衡状态下），该浓度较高的酒精蒸气上升到 B 处。如此逐级推进，就能进行多级蒸馏。

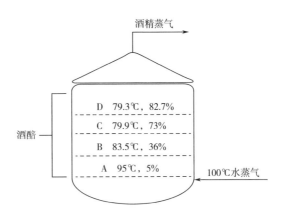

图 3-5　白酒甑桶蒸馏原理示意图

（三）甑桶蒸馏的作用

甑桶蒸馏的主要作用有以下几点。

1. 分离浓缩作用

酒醅蒸馏主要是提取酒精的香味物质，并蒸入一定量的水，也混入少量其他杂质。与此同时，还排出了由固形物及高沸点物质与水等组成的酒糟，并从气相中排出一些低沸点杂质，如二氧化碳、乙醛、硫化氢、游离氨等。在分离的同时，对酒精及香味物质起到了浓缩作用，将酒醅中 4%～6% 的酒精浓缩到 50%～70%，其他香味物质也相应地增加了浓度。从而使白酒保持其应有的酒精浓度和特有的芳香。

应当指出的是，对于固态发酵酒醅或液态发酵醪，其中除了占绝大部分的水和酒精外，还含有许多种微量香味成分。这些微量香味成分由于极性的不同，与酒精和水之间存在着复杂的分子间相互作用，使得其在酒精水溶液中的挥发性能不完全取决于其沸点的高低。例如一些高沸点高级醇、乙酯类香味物质却在初馏分（酒头）中含量较多。

2. 杀菌作用

白酒生产最大的特点是酒醅循环发酵。在蒸馏过程中，同时起到杀死酒醅中微生物的作用，消灭酒醅中的菌类，为下一排保持正常发酵创造有利条件，被杀死的菌体又是下一排功能菌的营养和香味的前体物质。

3. 糊化作用

甑桶蒸馏既是蒸馏又是糊化，是白酒特有的方法，原料又当作了填充料，利用蒸酒的热能又起到糊化作用，既节约劳动力，又节约能源。酒醅的酸度大，可以增进糊化效果，这是先人们巧妙的组合。蒸馏在白酒生产过程中起到多种作用，这在其他酒类生产中是罕见的。

4. 加热变质作用

发酵酒醅有浓郁的香气，但经蒸馏之后，白酒与酒醅的香味则完全不同。蒸馏时有微量香气成分挥发损失，还有一些对热不稳定的物质，经加热破坏而变质。有些被保留下来，有些经热变之后，生成另一种香味，这种热变现象在酿造工业中例子很多。例如生酱油的香味与加热杀菌后的熟酱油味道不同；生啤酒与熟啤酒味道不同；经加热处理的果汁与鲜果汁味道不同等。当酒醅在蒸馏时，因热破坏了一部分香味物质，同时，又重新生成了一部分香味物质，香味成分的组成比例也发生了变化。广大消费者喝的都是在蒸馏过程中经热变后的白酒，未经热变的酒醅用脱臭酒精溶出或低温真空蒸馏的酒，都不具有白酒风味。

（四）甑桶蒸馏过程中香气成分的行径

固态发酵酒醅装甑蒸馏和液态发酵釜式蒸馏过程中各种香味成分的行径相同。在蒸馏初期集积的主要成分是酯、醛和杂醇油，随着蒸馏时间的延长，它们的含量也随之下降，唯独总酸相反，先低后高。甲醇则在初馏酒及后馏酒部分低，中馏酒部分高；乙酸乙酯、丁酸乙酯、己酸乙酯由高到低主要集中在成品酒中，其中乙酸乙酯更富集于酒头部分；高沸点乙酯中含量最多的棕榈酸乙酯、油酸乙酯及亚油酸乙酯3种成分主要富集于酒头部分，随着蒸馏的进行，呈马鞍形的起伏，乳酸乙酯则大量地存在于酒精含量为50%以后的酒尾中；异戊醇、异丁醇、正丙醇、正丁醇和仲丁醇在蒸馏过程中呈较为平稳而缓慢下降的趋势。

乙醛与乙缩醛随着蒸馏进程而逐步下降，较多地集中于前馏分中，总馏出量80%的乙醛及90%的乙缩醛存在于成品酒中。糠醛则仅在中馏酒的后半部分才开始馏出，并呈逐步上升趋势，主要存在于酒尾中，约占总馏出量的80%。

不同的香气成分在蒸馏过程中的不同行径，是科学而有效地掌握"掐头去尾"蒸馏操作的依据。自天锅改为直管式冷凝器后，20世纪60年代酒厂均采用锡制冷凝器，残留在冷凝器底部的上一甑的酒尾，由于水分大、酸度高，导致与锡料中的铅产生含铅化合物，使得下一甑最初的馏液有一短暂的低酒高酸及铅含量超国家标准的现象出现。所以要进行掐头处理。但是截头量过大则不利于香气成分的收集。

至于去尾问题，不同香型酒有不同的要求。酱香型及芝麻香型酒一般交库酒的酒精含量在57%左右，而浓香型酒需要在酒精含量为65%时交库为宜。对于浓香型酒在蒸馏过程中截取高度酒对增己降乳有很大必要性。在名优白酒生产中，蒸馏分级接酒还是勾兑工作的起始基础，有人称之为"第一勾兑员"。

不同的香气成分在蒸馏过程中的不同行径，还显示出酒尾利用的合理性和重要性。酒尾中除了含有20%～30%酒精外，还残存有各种香气成分，特别是各种酸类含量很高。利用酒尾作为固、液结合法的白酒香源和食用酒精勾兑成普通白酒是较为合理的。近年来，将其和黄水混合加酯化曲发酵成白酒香味液，经蒸馏用于勾兑也是可行的。

不同的香气成分在蒸馏过程中的不同行径，同样说明了为什么低度白酒应采用高度酒加水稀释的工艺，而不能直接蒸馏至含酒精 40% 以下的缘由。主要并不是混浊不清的外观现象，而是香味组成成分的平衡失调，从而使口味质量下降，甚至失去本品的风格特征。

三、固、液结合的串香蒸馏法

（一）固态蒸馏与液态蒸馏的差异

夏朗德壶式液态蒸馏是传统的白兰地、威士忌蒸馏方法，一直沿用至今。在壶式蒸馏器中，酒精含量为 10% 左右的发酵醪，需经 3 次蒸馏才能达到 70% 的酒精浓度。对于釜式蒸馏的液态发酵白酒，过去有六低两高之说。即乙酸、乳酸低，乙酸乙酯、乳酸乙酯低，乙醛、乙缩醛低，异丁醇、异戊醇高。液态发酵成品酒中这些成分含量的不同与蒸馏方式有密切关系。

甑桶固态蒸馏则是传统的白酒蒸馏方法之一。甑桶蒸馏过程中固态酒醅的颗粒形成了接触面很大的填料塔，因此能够使装于低矮的甑桶中的仅含酒精 5% 左右的酒醅，经一次蒸得酒精含量 65%～85% 的白酒。

以上两种方法都是间歇式简单蒸馏，但是效果却完全不同，表现为酒精的浓缩效率及香气成分的提取率上差异较大。甑桶蒸馏的酒精浓缩效率比釜式更优。

甑桶蒸馏法比釜式蒸馏法的酸、酯提取率要高，其中尤以乙酸、乙酸乙酯及乳酸乙酯为高，乳酸的提取率也高，而异戊醇、异丁醇、正丙醇基本上差不多。

生产实践表明，只有固态发酵、固态甑桶蒸馏所得的酒，才具有典型白酒风味。液态发酵、液态蒸馏的酒，呈粗馏酒味。蒸馏方式的不同是造成两者风味不同的主要原因之一。

（二）固、液串香蒸馏的原理

将小曲酒放置于底锅，加热后酒蒸气上升，穿过经长期固态发酵的酒醅后冷凝而得白酒，这种蒸馏工艺叫固、液串香蒸馏。20 世纪 60 年代将其引用到酒精串蒸固态发酵香醅生产新型白酒，开创了固、液结合的生产工艺，解决了液态发酵法白酒的质量风味关键问题，发展至今已成为生产白酒的主要方法之一。

在固、液结合的串香蒸馏法中，由于有固态香醅作为填充层，因此在蒸馏过程中，在一段相当长的时间内酒精含量在 72% 左右，酒气温度为 88℃ 左右，在此期间蒸入酒中的酸、酯含量也较平稳。酯在酒头及酒尾中均多，酒头中主要是乙酸乙酯，酒尾中主要是乳酸乙酯。存在于酒醅中含有 6 个碳以下的低级脂肪酸乙酯提取率可在 80％～95％以上，高级醇（异戊醇、异丁醇、正丁醇）的提取率可达 95％以上，但是乳酸乙酯和各种酸类提取率很低，其他一些含量更微的高沸点香气成分提取率也很低。

根据发酵酒醅的质量，适量添加食用酒精串蒸是提高固态酒醅中香味物质提取率的有效措施。

四、白酒蒸馏过程中新物质的生成

在白酒蒸馏过程中，通常对馏分中酯类、酸类及杂醇油等风味物质在馏分中含量的多少及其变化规律较为注意，而忽视了新物质的生成。实际上在蒸馏过程中，由于传热传质的作用、来自酒醅或酒醪的很多成分本身的变化以及馏分中风味物质的复杂作用，会产生一些新的成分。例如前面已经提到的酒醅中的胱氨酸、半胱氨酸与乙醛和乙酸会产生硫化氢等。另外，酒精等醇类在高温下与有机酸也有一定的酯化作用；蒸馏时产生少量的乙醛；还可能发生诸如美拉德反应等其他许多反应。正是这些新成分的产生，使得在蒸馏过程完成"提香"的同时，也起到了或多或少的"增香"作用。

第四章

大曲的生产工艺

糖化发酵剂是酿酒发酵的动力，其质量直接关系到酒的质量和产量。我国劳动人民在长期的生产实践中，发明了许多不同用途和特点的酒曲，酿造出的酒品种繁多。我国传统的制曲技术蕴含着许多科学道理，如小曲制作过程中的曲种传代，实际上就是将相对纯化的微生物进行保藏和接种培养的一种方法。

小曲白酒的酿造是一个先培菌后糖化发酵的过程；大曲白酒的酿造是一个边糖化边发酵的过程。白酒的酿造需要先将淀粉水解成可发酵性糖，然后利用酒化酶等将可发酵性糖转变成乙醇和其他风味成分。

第一节　大曲概述

大曲一般使用小麦、大麦和豌豆等为原料，经粉碎、加水拌料后，压制成砖块状的曲坯，人工控制一定的温度和湿度，让自然界中的各种微生物在曲坯上生长而制成。因其块形较大，而称为大曲。

大曲中的微生物极为丰富，是多种微生物的混合体系。在制曲和酿酒过程中，这些微生物的生长繁殖，形成了种类繁多的代谢产物，从而赋予各种大曲酒独特的风格与特色，这是其他酒曲所不能相比的，也是我国名优白酒中大曲酒占绝大多数的原因所在。

一、大曲的功能

大曲是一种经自然接种、人工培养的用于酿酒的糖化发酵剂，因其成分复杂，归纳起主要有三类：菌系——细菌、酵母菌、霉菌等；酶系——各种微生物产生的多种酶；物系——风味前体物质和酿酒原料。由于大曲中菌系、酶系和物系的同时存在，使得大曲的功能也十分强大，主要功能如下。

（一）糖化发酵

大曲是大曲酒酿造中的糖化发酵剂，其中含有多种微生物菌系和多种酿酒酶系。

大曲中与酿酒有关的酶系主要有淀粉酶（包括 α-淀粉酶、β-淀粉酶和糖化型淀粉酶）、蛋白酶、纤维素酶和酯化酶等，其中淀粉酶将淀粉分解成可发酵性糖；蛋白酶分解原料中的部分蛋白质，并对淀粉酶有协同作用；纤维素酶可水解原料中的少量纤维素成为可发酵性糖，从而提高原料的出酒率；酯化酶则催化酸、醇反应生成酯。

大曲中的微生物包括细菌、霉菌、酵母菌和少量的放线菌，但在大曲酒发酵过程中起主要作用的是酵母菌和专性厌氧或兼性厌氧的细菌。在大曲酒的发酵过程中细菌和霉菌利用液化酶和糖化酶将酿酒原料中的淀粉转化成可发酵性糖，酵母菌将可发酵性糖转化成酒精。细菌、酵母菌和霉菌的共同存在，是维持大曲酒边糖化边发酵的重要保障。

（二）生香作用

在大曲制作过程中，微生物的代谢产物和原料的分解产物，直接或间接地构成了大曲酒的风味物质。因此，大曲也是生香剂。不同的大曲生产工艺所用的原料和所网罗的微生物菌系有所不同，成品大曲中风味物质或风味前体物质的种类和含量也就不同，这些风味前体物质在酿酒过程中被转化为一系列风味物质，从而影响大曲白酒的香味成分和风格，所以各种名优白酒都有其各自的制曲工艺和特点。

（三）发酵原料

在大曲酒的生产中，用曲量比较大。清香型大曲白酒的大曲用量为投粮量的20%左右（大渣的用曲量为投粮量的 9%～11%，二渣的用曲量为投粮量的8%～10%）、浓香型大曲酒的大曲用量为投粮量的 20%～25%、酱香型大曲酒的大曲用量达投粮量的80%～100%。大曲中未被利用的残余淀粉比较高，大多在 50%以上，并且这些残余淀粉经过了大曲发酵阶段的高温过程，为易被利用的熟淀粉，它们可以作为酒醅中酿酒微生物的发酵原料。

二、大曲生产工艺的特点

大曲是酿制大曲酒用的糖化发酵剂。在制曲过程中，让制曲环境中的各种微生物富集到用淀粉质原料制成的曲坯上，经过人工培养，形成各种有益的酿酒微生物菌系和酶系，再经过风干、贮存，即成为成品大曲。大曲形状似砖块，每块重量在2～3kg，含水量要求在16％以下。

大曲生产工艺具有以下几个主要特点。

（一）生料制曲

用来制备大曲的原料，应含有丰富的碳水化合物（主要是淀粉）、蛋白质及适量的无机盐等，以便为微生物的生长繁殖提供必要的营养；同时制曲原料所含的营养成分也对微生物的富集和形成不同的酶系起到筛选与诱导作用，可以把曲坯看作微生物的一种选择培养基。利用生料制曲是大曲生产的一大特点，这不仅有利于保存原料中原有的水解酶类（如小麦麸皮中的β-淀粉酶），使它们在大曲酒酿造过程中仍能发挥作用，有利于大曲培养前期微生物的生长；而且有助于那些能直接利用生料的微生物的富集和生长繁殖。

一般我国南方的曲酒厂大多以小麦作为制作大曲的主要原料，北方的曲酒厂常以大麦、豌豆作为制曲的主要原料。用小麦制曲容易管理，因其淀粉含量丰富，还含有较多的面筋质，黏着力强，最适合于曲霉菌的生长。大麦皮多，黏性小、疏松，曲块成形后内部间隙大，制曲培菌时升温慢，后火快，水分和热量的散发较快，会影响微生物在曲块内部的充分繁殖。而豌豆黏着力强，蛋白质含量丰富，还含有香草醛、香草酸等天然的植物香味物质，有利于酒香的形成。由于豌豆粉结块后水分和热量不易散失，同样不利于微生物的充分繁殖。因此在制曲时大麦与豌豆必须进行适当的配比，才能制成优质大曲。有时用小麦制曲，为了疏松曲块，提高大曲微生物对酿酒原料的适应性，可添加5％～10％的高粱。大曲原料的主要成分见表4-1。

表4-1　大曲原料的主要成分　　　　　　　　　　　　　　单位：％

原料名称	水分	粗淀粉	粗蛋白质	粗脂肪	粗纤维	灰分
小麦	12.8～13.6	61～65	9.8～13.1	1.9～2.0	1.6～2.3	1.5～2.0
大麦	11.5～12.5	61～63.5	9.4～12.5	1.7～2.8	7.2～7.9	3.5～4.2
豌豆	10～12	45.2～51.5	25.5～27.5	3.9～4.0	1.3～1.6	3.0～3.1

（二）自然接种

酒曲是在谷物及其辅料上接种或利用天然菌种（霉菌、酵母菌、细菌等）发酵而成。中国酒曲历史悠久，种类多样，功能独特，是我国古代劳动人民的重大发明，更是祖国宝贵的科学文化遗产，用曲酿酒是中国酿酒的特色，也是东方和西方的酿酒工艺的重要区别。《中国：发明与发现的国度》中说："中国用曲酿酒，这种第一流的工艺，最终达到无法再前进的顶峰，酿造出一种酒精度很高的饮料"。中国酒曲的发明可以与四大发明相媲美。自然发酵曲的种类见表 4-2。

表 4-2 自然发酵曲的种类

曲名	原料	酶类	发酵产品
豆豉曲	大豆、黑豆	蛋白酶等	豆豉
酱曲	谷物	糖化酶、液化酶、蛋白酶	豆酱、甜面酱等
醋曲	小麦、大麦、豌豆、米粉、中药等	糖化酶、蛋白酶、酒化酶等	醋
酱油曲	大豆或豆粕、面粉等	糖化酶、液化酶、蛋白酶等	酱油
酒曲	小麦、大麦、豌豆等	糖化酶、液化酶、蛋白酶、酒化酶等	白酒、米酒、黄酒等

麦曲是我国黄酒酿造所特有的糖化发酵剂，"以麦制曲，用曲发酵"是我国黄酒酿造的精华所在。麦曲是以粉碎的小麦为原料，控制适当的水分和温度，经自然发酵培养糖化菌而制成的一种复合酶制剂。在黄酒酿造过程中麦曲的作用有两方面：一是糖化作用，利用麦曲中的各种酶系（主要是淀粉酶、糖化酶和蛋白酶），将米饭原料中的淀粉、蛋白质等降解为酵母及其他微生物可以利用的营养物质；二是生香作用，黄酒酿造的实践表明麦曲是形成我国黄酒香气特征的必需原料。"无曲不成酒"是对麦曲作用的最好总结。

大曲常通过自然接种法，使周围环境中的微生物转移到曲块上进行生长繁殖。自然界中的微生物分布往往又受到季节的影响，一般春、秋季酵母多，夏季霉菌多，人们在长期的生产实践中总结出，春末夏初到中秋节前后是生产大曲的最佳时期。根据经验，伏天高温季节踩制的曲，由于产酯酵母较多，因而曲香较浓；中秋节踩制的曲，由于产酒酵母较多而酒精发酵力较强，许多酒厂常把不同类型的大曲搭配使用或在夏末秋初尽量多制曲。一方面，在这段时间内，环境中的微生物含量较多；另一方面，气温和湿度都比较高，易于控制大曲培养所需的高温高湿条件。

自然接种不仅为大曲提供了丰富的微生物菌群，而且各种微生物所产生的不同酶系，形成了大曲的生化特性。在培养过程中要控制适宜的温度、湿度和通风条件，使之有利于酿酒有益微生物的生长，从而形成各种大曲所特有的微生物菌系、酿酒酶系和风味前体物质。

（三）强调使用陈曲

大曲经过曲房培养成熟，不能立即使用，需要经过 2～6 个月的贮存，成为陈曲后才能投入使用。由于在制曲过程中曲块内潜入了大量的产酸细菌，它们在大曲贮存过程中会失去繁殖能力或大量死亡，就可以避免酿酒过程中产酸过多。同时，在大曲贮存过程中，酵母菌数量也会减少，大曲的酶活性适当地钝化，在之后的酿酒过程中可避免前火过猛，升酸过快的不良情况，使发酵时酒醅的品温变化按照"前缓、中挺、后缓落"的规律进行，有利于产酒和大曲酒酒质的提高。

三、大曲的分类

大曲有多种分类标准，比如按照制曲的工艺、制曲的最高品温、大曲的香型等。

（一）按制曲工艺分类

可将大曲分为传统大曲、强化大曲及纯种大曲。

（二）按制曲最高品温分类

可将大曲分成高温大曲、中温大曲和偏高温大曲，见表 4-3。

表 4-3　按大曲制曲的最高品温分类

大曲	制曲最高品温/℃	酿酒用途
高温大曲	60 以上	生产酱香型大曲白酒
偏高温大曲	50～60	生产浓香型大曲白酒
中温大曲	不超过 50	生产清香型大曲白酒

各酒厂除了在制曲温度的控制上不同外，在制曲原料的配比上也各异，典型的高温大曲常采用纯小麦制曲，典型的中温大曲常以大麦、豌豆作为制曲的原料，而其他的大曲常以小麦为主，添加不同比例的大麦、豌豆及高粱等，用以调节曲块的黏结性和增加曲香味。一些大曲酒制曲的最高品温见表 4-4。

表 4-4　大曲酒制曲的最高品温　　　　　　　　单位：℃

大曲酒	制曲最高品温	大曲酒	制曲最高品温
贵州茅台酒	60～65	泸州老窖	55～60

91

续表

大曲酒	制曲最高品温	大曲酒	制曲最高品温
五粮液	58～60	汾酒	45～48
古井贡酒	47～50	洋河大曲	50～60
西凤酒	58～60	董酒	44

随着白酒生产工艺的不断改进，某些白酒企业也在原有制曲工艺的基础上提高了制曲品温，得到一些新型大曲，如目前泸州老窖酿造浓香型大曲酒所用的大曲，制曲最高品温提高到了65℃以上，称为中高温大曲；郎酒酱香型白酒生产所用的大曲，制曲最高品温能达到70℃以上，称为超高温大曲。

（三）按香型分类

目前市场上存在的白酒产品，其香型有十几种，包括清香、浓香、酱香三大主流香型和十多种其他香型。据此，可将大曲分为酱香型大曲、浓香型大曲、清香型大曲和兼香型大曲。

1. 酱香型大曲

这种类型的大曲，以贵州仁怀市茅台镇制作的大曲最为典型。这种类型的大曲主要用于生产酱香型白酒，产品特点为无色（或微黄）透明，无悬浮物，无沉淀，酱香突出，幽雅细腻，空杯留香持久，入口醇厚，回味悠长。除了较其他香型酒的酚类、吡嗪类、呋喃类含量高之外，酱香型白酒中糠醛、高级醇含量高也是其突出的特征。

2. 浓香型大曲

这种类型的大曲，主要用于酿制浓香型白酒，产品特点为纯正协调的酯类香气，入口绵甜爽净，香味协调，余味悠长。此类白酒通常以己酸乙酯为主体香气，代表产品为泸州老窖、宜宾五粮液。

3. 清香型大曲

这种类型的大曲主要用于生产清香型大曲白酒，其所产白酒的特点是：无色透明，无悬浮物，无沉淀，清香纯正，入口绵甜，香味协调，醇厚爽冽，尾净香长，此类酒通常以乙酸乙酯为主体香气，代表产品为山西汾酒。

4. 兼香型大曲

此类大曲通常用于酿造其他香型的白酒，白酒的风味介于浓香和酱香型白酒之间。

四、大曲的酶系

一切微生物的生命活动都离不开酶，大曲中的微生物种类繁多、功能各异，在大曲培养成熟的过程中微生物可以产生多种酶类，构成大曲的酶系，酶系作为大曲的重要组成部分，其种类和数量的多寡，直接影响到大曲的品质，大曲中的酶，根据所作用的底物以及催化功能可分为淀粉酶、蛋白酶、酯化酶、纤维素酶、半纤维素酶、单宁酶、果胶酶、脂肪酶等。

（一）淀粉酶

淀粉酶也称为淀粉水解酶，它是能水解淀粉葡萄糖苷键的一类酶的总称，包括液化型淀粉酶、糖化型淀粉酶、异淀粉酶、麦芽糖酶等（表4-5）。其中液化型淀粉酶和糖化型淀粉酶是大曲最主要的淀粉水解酶类。液化型淀粉酶又称为α-淀粉酶，它能够作用于淀粉分子内部的α-1,4-葡萄糖苷键，使淀粉分子分解成为长短不一的糊精和小分子的糖，使淀粉糊化物的黏度迅速降低。糖化型淀粉酶又称葡萄糖淀粉酶，该酶作用于淀粉分子的非还原性末端的α-1,4-葡萄糖苷键，是一种可将淀粉、糊精和糖原水解为葡萄糖的酶。

表 4-5   大曲中的淀粉酶

淀粉酶的名称	淀粉酶的主要来源	淀粉酶的主要作用产物
液化型淀粉酶	细菌和霉菌	糊精，麦芽糖
糖化型淀粉酶	霉菌	葡萄糖
异淀粉酶	细菌	直链淀粉
麦芽糖酶	大麦芽，酵母菌，霉菌	葡萄糖
转移葡萄糖苷酶	黑曲霉	潘糖或异麦芽糖
磷酸酯酶	黑曲霉	葡萄糖，磷酸

（二）蛋白酶

蛋白酶是水解蛋白质肽键的一类酶的总称。蛋白酶的水解产物主要为氨基酸、多肽，不但为微生物的生长、繁殖提供营养物质，也为其代谢产物提供前体物质。大曲中的蛋白酶可将原料中的粗蛋白降解成各种氨基酸，使得大曲中氨基酸的种类和数量增多。在实际生产中，优质高温大曲中各种游离氨基酸全部高于普通中高温大曲，另外优质大曲中蛋白酶活力较普通大曲高。蛋白酶按其作用的不同 pH 值可分为酸性蛋白酶、中性蛋白酶及碱性蛋白酶，大曲中主要的蛋白酶为酸性蛋白酶和中性蛋白酶，能产酸性蛋白酶的微生物主要为米曲霉、黑曲霉和根霉等，而能产中性蛋白酶的微生物主要为枯草芽孢杆菌、蜡状芽孢杆菌、米曲霉、栖土曲霉等。

蛋白酶在谷物原料的酒精发酵中，可分解谷物蛋白质，增加酵母菌的营养从而促进酵母菌的生长和发酵，有助于缩短发酵时间，提高原料的出酒率。在白酒发酵中适量添加酸性蛋白酶，能有效水解原料中的部分蛋白质，破坏原料颗粒结构，使醪液中能利用的糖含量增加，从而提高原料的出酒率。同时酸性蛋白酶把原料中的蛋白质降解成小分子氨基酸，再通过不同微生物及酶的作用，产生多种香味物质，降低白酒中杂醇油的含量。

（三）酯化酶

酯化酶不是酶学上的术语，在白酒生产中酯化酶是脂肪酶、酯合成酶、酯分解酶的统称。酯化酶在白酒生产过程中具有使醇与酸脱水缩合生成酯的催化作用。大曲中的细菌、真菌、霉菌都具有产生酯化酶的能力。大曲的酯化力与大曲的发酵温度成反比，发酵温度越高，大曲的酯化力越低，但此时的酯分解率则较高。大曲中的酯化酶在白酒酿造过程中发挥着巨大的作用，可以催化醇与多种酸的酯化，如乙醇与己酸、乙酸、乳酸、丁酸等反应，生成的己酸乙酯、乙酸乙酯、乳酸乙酯和丁酸乙酯等，进而生成白酒的主要香气成分。

（四）纤维素酶

纤维素酶是指能水解纤维素的 β-1,4-葡萄糖苷键，使纤维素变为纤维二糖和葡萄糖的一类酶，包括 C_1 酶、C_x 酶和 β-1,4-葡萄糖苷酶等。C_1 酶能将天然纤维素分解为短链纤维素；C_x 酶能将直链纤维素内部切断，水解为纤维二糖和纤维寡糖；β-1,4-葡萄糖苷酶能将纤维二糖水解为葡萄糖。纤维素的酶解机理如图 4-1 所示，大曲中含有大量的纤维素，纤维素酶能破坏细胞壁及细胞间质，使其包含的淀粉得到充分利用，有利于糖化酶的作用，提高原料的利用率。白酒酿造所用的原料中纤维的成分较多，纤维素酶可将高粱、小麦等原料淀粉中 3% 左右的纤维素和半纤维素转化成可发酵性糖，再经酵母发酵转化为酒精，从而提高原料的出酒率。应加大纤维素酶工

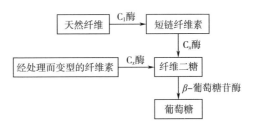

图 4-1　纤维素的酶解机理

业化生产方面的研发，提高其产量和酶活性，同时进一步加强纤维素酶在白酒发酵中的应用研究。

（五）其他酶类

大曲中的酶系十分复杂，其他酶类及其主要作用见表 4-6。

单宁酶，又称鞣酸酶，这是一种对带有两个苯酚基的酸有分解作用的酶。其产物为没食子酸和葡萄糖。

果胶酶是能够分解果胶物质生成甲醇和聚半乳糖醛酸的一类酶的总称。果胶酶包括果胶酯酶和聚半乳糖醛酸酶。大曲中的果胶酶的作用为降解果胶物质，降低了物料的黏度，果胶酶作为复合型酶制剂，和纤维素酶有着相同的作用。

植酸酶分布于植物组织和粮食中，比如小麦、稻谷和大麦等种子的外壳及糊粉层。大曲中的植酸酶可以催化肌醇六磷酸（盐或酯）脱去磷酸基团生成醇和磷酸盐。

漆酶是一种含铜的多酚氧化酶，属于蓝色多铜氧化酶家族。大曲中的漆酶大多存在于微生物细胞内，可以促进氢和电子的转移，有利于有机物质的分解产能，从而保证微生物正常的生命活动。

表 4-6　大曲中一些酶和产物的关系

组成成分	酶	产物	产物类型
单宁酸	单宁酶	没食子酸、葡萄糖	还原糖、酸
果胶	果胶酶	半乳糖醛酸、甲醇	酸、醇
肌醇六磷酸	植酸酶	醇、磷酸盐	醇
脂肪	脂肪酶	脂肪酸、甘油、甘油酯	酸、醇、酯
可发酵的糖	酒化酶	乙醇	醇
酚类、芳香族化合物	漆酶	醌	醌

五、大曲制作的一般工艺

酿制不同香型的大曲酒，所要求的大曲质量标准不同，因而大曲的制作工艺也不尽相同。下面介绍的是大曲制作的一般工艺，特殊工艺将在随后举例说明。

（一）制曲原料及配料

制作大曲的原料，主要有小麦、大麦和豌豆，也有使用少量其他豆类和高粱作制曲原料的。这些原料都要求颗粒饱满，无霉烂、无虫蛀，无杂质，无异味，无农药污染。小麦淀粉含量高，蛋白质、维生素等含量丰富，黏着力也较强，是各种微生物生长繁殖和产酶的天然培养基，在大曲制作中使用最多。大麦营养丰富，皮多，质地疏松，有利于好氧微生物的生长繁殖，但水分和热量也容易散失，一般不能单独用来制曲。豌豆淀粉含量高，黏性大，易结块，水分和热量不易散失，一般与大麦混合使用。

大曲的配料，主要根据各酒厂产品的风格特点来确定。一般地，高温大曲多用纯小麦或小麦、大麦、豌豆混合制曲；中温大曲大多用大麦、豌豆制曲。采用小麦、大麦、豌豆为原料制曲时，通常的配比是 5∶4∶1、6∶3∶1 或 7∶2∶1；采用大麦、豌豆制曲时，通常的原料配比是 6∶4 或 7∶3。几家名优酒厂制曲原料配比见表 4-7。

表 4-7　大曲制曲原料配比　　　　　　　单位：%

酒名	小麦	大麦	豌豆	高粱	大曲粉
茅台酒	100				3～8
汾酒		60	40		
五粮液	100				2～8
泸州老窖	90～97			3～10	3～8
剑南春	90	10			
古井贡酒	70	20	10		
洋河大曲	50	40	10		

（二）原料粉碎

原料的粉碎度与大曲的质量关系较大，粉碎过细则黏性大，曲坯内空隙小，通气性差，水分和热量不易散失，微生物生长缓慢，易造成窝水、发酵不透或圈老等现象；粉碎过粗则黏性小，曲坯内空隙大，水分和热量易散失，易造成曲坯过早干燥和裂口，表面不挂衣，微生物生长不良。所以，要严格控制好制曲原料的粉碎度。在实际生产中，应根据制曲原料的种类与配比、曲室培养环境条件和产品的质量风格特点等具体情况，确定适宜的原料粉碎度。

制曲生产要求将麦粒磨成"心烂皮不烂"的"梅花瓣"。"心烂"是为了充分释放淀粉，"皮不烂"则可保持一定的通透性。采用石磨粉碎可以完全做到"心烂皮不烂"，而采用钢磨粉碎则难以达到要求。因此，采用钢磨时，应先将原料加 5％～10％的水拌匀，润料 3～4h，然后再进行粉碎。

（三）曲坯制作

1. 拌料与加水比

拌料的目的就是使原料均匀地吃足水分，以利于微生物的生长与代谢。加水量过少，曲坯表面易干燥，菌丝生长缓慢，不挂衣；加水量过大，升温快、湿度大、易烧曲。从微生物的生长情况看，细菌易在水分大的环境中生长，霉菌在曲坯水分含量 35％时生长最好，酵母菌在水分含量 30％～35％时生长最佳。

一般地，拌料后，曲料水分含量在 38％左右，标准是"手捏成团不粘手"。而具体加水比（指加水量与原料之比）则取决于制曲工艺、原料含水量、空气湿度和温度等因素。一般全小麦原料制曲加水比为 37％～40％，多种原料混合制曲时，加水比可控制在 40％～45％。

2. 制曲坯

曲坯制作方法有人工踩曲和机械制曲两种，曲坯多为砖型，砖型曲坯的一般尺寸为（30～33)cm×（18～21)cm×（6～7)cm。有的大曲（如五粮液大曲），一面鼓起，称为"包包曲"。曲坯太小，不易保温、保湿，操作费工；曲坯太大，则微生物不易长透。

曲坯的松紧要适度，曲坯过硬，成曲色泽不正，曲心有异味；曲坯过松，操作不方便，易散曲，也不利于保温、保湿。

（四）曲坯培养与管理

1. 曲坯入室

（1）曲房　曲房的结构、材料、高度、门的开向等，均应考虑保温、保湿及通风效果。曲坯入房前，应将曲室打扫干净，并铺上一层稻壳之类的物料，以免曲坯发酵时与地面粘连。曲室最好是水泥地面，视气候情况要适当洒一些自来水在地面上，天热时必须多洒一些水。

（2）曲坯安放　曲坯入房后，安放的形式有斗形、人字形和一字形三种。安放为斗形和人字形较为费事，但有利于曲坯的温度和水分均匀。三种安放形式的曲间、行间距离是相同的，不能相互倒靠（包包曲除外）。根据不同的季节，曲间距有所不同，一般冬季为 1.5～2cm，夏季为 2～3cm。视情况收拢或者拉开曲间距，有调节温度、湿度和通风透气等功能。

（3）盖草帘　曲坯安放好后，应在其上面盖上草帘、麻袋之类的覆盖物。为了增大环境湿度，还应在覆盖物上适当洒些水。最后，关闭门窗，进入曲坯培菌阶段。

2. 培菌管理

大曲的质量好坏，主要取决于曲坯入室后的培菌管理，特别是入房后的前几天，如果管理不当，以后很难挽救。因此必须注意观察，掌握好翻曲时间，适时调节曲室的温度、湿度和更换曲室空气，从而控制曲坯的升温，为微生物的生长繁殖与代谢提供良好的条件。

不同大曲的制作工艺不同，其大曲的培菌管理亦各不相同。但无论何种大曲，其培菌过程的管理大致可分成如下四个阶段。

（1）低温培菌期　一般为 3～5 天，在此期间品温控制在 30～40℃，相对湿度控制在 90%。培菌期的主要目的是让霉菌、酵母菌等微生物大量生长繁殖，为大曲的发酵打好基础。控制方法有取下覆盖物、开关门窗和翻曲等。

（2）高温转化期　一般需要 5～7 天，在此期间根据生产不同大曲的要求控制曲坯的品温（45～65℃），相对湿度应大于 90%。在转化期，一方面菌体生长逐渐停止，产孢菌群则以孢子形式休眠下来；另一方面曲坯中各种微生物所形成的丰富酶系因温度升高后开始活跃，利用原料中的养料形成酒体香味的前体物质。由于不同酶系的最适作用温度不同，因此在此阶段控制不同的温度将会形成不同香味或香味前体物质，并为大曲酒的香型和风格特点打下基础。转化期的主要控制手段是开门窗排潮。

（3）后火生香期　一般需要 9～12 天，在此期间品温控制一般低于 45℃，相对湿度小于 80%。后火期的主要作用是促进曲心多余水分挥发和香味物质的产生。所谓后火生香并不是在此时期内生成大量的香味物质，而是要逐渐终止生化反应，使高温转化期形成的大量香味物质呈现出来，否则有可能得而复失，丧失大曲的典型风格。后火期的管理也是根据不同香型大曲的特点来确定的，但不管怎样，后火不可过小，否则曲心的水分挥发不出来，会导致曲心水分过重，影响成曲质量。后火期的主要操作有保温、垒堆等。

（4）打拢　即将曲块翻转过来集中而不留距离，并保持常温。在此期间只需注意曲堆尽量不要受外界气温干扰即可，经 15～30 天的存放后，曲块即可入库贮存。

（五）贮曲

曲块入库前，应将曲库清扫干净，铺上糠壳和草席，并保证曲库阴凉、通风良好。曲块间保持一定距离，以利于通风、散热。如果曲块受潮升温，则会污染青霉菌等有害微生物，使成曲品质量下降。

新曲不能立即使用，酿酒时必须使用陈曲。大曲经过贮存将淘汰大量的生酸杂菌，但大曲在贮存过程中酿酒酶系的活性及酵母菌等有益菌群的数量也会有所下降，因此大曲并不是越陈越好。一般贮存 3 个月后即可使用，也有的酒厂将大曲贮存 6 个月以后才使用。

六、大曲的质量及病害

成品大曲的质量标准一般包括感官指标、生化性能和化学成分三个方面，其中最重要的是生化性能。不同香型的大曲，由于制曲原料和工艺操作的不同而质量标准不同；对于同种香型的大曲，由于各自的制曲条件和风格特点的不同，其质量标准也存在着一定的差异。必须根据各自的实际情况和风格特点来制定成品曲的质量标准，并结合酿酒生产的情况（出酒率、酒质等）及时修正其质量标准。

大曲质量的好坏直接关系着产酒的多少和酒质的优劣，所以对成品曲的质量要求应严格，由于大曲种类不同，对成品曲质量的要求也各不一样，目前尚无统一的标准。各厂都根据自己的传统经验和酿酒的特殊要求来衡量大曲的质量好坏，并主要是通过感官鉴定来辨别曲质的优劣。例如茅台大曲，分为黄、白、黑三种颜色，酒厂习惯上是认为具有菊花心、红心的金黄色曲的质量为最好，这种曲酱香味浓。而白曲虽然糖化力强，但根据生产经验仍要求以金黄色曲多为好。茅台大曲的糖化力，一般出房时的混合曲样为 $200\sim300$mg/（g·h），曲块的糖化力主要来自曲块表皮部分，尤其白曲的表皮层最高，其中很大部分是保存了小麦粉本身的糖化力。对于高温大曲来讲，主要目的是增加曲香味，而把糖化力的大小看作是次要的。某些名优酒厂也习惯认为，中温大曲或偏高温大曲的糖化力和发酵力并不要求很高，只要达到 $180\sim250$mg/（g·h）或 $200\sim300$mg/（g·h），发酵力要求在 $0.2\sim0.5$g CO_2/（g·48h）。糖化力和发酵力太高或太低，都被看作不太理想。

目前一般采用感官鉴别和理化检测相结合的方法来确定大曲的质量。

（一）大曲的感官鉴定

1. 曲块颜色

曲的外表应有颜色一致的白色斑点或菌丛，不应光滑无衣或有絮状的灰黑色菌丛。光滑无衣，是由于曲料拌和时加水不足或在踩曲场上曲坯放置过久，入房后水分散失太快；在未生衣前曲坯表面已经干涸，微生物不能生长繁殖所致。絮状的灰黑色菌丝是由于培曲时曲坯过密，水分不易蒸发或水分过多，翻曲又不及时所造成的。

2. 曲香味

将成品曲块折断，用鼻嗅之，应具有特殊的曲香味，不带霉酸味。断面要整齐均匀，呈灰白色。

3. 曲皮厚度

曲皮越薄越好，曲皮过厚是由于曲坯入房后升温过猛，水分蒸发太快；或踩好后的曲坯在室外搁置过久，使曲坯表面水分蒸发过多；或曲粉过粗，不能保持曲坯表面必需的水分，致使微生物不能正常生长繁殖引起的。

4. 断面颜色

曲的横断面要有菌丝生长，且全为白色，不应有其他颜色掺杂在内，例如：

（1）窝水曲　由于曲块排列过密或后火太小，水分不能蒸发所致。

（2）曲心呈黑褐色　因温度过高或水分蒸发太快，致使微生物不能繁殖造成的。

（3）曲心长灰黑毛　在曲坯发酵过程中，由于后火小，而不能散发过多的水分，这种湿度大、温度低的环境，使曲心易长灰绿曲霉或青霉。

（二）大曲的病害及其处理

由于大曲采用自然接种微生物进行扩大培养，微生物主要来自环境、空气、器具、原料和覆盖物及制曲用水等（高温大曲也接种曲母），因此微生物种类复杂，优劣共存。虽然在制曲过程中通过温度、湿度、空气和水分的调节，使有益微生物尽量生长繁殖占优势，抑制有害微生物的生长，但在操作中往往由于各种主、客观原因而导致大曲发生病害，常见的有以下几种。

1. 不生霉

曲坯入房后2~3日，仍未见表面长出菌落，叫作不生霉或不生衣。这是由于温度过低或曲坯表面水分蒸发过多造成的。这时应加盖草席或麻袋，再喷洒40℃的热水，至曲块表面润湿为止。还可以在曲室内放置热水于密封的桶内，提升曲室的温度，然后关好门窗，使曲坯上霉。

2. 受风

曲坯表面干燥、不长菌、内生红心。这是由于对着门窗的曲块受风吹，表面失去水分，中心为红曲霉繁殖所造成的。因此应经常调换曲块的位置来加以调节。同时在对着门窗的地方，挂上席子或草帘等物，挡住冷风。此病害在春、秋季节最容易发生，应特别注意。

3. 受火

曲坯入房培养的大火阶段，菌类繁殖旺盛，曲坯温度较高。如果温度调节不当，或因管理上的疏忽，使曲坯温度升得过高，内部热量不及时散发，引起淀粉炭化，造成受火。此时应将曲块的距离拉宽，逐步降低曲的品温，使曲逐渐成熟。

4. 生心

曲坯微生物在发育后半期，由于品温过低，以致不能生长繁殖，造成生心。俗话讲"前火不可过大，后火不可过小"，原因就在这里。因为前期微生物繁殖旺盛，温度极易上升，对有害细菌的繁殖有利。后期微生物繁殖力减弱，水分逐渐减少，温度极易降低，致使有益微生物不能正常生长，曲中养分也未被充分利用，故出现局部生曲的现象。因此，在制曲过程中，应经常检查。如果较早发现生心，可把曲块距离靠近一些，把生心较重的曲块放在上层，周围加盖草席，并提高曲室温度，促进微生物的生长，来加以弥补。如发现太晚，内部已经干涸，则无法挽救。

5. 皮厚与白砂眼

晾霉时间过长，曲块表面干燥，待曲坯里面反起火来才关闭门窗造成的。原因是曲块太热，热量又未及时散发，曲块内部温度太高而形成暗灰色，生成黄、黑圈等病症。应控制好晾霉时间，晾霉时间不能过长，以曲块大部分发硬不粘手为原则，并保持曲块一定的水分和温度，以利于微生物的繁殖，使其由外往里生长，达到内外一致。

6. 反火生熟

出房后的曲块或成品曲，不可放在潮湿或日光直射的地方，否则容易反火生熟、生长杂菌。特别在春末夏初梅雨季节，环境湿度较高，要注意避免曲块感染黑曲霉、青霉及灰绿曲霉。

第二节　高温大曲的生产工艺

"曲乃酒之骨"，制好曲是酿好酒的重要前提，大曲是以小麦、大麦和豌豆等为原料，经破碎、加水拌料、踩（压）成砖块状的曲坯后，在人工控制的温度、湿度下培养而成。大曲含有霉菌、酵母菌、细菌等多种微生物及它们产生的各种酶类，是一种多菌种的混合粗酶制剂，它所含微生物的种类和数量，受到制曲原料、制曲温度和制曲环境等因素的影响。由于大曲含有多种微生物，所以在酿酒发酵过程中生成了种类繁多的代谢产物，形成了白酒复杂的风味成分。目前，我国绝大部分名、优白酒都使用传统的大曲法酿制。

高温制曲是酱香型白酒特殊的工艺之一。其特点一是制曲温度高，品温最高可达65～68℃；二是成品曲糖化力较低，用曲量大，与酿酒原料之比为1∶1，如折算成制曲小麦用量，则超过酿酒时高粱的用量；三是成品曲的香气，是酱香的主要来源之一。

一、工艺流程

酱香型大曲酒厂选用优质小麦作为制曲原料，生产高温大曲。其工艺流程如图 4-2 所示。

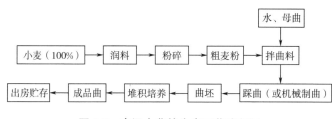

图 4-2 高温大曲的生产工艺流程图

二、工艺流程说明

（一）小麦储存

原料小麦对品种无特殊要求，但麦粒要整齐、无霉变、无异常气味和农药污染，并保持干燥状态。小麦入库时需要登记小麦厂家、重量、入库日期、批次号、运输车辆信息，使用时要详细登记用麦日期、重量、仓库余量。

（二）除杂

原料磨碎前要经过除杂处理，使用除杂机除去绳子等较大体积的杂质。

（三）润麦

加5%～10%的水拌匀，润料18h。夏季润麦水使用常温水，冬季用60～70℃的热水。让麦粒表皮吸收一定的水分，有利于后续破碎工艺的进行和内容物质（糖类、蛋白质、维生素等）的溶出，有利于接种曲母。

（四）粉碎

用钢磨粉碎，使麦皮碎成薄片（俗称梅花瓣）制曲时可使曲块疏松，而麦心部分粉碎成细粉。经粉碎后形成无大颗粒的粗麦粉，通过 20 目筛孔的细粉占 40%～50%，未通过 20 目筛孔的粗粒及麦皮占 50%～60%。原料粉碎的粗细影响成品大曲的质量。粉碎过粗，制成的曲坯黏性小，成型也困难，空隙大，水分易于蒸发，热量易于散失，曲坯可能会过早地干涸或裂口，影响微生物生长繁殖；粉碎过细，曲坯过于黏结，不易透气，水分、热量难以散失，易使曲坯发生酸败或烧曲。经验要求将麦粒磨成"心烂皮不烂"的"梅花瓣"。对小麦、大麦、豌豆等混合制曲原料，配料后不须进行润料，可直接粉碎。

（五）加曲母

为了加速有益微生物在培曲时的生长繁殖，高温大曲在拌料时，常接入一定量的曲母。曲母的使用量夏季为制曲粮食原料的 4%～5%，冬季为 5%～8%，曲母应从上年生产的含菌种类和数量较多的白色曲块中挑选，不可使用虫蛀的曲块。

（六）踩曲或机械制曲

制曲生产现场的卫生要求很高，每天在生产前，需要将板车、量水桶、钢铲等公用器具用 90℃以上的热水消毒 10min 以上，生产中保持室内室外卫生干净，生产后将晾堂、制曲机等清扫干净，所用的工具放回指定的地方。机械制曲时采用压曲机进行压曲。

传统制曲采用人工踩曲，目前不少酒厂已改为机械压曲。踩曲工人须用足掌从曲模中心开始踩，再沿四边踩压，要求踩紧、踩平、踩光，曲块中间可略松，棱角要分明，不得缺边掉角，每块曲重误差小于 0.2kg。曲坯踩好后，侧立收汗，然后立即送入曲房培养。

曲坯的大小影响到制曲的操作和质量，曲坯太小不易保温，操作费工费时；曲坯太大、太厚，大曲发酵培养时微生物不易长透长匀，也不便于操作。

踩曲要注意曲坯强度，曲坯过软，往往会产生裂纹，容易感染杂菌，成品曲颜色不正，曲心会有异味；另外，曲块过硬，包含的水分减少，培曲后期会发生水分不足的现象。硬度不同，曲块的透气性不一样，它会影响到曲坯微生物的种类和数量及其形成的代谢产物。曲坯强度应以手拿曲块不裂不散为准，这样制成的曲，黄色曲块较多，曲香也浓郁。

机械制曲的操作步骤：开机拌面，同时加水，调节好水分，利用拌面机将曲料搅拌均匀，确保无疙瘩、水眼、白眼。采用机械装箱，保持箱满箱平，四角要压紧。平箱时要注意安全，保证压曲质量，确保每块曲四角整齐，鼓肚大小均匀。加水量按原料的性质、气候、曲室条件而定，一般保持化验水分为 37% ～ 39%。在压曲操作过程中，技术人员根据堆积的曲坯层数对水分含量、压曲速度及时做出相应调整。

（七）堆曲培养

高温堆曲是高温大曲制备中的重要环节，可以分为堆曲、盖草洒水、翻曲、拆曲四个步骤。

1. 堆曲

将机械压好的曲坯，及时从输送带上搬到板车上，运送到安曲的发酵仓（曲房）里进行堆积培养。所有的曲坯均需要进行晾曲，顶层曲块拌料水分比其他几层的曲块大，因为顶层曲块水分散失较快。

按照"五列五层"的规格进行曲块堆积，在堆第一层曲块之前，将发酵仓内的细碎草、灰尘清理干净，地面上铺上 40～50cm 厚的稻草，再将曲块侧立放置，横竖交叉堆积。在堆积曲块时，曲块与曲块、墙面、地面之间均需要搁置稻草，即见缝卡草，稻草能起到保温保湿的作用。

2. 盖草洒水

曲块安置完毕后，即用乱稻草盖在曲堆上面及四周，起保温保湿作用，并能阻止冷凝水直接滴入曲块，引起酸败。盖草还有助于曲块后期的干燥。培曲后期开门开窗进行翻曲时，曲块受盖草的保护，品温不会急剧下降，保证曲块内部的水分慢慢散发，有利于曲块的干燥。盖草后，为了维持曲室的湿度，对盖草可以洒水，以水不滴入曲堆为度，洒水量夏季比冬季可以多些。

在顶层稻草上泼适量的水，确保顶层曲块足够的水分，发酵仓需要安插两支温度计，一支温度计安插于临门位置的顶层曲块中，以便于查询曲温；另一支温度计悬挂于发酵仓内，以便查询发酵仓内的室温。封闭门窗，保温培菌。

3. 翻曲

（1）发酵仓温度、湿度检查　曲块经入仓发酵后 2～3 天温度可达到 50℃以上，4～5 天后即可达到顶温，此时便需要每天由工艺员或班长对仓内的温度、湿度进行查询，并做好详细记录，以便更好地掌握曲块发酵的情况，检查仓内曲块堆积有无异常。安曲后至翻二次曲之前，曲块温度检查的是曲心的温度，翻二次曲之后的温度，查的是曲间温度。翻二次曲后的曲块表面已经干硬，温度计已经安插不进曲块中。翻一次曲后，在查询温度、湿度时，要对发酵仓做好相应的排潮保温工作。

随着发酵的进行，微生物总数会呈现出一个先上升后下降的趋势。曲坯发酵过程中，细菌首先占大多数，霉菌数量最少，随着发酵的进行，细菌先上升后下降再上升，而霉菌动态变化则相反。淀粉含量会逐渐减少，糖化力会上升，大曲的发酵过程是一个微妙的过程，需要把握微生物的习性，并根据实际情况做出调整，方能制出好曲。

（2）一次翻曲　高温大曲的制作过程中，需要通过翻曲来对曲房进行温湿度调节，除此之外，翻曲还可以使每块曲坯均匀成熟与干燥。翻曲过程中，需要将曲坯间湿草取出，地面及曲坯之间应铺垫干草，靠窗边包边的曲块应选用较干曲块，以避免滋生青霉，其原理为青霉菌易在潮湿和温度较低的地方生长，由于包边处仅有稻草起到保温作用，大曲微生物发酵产热较少，故应放置较干曲块，以防止滋生青霉菌，影响曲块质量。翻曲主要目的是排湿排潮、均匀发酵，中间的曲坯微生物生长代谢产生大量水分和热量，发酵较好，四周的曲坯由于水分散失较快，发酵情况较中间曲坯差，经过翻曲操作后，能够让曲块更均匀地发酵。曲坯在入仓安置 7～8 天后，温度达到 60℃以上，挺温时长达到 48h 以上就可以进行第一次翻曲，曲坯经高温堆积糖化后，曲块变软，有明显的黄粑味。入仓安曲直至第一次翻曲，曲块最高温度达到 60℃以上，微生物在生长代谢过程中产生大量水分，曲坯变软，发酵仓内温度升高，曲坯水分蒸发，干草变成湿草，在操作过程中需要用干草将所有的湿草替换掉。

需要翻曲的发酵仓都必须由工艺员核对后再进行开仓。翻曲工人们早上开早会之前就要称量好当天所需要的新草，运输到发酵仓门口，堆放整齐。翻曲操作遵循"上翻下、下翻上、边翻中、中翻边"的操作原则，曲块堆码遵循"横三竖三、交叉排列"的原则，翻曲过程中要及时铺草盖草，清理出来的湿草也要堆放在一旁进行摊凉，细碎草进行回收，翻曲完成后，清理现场。

微生物在曲坯上生长繁殖，前期以霉菌、酵母为主；中期霉菌由曲坯表面向内部繁殖；后期由于品温升高，酵母大量死亡，而耐热的芽孢杆菌仍能存活生长，少量耐热红曲霉菌也开始繁殖。大部分曲块，第一次翻曲后，霉菌菌丝体才由曲坯表面向内部生长，并随着曲块水分的收缩而逐渐使菌丝体伸入内部。如果曲坯水分过高，将会延缓霉菌在曲块内的生长速度。

实践证明，第一次翻曲至关重要，及时放门翻曲是制好曲的关键。翻曲过早，曲坯品温偏低，制成的成品曲，白色曲多；翻曲过迟，曲坯品温过高，黑色曲会增多。生产上要求黄色曲多，这种曲酿制的曲酒香味浓郁，这是由于曲坯温度不同，引起微生物的生长和形成的代谢产物不同而造成的结果。实验证明：当曲坯温度达到 60℃ 左右时，淀粉和蛋白质的分解加剧，曲块中的氨基酸、多肽、糖类大为增加，相应所形成的高级醇、麦芽酚、酱香精和色深香浓的类黑素物质增多，这可能是黄色曲的香气浓郁的主要原因，所以在制曲生产中应十分重视第一次翻曲。目前主要依据曲坯中层温度及口味来决定第一次翻曲的时间，当曲坯中层品温达到 60~62℃，口尝曲块有甜香味时（类似糯米蒸熟时的香味），手摸最下层曲块已感发热，即可进行第一次翻曲。

（3）二次翻曲　经第一次翻曲后，由于散发掉大量水分和热量，曲坯品温可以降到 50℃ 以下，但过 1~2 天后，品温又会很快回升，约一周后（一般入房第 14 天左右），品温又升到第一次翻曲温度，即可进行第二次翻曲。二次翻曲时的温度没有一次翻曲时高，曲块干燥程度增加，水分含量减少，有酱味，还是按照"五列五层"规格堆放，按照"边翻中、中翻边、上翻下、下翻上"的原则进行翻曲操作。若有湿草还要将所有湿草换掉，细碎草清理干净，将曲块上多余的杂草清理干净，再整齐地堆放，见缝卡草，及时盖草。

二次翻曲后，曲坯温度还会回升，但后劲已不足，很难再出现前面那样高的温度，过一段时间后，品温就开始平稳下降。

翻曲是大曲生产工艺上的重要环节之一，但工作环境艰苦（温度高、灰尘大、休息时间少）、工作量大。由于第二次翻曲时曲块水分减少，曲块变硬，稻草干燥，发酵仓内的灰尘较多，工人翻曲时必须戴上防尘口罩，做好防护工作。

（八）拆曲出仓

曲坯在入仓安置、翻一次曲、翻二次曲后（在湿度过大时需要翻第三次曲），发酵 40 天及以上，曲块品温下降到临近室温，水分含量降低到 14% 左右，曲坯的发酵基本成熟，此时曲坯表面多呈现黄褐色、黑褐色，曲块较硬。为控制好曲块的质量，班组工艺员、班长需配合相应人员对出仓的曲块进行抽样检查，随机抽取曲块，用斧头从中间劈开，对曲块的断面情况、颜色、菌丝生长情况、香气大小、杂菌生长情况、是否存在黄心等做感官检查并记录，这一程序是对整个发酵过程工艺控制的初步检验。

出仓曲块可以分为三类：黄曲、白曲、黑曲。其感官要求需达到：曲香浓郁，应有酱香大曲特有的香气；无霉味、油味和酸味。曲块表面无青霉、毛霉等异常情况，颜色均匀。黄曲皮厚、黑曲皮薄、曲心呈菊花状。理化要求的主要指标：水分≤13.0%，酸度在 1.0~3.5mmol/10g。

拆曲工人需从稻草覆盖物中取出曲块，并将曲块上面黏附的稻草清理干净，然后整齐堆放在发酵仓内空余干净的地方，堆码高度范围1.5～1.6m。拆曲工人在进行拆曲操作时，应穿上布底的鞋子。

对人工踩曲的班组进行抽样，由相关部门送检。在入仓后第 2 天和第 12 天的发酵仓内取样。从临门、中间、临窗的位置，选取顶层的两块曲及下一层的两块曲坯作为样品，一间发酵仓共抽取 12 块曲坯，抽取的样品需满足发酵 30h 和翻一次曲后 30h 以上。

第三节　偏高温大曲的生产工艺

浓香型大曲制曲最高品温在酱香型大曲和清香型大曲之间，大多控制在55℃左右。生产浓香型大曲酒的厂家较多，各酒厂都有自己传统的制曲工艺，主要是在配料和最高品温的控制上有所差异，但其基本生产工艺大同小异，现就其主要操作要点简述如下。

一、工艺流程

偏高温大曲生产工艺流程如图 4-3 所示。

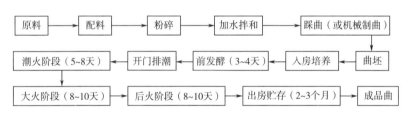

图 4-3　偏高温大曲的生产工艺流程图

二、工艺流程说明

（一）制曲原料配比

各酒厂情况不一，有单独用小麦制曲的，如四川宜宾五粮液酒厂；有用小麦、大麦和豌豆等混合制曲的，如江苏洋河酒厂和安徽亳州古井酒厂等；也有的以小麦为主，添加少量大麦或高粱的，如四川绵竹剑南春酒厂和四川泸州老窖酒厂。

（二）粉碎度

原料的粉碎度与麦曲质量关系很大。按传统的制曲要求是将小麦磨成"心烂皮不烂"的"梅花瓣"，即将麦子的皮磨成片状，心磨成粉状。各酒厂对制曲原料的粉碎度的要求略有差异，如洋河酒厂是将制曲原料磨成粗细各半（用40目筛）；安徽亳州古井酒厂是粗粉占60%，细粉占40%左右；泸州老窖酒厂是粗粉占75%～80%，细粉只占20%～25%。原料的粉碎度与原料品种、配合比例有关。

（三）加水拌和

加水量视制曲原料品种、配比略有变化，如泸州老窖酒厂加水是30%～33%；洋河酒厂是43%～45%；古井酒厂是38%～39%。

（四）成型排列

曲料拌匀后装入曲匣人工踩曲，或用机械压曲，略干后送入曲房排列。曲房应具备保温、保湿、通风排潮的条件，每平方米面积约可容纳150kg原料制成的曲块。地面上铺3～5cm的糠壳，上面铺芦席。曲坯侧立放置，曲块间距5～10mm，俗称"似靠非靠"。入室安曲时先排放两层曲坯（有的酒厂入室安曲时排放一层曲坯），然后在其上面及四周盖上潮湿的稻草或麻袋，封闭门窗，保温培菌。

（五）前发酵阶段

在适宜的温度、湿度下，曲坯中的微生物生长繁殖很快。第一天曲块表面就开始出现白色斑点和菌丝体，2～3天后，白色菌丝体已布满80%～90%的曲块表面，此时品温上升很快，可达50℃以上。完成此阶段夏季需2～3天，冬季需3～5天。曲坯此时应呈棕色，表皮有白斑和菌丝，断面呈棕黄色，发酵透，无生面，略带酸味。当温度达到55℃时，可开门降温排潮，将上下层曲块倒翻一次，把原来两层加高成三层，并适当加大曲块间距，除去湿草换上干草。目的是降低发酵温度，排除部分水气，换取新鲜空气，控制微生物的生长速度。

及时开门翻曲是生产大曲的重要环节，翻曲太早，曲块发酵不透；翻曲太迟，曲块温度太高，挂衣太厚，曲皮起皱，内部水分难以排出，后期微生物生长不易控制。翻曲过程要注意品温不能下降太多，一般要求品温在27～30℃以上，否则会影响后阶段的潮火发酵。水分排出也不应过早，否则曲块外皮干硬，影响曲块"生衣"，还会影响大曲中后期的培养。

（六）潮火阶段

开门换草后的5～7天，此阶段温度应控制在30～55℃，视温度情况，每天或隔天翻曲一次，翻曲时要使曲块底朝上，里调外，并由三层改为四层。此时，水分挥发以每天每块曲失重100g左右为宜。由于微生物大量繁殖，呼吸代谢极为旺盛，产生热量较多，曲房空气湿度大，微生物由曲坯表皮向曲块内部生长。

（七）大火阶段

入房 12 天左右开始进入大火阶段。此阶段一般维持 8～10 天，品温控制在 35～50℃。由于微生物在曲块内部生长，曲块外部水分大部分已散失，很容易发生烧曲现象，故特别要注意品温的变化情况，每天或隔天翻曲一次，曲层加高至四、五层，还应采用开闭门窗来调节曲室温度。

（八）后火阶段

大火过后，品温逐渐下降，此时须将曲块间距缩小，使曲块温度再次回升，让其内部的水分继续散发，最后含水量达 15％以下。若后期温度控制过低，曲块内部水分散发不出来，会发生曲块中心水分过高，形成黑圈或生心现象。后火阶段一般控制品温在 15～30℃，隔两天翻曲一次。要注意保温，使曲温缓慢下降到常温，让曲心部分的余水充分散发。

（九）贮存

成品曲出房后，在阴凉通风处贮存 3 个月左右，成为陈曲后再使用。

（十）成品曲质量

大曲质量主要以感观检测为主，要求表面多带白色斑点和菌丝，断面茬口整齐，菌丝生长良好均匀，呈灰白色或淡黄色，无生心、霉心现象，曲香味要浓，糖化力 180～250mg/（g·h），发酵力 0.2～0.5g CO_2/（g·48h）。

第四节　中温大曲的生产工艺

清香型大曲是典型的中温大曲，它分为清茬、后火、红心三种，制曲步骤相同，但控制的品温不同，在酿造清香型大曲白酒时，这三种不同类型的大曲要按一定比例配合使用。

一、工艺流程

中温大曲的生产工艺流程如图 4-4 所示。

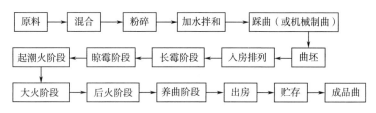

图 4-4　中温大曲的生产工艺流程图

二、工艺流程说明

（一）配料粉碎

将豌豆 40%、大麦 60%（也有豌豆 30%、大麦 70% 的）配料，混匀、粉碎，要求通过 20 目筛孔的细粉，冬季占 20%，夏季占 30%；通不过的粗粉，冬季占 80%，夏季占 70%。

（二）踩曲（压曲）

将曲料粉加水拌匀，装入曲模踩成曲坯，曲坯水分控制在 38% 左右，每块重量 3.2～3.5kg。拌料水温应根据季节、气温调整，夏季以 14～16℃ 的凉水为宜；春、秋季以 25～30℃ 的温水为宜；冬季以 30～35℃ 的温水为宜。踩好的曲坯要求外形平整，四角饱满，厚薄一致。为了减轻工人的劳动强度，现在许多酒厂采用机械压曲。为了提高成品曲的质量，在踩曲过程中可加入 2%～3% 的曲母，对制曲有益微生物加以强化。

（三）曲室培养

一般曲室长 10～11m，宽 5～6m，高 2.5～3m，每室可容纳曲块 3000～4000 块，这样容积的曲室可使保温、保湿的缓冲能力增强。曲室前后有易于开闭的门窗，屋顶设有通风气孔（楼房设有排风扇），便于调节温度、湿度。

以清茬曲为例，工艺操作如下。

1. 入房排列

预先将曲室温度调节在 15～20℃，夏季尽可能低些。地面铺上糠壳，将曲坯侧列成行，曲坯间距 2～3cm，冬近夏远，行距为 3～4cm。每层曲坯安放后上面放置苇秆或竹竿，然后依次排第二、三层，上下层曲块位置交错，呈"品"字形，便于空气流通。

2. 长霉（上霉）

曲坯稍微风干后，在其上面及四周盖上草席或麻袋保温，夏季水分蒸发快，可在上面喷洒凉水。然后封闭门窗，温度逐渐上升，一天左右即开始"生衣"，曲坯表面长出白色的霉菌菌丝斑点。夏季约需 36h，冬季 72h 左右，曲坯品温可升至 38～39℃，曲坯表面出现根霉菌丝和拟内孢霉的粉状霉点，还有小点状的乳白色或乳黄色的酵母菌落。在"生衣"过程中，应控制品温缓慢上升，确保上霉良好。如品温已升至指定温度，而"生衣"未好，可揭开部分席片散热，延长数小时，使长霉良好，但应注意保湿。

3. 晾霉

曲坯品温升高至 38～39℃，应及时打开曲室门窗，排除潮气，降低室温，并把曲坯上覆盖的保温材料揭去，将上、下层曲坯倒翻一次，并拉开曲坯间距，降低曲坯的水分和温度，控制其表面微生物的生长繁殖，防止菌丛生长过厚，这一操作称为"晾霉"。晾霉要及时，太迟，菌丛生长太厚，曲皮起皱，曲坯内部水分不易挥发；过早，菌丛生长过少，影响微生物的繁殖，曲块板结。

晾霉开始温度为 28～32℃，晾霉 2～3 天，每天翻曲一次，曲坯先后由三层增加为四层及五层。晾霉时要避免曲室存在较大的对流风，防止曲皮干裂。

4. 起潮火

晾霉后，曲坯表面不再粘手，即封闭门窗而进入潮火阶段。经 2～3 天后，品温升高到 36～38℃时，进行翻曲，去掉苇秆，曲坯由五层增高到六层，排列成"人"字形。每 1～2 天翻曲一次，每天排潮两次，昼夜窗户两闭两开，品温两起两落，并由 38℃渐升到 45～46℃，这段时间需 4～5 天，此后即进入大火期，这时曲坯已增高至七层。

5. 大火阶段

这时微生物的生长仍然旺盛，菌丝由曲坯表面向里生长，水分和热量由里向外散发，通过开闭门窗来调节曲坯品温，使它在 44～46℃的高温（大火）下保持 7～8 天，但最高品温不得超过 48℃，最低品温不得低于 28～30℃。大火阶段每天翻曲一次，该阶段结束，已有 50%～70%的曲块成熟。

6. 后火阶段

该阶段曲块日趋干燥，品温逐渐下降，由 44～46℃降至 32～33℃，到最后曲块不再发热为止。后火阶段一般为 3～5 天，曲心水分仍在继续蒸发。

7. 养曲阶段

后火期后，还有部分（10%～20%）曲块的曲心还有余水，需采用 32℃左右的室温使其蒸发干净，曲块品温控制在 28～30℃，待品温降至 20～25℃时，大曲即可出房。

（四）出房

培养成熟的曲块，叠放成堆，进行贮存。大曲培养时间需 1 个月左右，出房时，每块曲重 2.4～2.7kg，即每千克原料可制得大曲 0.75kg 左右。

三、汾酒三种中温大曲的特点

汾酒酿造时，需要将清茬、后火、红心三种大曲配合使用，这三种曲的制备工艺阶段相同，只是在品温控制上有所区别，其特点如下。

（一）清茬曲

热曲最高温度为44～46℃，凉曲降温极限为28～30℃，属于小火大凉。

（二）后火曲

从起潮火到大火阶段，最高曲温达47～48℃，并在此温度下维持5～7天，凉曲降温极限为30～32℃，属于大热中凉。

（三）红心曲

大曲培养时，采用边晾霉边关窗起潮火，无明显的晾霉阶段，升温速度快，很快到达38℃，无昼夜升温两起两落及窗户两开两闭，只依靠平时调节窗户开启大小来控制曲坯品温。由起潮火到大火阶段，最高曲温为45～47℃，凉曲降温极限为34～38℃，属于中热小凉。

由于制曲工艺条件略有区别，这三种成品曲的特点也不同，出曲房的清香型大曲，按清茬、后火、红心三种曲分别存放，垛起，曲间距为1cm左右。经过约半年时间的贮存方可使用。

对这三种曲进行单独使用和混合使用比较试验，得知单独使用某种大曲的出酒率远比混合使用的低。其中出酒率以红心曲最低、清茬曲次之，后火曲较高。两种大曲混合使用比三种大曲混合使用的出酒率略低，在酒的质量上并无显著差别。在发酵过程中，红心曲前期升温略快，清茬、后火曲后期升温幅度稍高。在生产中以三种曲分别制备，混合使用最好。可按清茬曲：红心曲：后火曲＝3：3：4使用。

第五节　西凤酒大曲的生产工艺

一、工艺流程

西凤酒大曲生产工艺流程如图4-5所示。

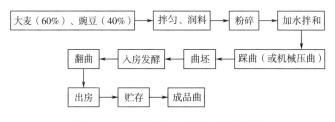

图4-5　西凤酒大曲的生产工艺流程图

二、工艺流程说明

（一）混合配料

将大麦与豌豆按 6：4 混合，要求混合均匀，配比准确。

（二）润料

加原料量 6%～10% 的温水（60～80℃）润料，润料时间 6～8h。润料时必须均匀翻拌，保证润料时间。

润料的原则如下。

① 合理掌握水温、时间、加水量等润料条件。水少温高时间短，水多温低时间长。

② 润料方式以喷洒为宜。

③ 中间要翻拌均匀，防止温度骤升。润料标准：粮食颗粒表面收汗，内心较硬，口咬不黏，仍有清脆响声为佳。

（三）粉碎

粉碎后的大麦应当"心烂皮不烂"，粉状物较少，大麦、豌豆混合均匀，粉碎度符合标准。

（四）加水拌料

加水量不宜过大，要严格控制加水量，曲坯水分保持在 38%～42%，冬季加水量宜小，夏季可适当多加水。拌料水温要合适，一般不超过 28℃。手握拌好的原料，应当成团，但捏不出水，要求混合搅拌均匀，无生心、无疙瘩。

（五）踩曲或机械压曲

制曲机的原理相当于制砖机，采用液压传动，用弹簧调节压力大小，由此可以确定曲坯成型时的物料压力，使曲坯均匀一致。

曲坯成型的要求：

① 入模物料质量要相等，流量要均匀。

② 成型后，四角饱满，六面平整光滑，薄厚一致，水分适宜，软硬适中。

③ 无生心，无疙瘩，无掉角，无裂纹。

④ 西凤酒大曲的规格为：新制曲坯长 24.5cm，宽 15.5cm，高 7.5cm，湿坯重 3.5～4kg。

（六）入房排列

1. 曲房要求

西凤酒大曲的曲房面积一般较大，长宽约为 9m×7m，面积约 60m²，每间曲房可放置曲块 4300～5000 块。曲房结构比较特殊，地面用建筑砖块平铺，砖块之间用细土填充，曲房墙壁用泥巴糊抹，曲房净高约 5m，用芦席简单吊顶，芦席上铺放 30cm 厚的谷糠或稻壳，以利于吸水，减缓排潮速度。曲房大门采用推拉门以保温。窗户为纵轴左右旋转，以利于通风而又不让空气直接对流。在转轴窗外，加设上连接（合页）木板，可在外窗台上支起木板，以利于小规模排潮需要。

在曲坯入房之前，要打扫曲房卫生，保持合适的温度与湿度，备好糠壳、竹竿、麻袋、芦席等物品。要在地面撒上一层糠壳，以避免曲坯与地面粘连。

2. 曲坯排列

曲坯纵向侧立放置，入房曲坯共堆放三层，每层之间用细竹竿隔开，竹竿上撒一层糠壳。行距间距均匀，合理规划每行曲坯的数量，曲坯要上下左右摆放整齐，摆正，曲坯间要平行，不可以横七竖八。

排列间距要求冬近夏远，以利于升温。冬季：曲坯间距 1.5～2.0cm，行距 2.5～3.0cm。夏季：曲坯间距 2.0～2.5cm，行距 3.0～3.5cm。每间曲房曲坯数量：冬季 4300～4900 块，夏季 4200～4500 块。

曲坯入房排列完成后，可在表面喷洒强化大曲菌种培养液，约 15min 后给曲坯盖上润湿的芦席，曲的四周用润湿的麻袋围严实，然后封闭曲房进入培菌阶段。

（七）培菌管理

1. 上霉

西凤酒大曲的生产讲究上霉，要求成品曲块表面"霉子"要好，其实就是在曲块表面布满酵母菌、霉菌菌落。大曲培养成熟后，曲皮表面呈白色。上霉是微生物初步生长的过程。曲坯入房后，微生物开始在曲坯表面生长繁殖，然后随着水分的挥发和利用，逐步向曲坯内部蔓延，所谓上霉就是指这一过程。

上霉时间：夏季 24～36h，冬季 60～72h。上霉要求：曲坯表面菌落占总面积 80%以上并均匀分布。

2. 晾霉

上霉完成后，要及时进行第一次翻曲，通过翻曲和通风控制曲坯表面水分，抑制微生物生长。所谓晾，就是指通风控水，一般在品温升到 35～38℃时进行，可以连续晾 3 天，控制好排潮、通风量、通风时间，根据上霉状况控制翻曲次数。

晾霉时间、次数因上霉状况而定。晾霉要及时，掌握好时机和时间。严格控制通风量，上霉良好应当大开窗，加强通风；若上霉不好，应当小开窗，减少通风量。防止空气直接对流，不能产生干皮和裂纹。晾霉要及时，若时间太迟，则微生物菌丝生长太厚，使曲皮起皱，曲坯内水分挥发受到影响；若晾霉过早，则菌丝稀少，影响挂衣和升温。

3. 清糠扫霉

曲翻完后，室温不得低于 19～23℃，干湿球温度差不超过 2℃。次日再进行第二次翻曲，原批曲块上下翻换，使曲块水分倒转流向，曲块间距冬天靠近，夏天拉远，一般为 3.5cm，上、下层曲块应错开半个曲的间距。二次翻曲的次日进行第三次翻曲，上、下层曲坯排成"品"字形，放净潮气。隔一日，进行第四次翻曲，翻后曲坯品温开始上升到 36～40℃，室温在 25～29℃，干湿球温度差5℃上下，如发现曲皮显干，就把底层曲坯下的米糠扫除出去，地面改铺细竹。再隔一天，进行第五次翻曲，这时品温升高（起火），曲皮干燥，就用扫帚将地上曲上的米糠和曲面上的霉点扫刷一遍，称清糠扫霉。这是决定曲质好坏的第二个关键。这时曲霉菌生长繁殖最旺盛。清糠扫霉要保证及时、彻底。

4. 翻曲

从晾霉开始连续翻曲 3 次。将曲坯本身翻转，上下层对调，冷热对调，软硬对调。

第 1 次翻曲：上下翻转，排列放置同入房时，层数不变。

第 2 次翻曲：上下翻转，冷热翻转，里外翻转，曲间距 2cm，适当靠近，曲块堆放呈"品"字形，码放层数增加为 4 层。

第 3 次翻曲：上下翻转，冷热翻转，里外翻转，放净潮气，曲间距相对缩小，码放 4 层。曲块堆放仍呈"品"字形。

5. 起大火

五次翻曲后，室温、品温上升较快，干湿球温差也显著增大，曲内水分加快挥发，隔一天进行第六次翻曲，曲距、行距、层次不变。除继续调节室温、品温持续上升外，主要掌握水分挥发，一般每天每块曲坯重量减轻 100g 左右，不得太多或太少。

6. 第七、八次翻曲

六次翻曲后隔一日翻第七次，这时曲块入房已 11～12 天，品温最高达 58～

60℃，以后品温开始逐渐下降。隔一天再翻曲一次。

7. 收火

八次翻曲后，隔两天翻第九次，翻毕，品温降到 47～48℃，然后关闭门窗收火保温。过七、八天后，打开窗子放出潮气，再翻一次，把曲坯堆高到 5～6层，天热可以加高到 6～7层，进行凉曲，3～5天后，即可出房，贮存备用。

（八）曲的质量

根据经验，曲皮薄、色白，渣青发光，质地坚硬，气味清香，无杂色，称为麦仁青曲，为好曲。该曲存放后内部呈黄色称槐瓤曲。另一种内有桃红、黄、浅棕色、麦仁青色和白色的皮，共有五种颜色，称五花曲，也是上等曲。

曲坯内由于在微生物繁殖时期有停水现象，水分挥发慢，温度急剧上升或下降，曲内有水圈或火圈，或者揭房过早，曲坯表面显棕色无霉的均为次品曲。曲内有生心未熟透或空心、质松者为劣等曲。

第六节　大曲生产新技术

大曲制作的基本技术大约在 500 年前已经形成，但大曲制作的生产条件仍未得到大的改善。自二十世纪五十年代以来，大曲生产技术的革新主要有：全年制曲、纯种培养微生物的应用、机械化制曲坯和曲室的微机控制与管理。

一、全年制曲

以前大曲生产是季节性的，主要认为大曲是依靠自然界中的微生物通过自然接种到曲坯上，进行扩大培养从而得到大量的酿酒有益微生物及其酶类。自然界中的微生物的分布随季节的不同而变化，加上培曲的设备简陋，要借助于自然环境条件（温度、湿度等），才能制出好曲，所以局限于季节性生产。长期以来，形成大曲季节性生产的传统习惯。但是，季节性生产大曲已经不能满足大曲酒厂对大曲的需求。通过试验，证明制曲生产是否成功，主要是温度、湿度、空气三者在不同的培养阶段的控制是否得当。同时也认识到，在酒厂周围的环境及设备上，由于长期培菌，已形成一个特殊的微生物的区系，虽然季节变化对该区系会产生影响，但仍有各类酿酒微生物存在，只要制曲的设备和工艺加以适当改进即可实现全年制曲。实践证明全年制曲是完全可行的，目前大多数酒厂或专业化酒曲生产厂家已经实行了全年制曲，提高了大曲的产量。

二、强化大曲

长期以来，大曲是靠网罗自然界中的各种微生物在曲坯上面生长而制成的，因此微生物的种类很多。然而，自然界中的微生物群体，除了酵母、根霉、曲霉、毛霉等有益菌外，同时也夹带着许多对酿酒有害的菌类，影响大曲酒的出酒率和优质品率。此外，自然界中的微生物受气候、环境等自然因素的影响较大，自然界中微生物的种群和数量常不以人的意志为转移，从而导致大曲质量不稳。

小曲制作过程中的接种种曲的工艺对酿酒微生物种群有一定的优化效果，因为人们在留种时总是选择最好的。正因为如此，小曲的糖化力、发酵力一般都强于大曲。在大曲制作过程中也有接种曲母的，但其效果则远不如小曲。这是因为大、小曲虽然都是糖化发酵剂，但两者的作用有本质的区别。小曲的功能主要是提供活的处于休眠状态的酿酒微生物，其中主要有根霉、酵母菌和细菌，在小曲酒酿造过程中它们是主要的酿酒微生物。而大曲的功能有三个：酿酒酶系、酿酒微生物菌系和香味前体物质。其中的酿酒微生物主要是在大曲培养阶段和贮存期间从空气中网罗的，而并非一定是形成大曲酿酒酶系和香味前体物质的微生物菌群（这些群菌在高温期大多已死亡），因而大曲接种曲母的作用不可能有小曲那样明显。当然，在大曲制作过程中接种一定量的曲母并不是一点作用也没有，一方面，成曲中丰富的酶系和氨基酸等营养物质有利于大曲培养前期微生物的生长，可缩短大曲"生衣"的时间；另一方面，大曲中的产孢子或芽孢微生物不会在高温期死亡，接种曲母同样有一定的优化作用。

所谓强化大曲就是在大曲配料时，加入一定量的纯种培养微生物，以提高大曲中酿酒有益菌的数量，从而达到提高大曲糖化力、发酵力的目的。在我国，最早使用强化大曲技术的是厦门酿酒厂，至今已有60多年的历史。从20世纪60年代后，全国各地有许多酒厂进行了强化大曲的试验研究，采用的微生物有根霉、曲霉、酿酒酵母、产酯酵母、芽孢杆菌等，其中有的菌株来源于菌种保藏机构，有的则来自于从生产现场（大曲、晾堂等）中分离，到20世纪90年代后期也有直接加入少量酿酒活性干酵母和糖化酶的。

（一）强化大曲的优点

① 由于接入了大量的纯种培养微生物，曲坯入房后微生物很快生长繁殖，升温较快，从而可缩短大曲前期培养的时间，特别适合于气温较低的季节和地方，并可以使成品曲的质量提高。

② 糖化和发酵性能优良微生物的接入，使杂菌的生长受到抑制，成品大曲的糖化力、发酵力有所提高，从而可缩短大曲酒的发酵周期，提高原料的出酒率。

117

③ 强化大曲可使成品酒杂味减少、酒质变纯净。

④ 若接入的纯种培养种子较多，则易失去天然大曲多种微生物发酵的特点，使成品酒风味变得单调，失去大曲酒应有的风格。正因如此，强化大曲在生产中并不是非常普遍，即使采用也应掌握好分寸。

（二）强化大曲的用途

在下列情况下，可考虑采用强化制曲。

① 在较冷的地区或季节制曲。

② 当地环境中酿酒微生物的菌系不完善，特别是在新制曲场所可通过强化制曲补充某些酿酒有益微生物。

③ 通过加入某种微生物来改善成品大曲的某些缺陷或抑制某种有害微生物的生长。

三、机械压曲

机械压制曲坯始于 20 世纪 70 年代，最初的机械压制曲坯是没有间断的长条曲坯，靠人工将其切断。目前，大多数大型白酒厂已采用机械压制曲坯代替人工踩曲。从原料的清理除杂、粉碎、输送、加水拌曲直到曲坯压制成型，全部实现了机械化。现在机械压曲已发展到单独成型，目前有多种机型可供选择，如液压成坯机、气动式压坯机、弹簧冲压式成坯机等。机械制曲适合于大规模生产，具有速度快、曲坯成型好、松紧一致、劳动生产率高等特点，其成品曲的糖化力和发酵力都好于人工踩曲。

四、微机控制管理

制曲过程中，曲房的高温、高湿、CO_2 含量较高，这样的劳动环境较为恶劣，严重影响工人的身心健康。在传统制曲中，一个生产周期需多次人工翻曲。采用微机控制架式制曲系统后，不再需要在高温、高湿环境下人工翻曲，彻底改善了制曲的劳动环境。

微机控制架式制曲系统是将成型后的曲坯置于一个封闭或半封闭的环境中，用传感器采集曲房及曲坯的温度、湿度等数据，经模数转换器输入计算机，计算机对采集的数据与预先给定的温度、湿度等控制参数进行比较，并经优化处理后控制排风、增湿喷头等系统调节曲室内的温度和湿度，从而实现监控大曲培养的目的。

微机控制架式制曲系统是传统制曲技术与微生物发酵工程、计算机技术和自动控制技术相结合的智能控制系统，能对曲房中的发酵过程进行实时监控，提供或模拟一个适合于曲坯中各种微生物生长繁殖的生态环境，从而可以保证大曲生产过程的顺利进行，达到稳定大曲质量和减轻劳动强度的目的。生产实践表明，采用微机控制架式制曲系统后，曲房的产量比传统生产工艺高，成品曲质量稳定，糖化力和发酵力都优于传统制曲工艺。

微机控制架式制曲系统的主要设备一般包括计算机和自动控制柜，曲室内装有温度、湿度、CO_2 等传感器，以及自动喷头（用于增湿）、自动通风（排风）装置和自动加热装置等。

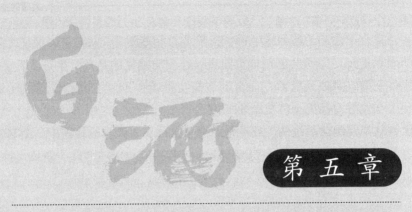

第 五 章

小曲的生产

　　小曲酒属于固态或半固态发酵白酒。小曲酒的生产在中国有着悠久的历史，盛产于中国南方各省，尤其是四川省、贵州省、广东省、广西壮族自治区、福建省等地。

　　小曲是生产小曲酒的糖化发酵剂，是以米粉、麸皮或米糠为原料，有的添加少量中药或辣蓼粉为辅料，有的加少量白土为填料，接入一定量的曲母和适量水制成坯，在控制温度、湿度的条件下培养而成，主要用于生产黄酒、米香型白酒、清香型白酒和豉香型白酒。由于曲块体积小，习惯上称为小曲，也有俗称酒药、酒饼、白曲、米曲等。公元4世纪中国已有小曲，但只是粮食加一些药材经自然发酵而成，质量比较差。

　　小曲具有糖化与发酵的双重作用，用小曲酿酒具有用曲量少（一般用量为酿酒原料重量的 0.3%～1%）、整粒原料发酵、应用方便等优点。小曲所含的微生物主要有根霉、毛霉和酵母菌等，这些微生物是经过长期自然选育而得到的优良菌株。在制作小曲时，添加一些中药，可以为这些微生物的生长繁殖提供有利条件。

第一节　小曲微生物及小曲分类

一、小曲中的主要微生物

（一）霉菌

　　小曲中常见的根霉有河内根霉 AS3.866（*Rhizopus Tonkinensis*）、米根霉（*Rhizopus Oryzae*）、日本根霉（*Rhizopus Japonicus*）、爪哇根霉（*Rhizopus*

Javanicus）、华根霉（*Rhizopus Chinesis*）、德氏根霉（*Rhizopus delemar*）、黑根霉（*Rhizopus nigricans*）和台湾根霉 Q303（*Rhizopus formosensis*）等。各菌种之间在生长特性、适应性、糖化力强弱以及代谢产物上存在一定差异。

用于生产小曲的根霉菌，要求生长迅速，适应力和糖化力强，具有一定的产酸能力；对根霉发酵生成酒精的能力，则要求不高。生产中最常使用的菌株有 AS3.866、白曲根霉、米根霉、Q303 等。其中 AS3.866 糖化力强，能生成乳酸等有机酸，酒化酶活力较高，是应用最广泛的菌种；白曲根霉、米根霉糖化力强，产酸较高，有一定的产酒能力，多用于生产米糠曲和散曲；Q303 生长速度快，糖化力强，产酸较少，酒化酶活力低，性能稳定，在贵州等地使用广泛。

根霉含有丰富的淀粉酶，其中液化型淀粉酶与糖化型淀粉酶之比为 1：3.3，而米曲霉的这两种淀粉酶比例为 1：1，黑曲霉则为 1：2.8。根霉能将大米淀粉结构中的 α-1,4 糖苷键和 α-1,6 糖苷键切断，使淀粉较完全地转化为可发酵性糖。由于根霉具有一定的酒化酶活性，可使小曲酒的边糖化边发酵过程连续进行，所以发酵作用较为彻底，淀粉出酒率较高。但根霉菌缺乏蛋白酶，若缺乏有机氮，会影响菌丝的生长和酶活力的提高，或导致菌种退化。

（二）酵母菌

小曲中的酵母菌有酵母属（*Saccharomyces*）、汉逊酵母属（*Hansenula*）、假丝酵母属（*Candida*）、拟内孢霉属（*Endomycopsis*）、丝孢酵母（*Trichosporon*）等。但起主要作用的是酵母属和汉逊酵母属。酵母在酿酒时主要起酒化作用：产生一系列的酒化酶系将可发酵性糖转化为酒精。南洋混合酵母 1308 和 K 氏酵母的发酵力很强，速度快，能耐 22°Bx 糖度和 12% 的酒精体积分数，并能耐较高的发酵温度，pH 值为 2.5～3.0 时生长良好，最适生长温度为 33℃，适用于半固态发酵。Rasse 酵母和米酒酵母适应性好，发酵力强，产酒稳定，酒质也好，也是小曲纯种接种时的常用菌株。

为了提高白酒质量，可在小曲中接入一些生香酵母，以增加成品酒中的总酯含量。常用菌株有 AS2.297、AS1.312、AS1.342、AS2.300、汾Ⅰ、汾Ⅱ等。这些酵母的共同特点是产酯能力强（主要是乙酸乙酯），但酒精发酵能力低，如果用量过大，会使白酒产量大幅下降。

（三）细菌

在小曲酒生产中，常见的细菌主要有乳酸菌、醋酸菌、丁酸菌、己酸菌、黏液菌和枯草芽孢杆菌等。柳田藤治发现中国小曲中含有的乳酸菌为链球菌属

（*Streptococus*）。一定量的生酸菌污染对生香和控制生产有好处，但过多则有害。污染严重时，会使培菌糟、发酵糟生酸量过大而影响产酒率和酒质。由于小曲培养系统是开放式的，因而给细菌的入侵创造了条件。如何减少细菌的污染，是小曲生产中一个不可忽视的问题。

二、小曲的分类

小曲的品种较多，按添加中药与否可分为药小曲和无药白曲；按用途可分为白酒曲、甜酒曲和黄酒曲；按主要原料可分为米粉曲（全部用米粉）与糠曲（全部用米糠或大部分米糠、少量米粉）；按形状可分为酒曲饼、酒曲丸和散曲；按接种方式可分为成品曲接种、种曲接种和纯种培养微生物接种；按地区可分为四川药曲、广东酒饼曲、厦门白曲、绍兴酒药、桂林酒曲丸等。

三、小曲添加中药的作用

酒曲中添加中药是我国古代劳动人民的重要发明。实践证明，在小曲生产中添加适量而又合适的中药，对促进酿酒有益菌群的繁殖和抑制有害菌群的生长能起到一定的作用，同时也给白酒带来特殊的药香风味。制作小曲时，用中药味数各厂不同，有的只用一种，有的几十种，多的达上百种。药理试验证明，这些药材对小曲的培养过程大多是有益的，但也有部分药材的作用并不显著，而有的药材对制曲生产有妨碍作用。如独活、白芍、川芎、砂头、北辛等有利于根霉菌等的生长，薄荷、杏仁、桑叶等有利于酵母菌的生长。芩皮、硫黄、桂皮、玉桂等对醋酸菌的生长繁殖有抑制作用，薄荷、木香、牙皂等能抑制念珠菌的生长。黄连对酵母菌有害，木香对根霉菌有害。在应用中药的问题上，各厂看法不同，有的还带有"无药不成曲"的神秘观念。但随着科技的进步，人们逐渐认识到只需采用适量必要的中药即可，并尽量减少中药的用量。目前小曲生产大部分已向无药、纯种化方向发展。

通过实践证明，在制备小曲时，少用或不用中药，也能制得优质小曲。目前，采用纯粹培养根霉和酵母菌制成的纯种无药小曲，效果良好。另外，利用纯种根霉和酵母菌，以麸皮为原料制成的散曲，用于白酒生产，也获得很好的效果。采用深层通风发酵生产的浓缩甜酒药比老法酒药的功效提高好几倍，而且节约大量粮食原料，为小曲的液态法生产开创了新路。

第二节　单一药小曲的生产

药小曲又名酒药或酒曲丸，是用生米粉作培养基，添加中药及种曲（曲母），有的还加白土作填充料。有的只添加一种中药，有的添加多种中药，分别称为单一药小曲（如桂林酒曲丸）和多药小曲（五华长乐烧药小曲），下面介绍桂林三花酒用的单一药小曲生产工艺，以供参考。

一、工艺流程

酿造桂林三花酒用的单一药小曲的生产工艺流程如图 5-1 所示。

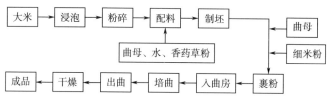

图 5-1 单一药小曲生产工艺流程图

二、工艺流程说明

（一）原料配比

① 大米粉总用量为 20kg，其中酒药坯用米粉 15kg，细米粉 5kg 用作裹粉。

② 香药草粉其用量为制坯米粉重量的 13%。香药草是桂林特有的草药，茎细小、稍有色、香味好，干燥后磨粉即成。

③ 曲母又称母曲，是指上次制曲时选取的优良小曲。用量为大米粉总量的 3%。

④ 水 60% 左右（以坯粉计）。

（二）浸米

大米加水浸泡，夏天为 2~3h，冬天为 6h 左右，浸透后沥干备用。

（三）粉碎

浸米沥干后，用粉碎机粉碎成米粉，取出其中的 1/4，用 180 目筛筛出约 5kg 细粉用作裹粉。

（四）制坯

每批用米粉 15kg，添加香药草粉 13%，曲母 0.4kg，水 60% 左右，混合均匀，制成饼团。然后在制饼架上压平，用刀切成约 2cm 大小的粒状，用竹筛筛成圆形酒药坯。

（五）裹粉

在 5kg 细米粉中加入 0.2kg 曲母粉，混合均匀，作为裹粉。然后先撒小部分裹粉于簸箕中，并洒第一次水于酒药坯上，使其外表湿润。然后倒入簸箕中，用振动筛筛圆成型后再裹粉一层。再洒水，再裹，直到裹完裹粉为止。洒水量为 0.5kg 左右。裹粉完毕即成圆形的酒药坯。即可分装于小竹筛内摊平，入曲房培养。入房前酒药坯含水量控制在 46% 左右。

（六）培曲管理

根据小曲微生物的生长过程，大致可分三个阶段进行管理。

1. 前期

酒药坯入房后室温保持在 28～31℃，在曲坯上面盖一面干净的簸箕。培养 20h 左右，霉菌繁殖旺盛，当看到霉菌菌丝倒下，酒药坯表面起白泡时，可将曲坯上盖的覆盖物掀开。这时的品温应在 33～34℃，不得超过 37℃。

2. 中期

曲坯入室培养 24h 后，进入中期，酵母开始大量繁殖。该阶段历时约 24h，其间室温应控制为 28～32℃，不得超过 35℃。

3. 后期

需培养 48h，该阶段曲坯品温逐渐下降，而小曲渐趋成熟。

（七）干燥、贮曲

将上述成熟的曲移至 40～50℃ 的烘房，经 1 天即可烘干，也可移至室外晒干，但不得曝晒。经干燥的成曲，应置于阴凉干燥的库房贮存。

从曲坯入曲室至成品烘干，只历时 5 天左右。

三、成曲质量要求

（一）感官要求

外观白色或淡黄色，无黑色，质地疏松，具有酒药特殊的芳香。

（二）化验指标

水分为 12%～14%，总酸在 0.6g/100g 以下，发酵力为每 100kg 大米（用曲量为 1%）可产酒精体积分数为 58% 的白酒 60kg 以上。发酵力的具体测定方法如下。

取新鲜、精白度较高的大米 50g，用水清洗 3 遍后沥干，置于 500mL 三角瓶内，加水 50mL，塞上棉塞并以牛皮纸包扎，常压蒸 30～40min。再用灭过菌的玻璃棒将饭团搅散，再塞好棉塞，待饭粒凉至 30℃ 左右，加入上述小曲粉 0.5g，拌匀。然后在 30～31℃ 下培养 24h 后，观察有无菌丝生长。再加入冷水 100mL，继续保温培养至 96～100h。然后，加入适量水，蒸馏至馏液为 95mL，加水至 100mL 混合均匀后，用酒精计测酒精体积分数，即可换算出 1kg 小曲能将 100kg 大米生产出酒精体积分数为 58％ 的白酒的质量（kg）。

第三节　纯种根霉曲的制作

根霉曲是采用纯种培养技术，将根霉和酵母在麸皮上分别培养后再混合配制而成的曲。

我国利用根霉酿酒的历史源远流长。但长期以来，对根霉的利用始终停留在混菌培养生产的各种小曲上。生产小曲多以优质大米为原料，配以数十种中药材，生产周期长，曲箱温度不易管理，酿酒淀粉利用率较低。新中国成立后，中科院微生物所等单位，收集了全国各地有名的小曲百余种，对其主要糖化菌——根霉进行了系统的分离鉴定，获得了许多优良的根霉菌株，并在全国推广应用。

以麸皮为原料生产纯种根霉曲，不仅节约了大量的优质大米和中药材，而且大幅度提高了原料的出酒率，这是小曲生产技术的进步。

一、采用根霉曲酿酒的特性

由于根霉具有边生长、边产酶、边糖化的特征，因而用曲量很少，为曲霉麸曲的 1/40～1/10。

根霉适宜多菌种混合培养的环境。最初生产根霉曲，根霉和酵母菌是一起培养的，后来为了控制酵母菌的细胞数，采用根霉、酵母菌单独培养后混合使用。

根霉能糖化生淀粉，在生料培养基上生长旺盛，因而适合生料酿酒。

根霉所产糖化酶系可深入原料颗粒内部，因此采用根霉酿酒时原料的粉碎度较低，对玉米、大米等原料则不需要粉碎。

二、纯种根霉曲的制曲原料

生产纯种根霉曲普遍采用麸皮为原料，要求麸皮新鲜、干燥、洁净、无污染、无虫蛀、无霉变或受潮酸败。选择麸皮作为制曲原料的原因如下。

麸皮具有合适的密度和松散性；麸皮内含有根霉、酵母菌生长繁殖过程中所需的淀粉（一般含 42％～44％）、蛋白质和各种微量元素。如 C 源、N 源含量适宜，完全能满足霉菌所需的 C：N 比（5：1）和酵母菌所需的 C：N 比（10：1）要求；麸皮中含有谷氨酸、蛋白胨、天门冬氨酸等成分，有利于根霉菌产生淀粉酶。

三、根霉的扩大培养过程

（一）试管培养

生产上把试管菌种称为一级种子，一级种子的培养尤为重要。在根霉曲的生产过程中，由于菌种频繁转接，易造成试管菌种的污染，严重影响出酒率。因此，一级种子的培养必须保证质量。

目前，常用于根霉曲生产的菌种有：根霉 3.866（中科院微生物所）、Q303（贵州省轻工研究所）、LZ-24（泸州酿酒科研所）。对菌种可根据季节和各地实际情况来选用。

（二）三角瓶扩大培养

1. 流程

根霉的扩大培养过程如图 5-2 所示。

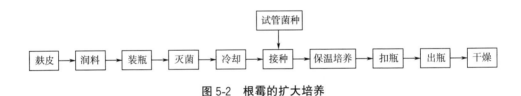

图 5-2　根霉的扩大培养

2. 工艺流程说明

（1）润料、装瓶、接种　称取麸皮倒入容器内，加水 70%～80%，充分拌匀。用大口径漏斗将湿料分装入经洗净烘干的 500mL 三角瓶内，每瓶装料 40～50g，塞好棉塞，用牛皮纸包扎瓶口，在 0.1MPa 压力下灭菌 30min。取出三角瓶，趁热轻轻摇动，将瓶内结块的麸皮摇散（冷却后不易摇散），并将瓶壁部分附着的冷凝水回入培养基内。待冷却到 30～35℃，在无菌条件下（无菌箱、无菌室或超净工作台）接入培养成熟的根霉试管菌种，摇匀，使菌体分散利于培养。

（2）培养、烘干　三角瓶接种完毕，置于恒温箱内保温（28～30℃），培养 2～3 天，待菌丝布满培养基，麸皮连接成饼状时，进行扣瓶。扣瓶时将瓶轻轻振动放倒，使麸饼脱离瓶底，悬于瓶的中间，以增加与空气的接触面积，促进根霉在培养基内生长繁殖。扣瓶后继续培养 24h，即可出瓶烘干。

三角瓶种子的烘干一般在培养箱内进行，烘干温度为 35～40℃，使之迅速除去水分，菌体停止生长，以利于保存。烘干后在无菌条件下研磨成粉状，装入干燥的无菌纸袋中，置于干燥器内保存。

（三）浅盘根霉曲种的培养

1. 流程

浅盘根霉曲种的生产工艺流程如图5-3所示。

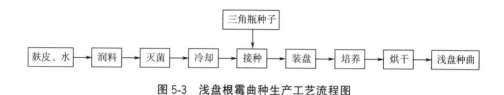

图5-3 浅盘根霉曲种生产工艺流程图

2. 浅盘种曲制备的操作要点

（1）润料、灭菌 称取麸皮，加水 70%～80%，充分拌匀、打散团块，用纱布包裹或装入竹箩中，在灭菌锅内 0.1MPa 压力下灭菌 30min。

（2）接种、培养 麸皮灭菌后，置于无菌室内冷却至 30℃ 左右，接入三角瓶根霉种子 0.3%，充分拌匀即可装盘，装盘要厚薄均匀。放入保温箱（室）内，叠成柱形，28～30℃培养 8h 左右，孢子萌发；约 12h，品温开始上升，至 18h 左右品温升至 35～37℃，将曲盒摆成 X 形或品字形，使品温稍有下降。培养 24h 左右，根霉菌丝已将麸皮连接成块状，即可扣盘。再继续培养至品温接近 30℃ 左右便可出曲烘干。

（3）烘干 烘干最好分两个阶段进行，前期烘干时因曲中含水量较多，微生物对热的抵抗力较差，温度不宜过高，一般控制在 35～40℃。随着水分的逐渐蒸发减少，根霉对热的抵抗力逐渐增加，故后期烘干温度可提高到 40～45℃。

四、根霉曲的生产

纯种根霉曲的生产有曲盘制曲和通风制曲两种。曲盘制曲用于小规模生产，操作上基本与浅盘曲种相同，故不再重复。下面着重介绍通风制曲。通风制曲具有所需厂房面积小、节省劳动力、设备利用率高等特点。

（一）工艺流程

根霉曲的生产工艺流程如图5-4所示。

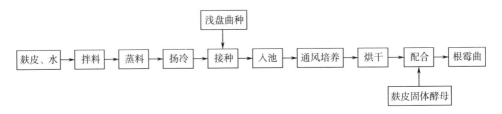

图 5-4　根霉曲的生产工艺流程图

（二）工艺流程说明

1. 拌料

将拌料场地打扫干净，称取生产所需要量的麸皮，加水拌和，加水量为 60%～70%，先人工初步拌和，再用扬麸机打散拌匀。润料加水量视气候、季节、原料粗细及生产方式、设备条件等灵活掌握。拌料时，还可适量加入糠壳，以利于疏松。

2. 蒸料

蒸料是使麸皮中的淀粉糊化，并杀灭原料内微生物的过程。生料与熟料要分开，工具也要杀菌后才使用。采用常压蒸料，用一般的甑子即可。将拌匀的麸皮疏松地装入甑内，圆汽后再蒸 1.3～2.0h。

3. 接种、培养

麸皮蒸好后，用扬麸机或人工扬冷，待品温下降至 35～37℃（冬季）或接近室温（夏季）时，即可进行接种。接种量一般为 0.3%～0.5%（冬多夏少）。接种方法：先将浅盘种曲搓碎混入部分曲料，拌和均匀，再撒于整个曲料上，充分拌和；或用扬麸机再拌和一次，迅速装入通风培养池内，厚度一般为 25～30cm。再进行静置培养，使孢子尽快萌发，品温控制在 30～31℃。装池后 4～6h，菌体开始生长，品温逐渐上升，待品温上升至 36℃左右，自动间断通风，使曲料降温。培养约 15h，根霉开始旺盛生长。由于根霉的呼吸作用，品温上升较快，可连续进行通风培养，使品温维持在 35～37℃。一般入池后 24h，曲料内即布满菌丝，连接成块的麸皮养分逐渐被消耗，水分不断减少，菌丝生长缓慢，即可进行干燥。

4. 烘干

操作和要求与浅盘种曲相同。

五、麸皮固体酵母的制备

麸皮固体酵母供配制根霉曲使用。生产中常用的酵母菌种有：2.109、2.541、K氏酵母及南洋混合酵母等。

（一）工艺流程

麸皮固体酵母生产工艺流程如图5-5所示。

图5-5　麸皮固体酵母生产工艺流程图

（二）工艺流程说明

1. 三角瓶液体酵母培养

取麦芽汁或5%的葡萄糖豆芽汁培养基，装入500mL的三角瓶中，塞上棉塞，包扎好瓶口，0.1MPa高压灭菌25min。冷却后在无菌条件下接入试管酵母菌种1～2环，于28～30℃培养24～36h，当培养液内气泡大量产生、酵母繁殖旺盛时，即可作为生产固体酵母的种子使用。

2. 固体酵母的生产

原料处理与根霉曲生产基本相同，但润料时加水量稍有增加。因为酵母菌的生长繁殖需要充足的水分，同时酵母菌培养过程中翻动次数较多，水分损失较大，故一般应比培养根霉时增加5%～10%的水分。若麸皮较细，可适量添加糠壳，以增加疏松程度。

麸皮经灭菌、降温后，接入2%～5%的三角瓶酵母种子液，拌匀。也可同时接入0.1%～0.2%的根霉浅盘曲，根霉可以糖化淀粉，为酵母生长提供部分糖分。装入曲盘或簸箕中，置曲室内保温培养（28～30℃）。经过8～10h，品温开始上升，翻拌1次，并变换曲盘或簸箕的位置，隔4～5h再翻拌第2次，至15h酵母细胞繁殖旺盛。因品温变化大，应随时翻拌，以控制温度变化。24～30h即可培养成熟，随即进行干燥。干燥操作同根霉曲。

在固体酵母培养过程中，翻拌操作极为重要。因酵母在繁殖过程中需要大量氧气，并放出CO_2。翻拌操作既能排除培养基内的CO_2，补充氧气，又能使生长繁殖后的酵母细胞不断分布到还没有生长酵母的培养基中，增加麸皮酵母中的细胞数，提高曲的质量。

六、根霉曲与酵母曲的配比

将培养成熟并干燥后的根霉曲和麸皮酵母曲按一定比例混合，使根霉曲具有糖化发酵作用，便成为市售的根霉曲。现在，有的根霉曲生产厂为了减少工序、降低成本，不再自己生产麸皮固体酵母，而是在根霉曲中加入活性干酵母，其效果是一样的。还有的厂为了提高出酒率，在根霉、酵母曲中添加部分糖化酶。但添加量应适当，否则会影响传统小曲白酒的风味。

将根霉曲与纯种培养的固体活性干酵母按一定比例混合即为酿造小曲白酒的根霉酒曲。根霉酒曲中的活酵母细胞数一般为（0.25～1.0）亿个/g，具体配比则视固体活性干酵母的活细胞数而定。例如，若控制根霉酒曲的活酵母细胞数为0.5亿个/g，则每100kg根霉酒曲所需的固体活性干酵母的用量可按下式计算：

$$W = \frac{0.5 \times 100}{X} = \frac{50}{X}$$

式中　W——100kg根霉酒曲所需的固体活性干酵母的用量，kg；

　　　X——固体活性干酵母的活酵母细胞数，亿个/g。

七、根霉曲的质量要求

（一）外观

粉末状至不规则颗粒状；颜色近似麦麸，色质均匀一致，无杂色；具有根霉曲特有的曲香，无霉杂气味。

（二）水分

水分是根霉曲主要质量指标之一，成品水分越低，越有利于曲的贮存。但要达到较低的水分，就必须提高烘干时的温度，而烘干温度过高易使根霉曲的活性下降。一般地，根霉曲的水分含量控制在8%～10%范围内为宜。当环境空气的湿度较低时，控制的水分含量可适当低些。

（三）试饭糖分

试饭糖分是根霉曲最重要的质量指标，它反映了根霉曲活性的高低。试饭糖分的测定方法如下。

1. 蒸饭

取大米200g，用水淘洗干净，浸泡8h，然后进行蒸饭，上大汽后蒸30～35min。要求饭粒熟而不烂。米饭含水量80%以上，总质量为420g，不足部分可用冷开水补充。

2. 培菌糖化

称取 60g 米饭（称取 3 个样），凉至 35℃左右，拌入米饭质量 0.14％的根霉曲样品（即 84mg 根霉曲），拌匀后装入 250mL 灭过菌的烧杯中，用一层保鲜膜封口，用橡皮筋扎好（不能捆得过紧），置于 30℃培养箱中，培养箱中放置 500mL 的烧杯，内装约 300mL 自来水（以保持培养箱内的湿度），培养 40～48h 后取出，测定其试饭糖分和酸度。

3. 试饭糖分的处理

取糖化饭 10g 于 150mL 三角瓶中，加蒸馏水 40mL，0.1MPa 灭菌 15min（或水浴煮沸 1h），取出，迅速冷却后，纱布过滤，定容至 500mL（稀释液含糖 0.5％～0.6％）。

4. 测定

上述样液可用快速法或碘量法测定。用快速法测定时可取稀释液 1mL 进行测定，此时试饭糖分的计算公式如下：

$$试饭糖分（％）=\frac{(V_0-V)\times c}{1\times 1000}\times 500\times \frac{100}{10}=5c\ (V_0-V)$$

式中　V_0——标定菲林试剂时消耗标准葡萄糖液的体积，mL；

　　　V——滴定样液时消耗标准葡萄糖液的体积，mL；

　　　c——标准葡萄糖液的浓度，g/L。

一般地，根霉曲的试饭糖分应不小于 22％。对于小于 22％的根霉曲，若外观质量和水分都合格，一般也可投入使用，只是必须适当加大根霉曲的用量；对于试饭糖分大于 28％的优质根霉曲，则可适当减少其用量。

根霉曲试饭糖分的测定受大米品种、质量等因素的影响，在检测时要注意实验条件的一致。此外，对用于不同酿酒原料的根霉曲，还可考虑采用相应的原料做试饭糖分测定。

（四）试饭酸度

试饭酸度是指中和每克糖化饭所消耗 0.1mol/L NaOH 溶液的毫升数。其测定方法是取上述稀释液 50mL（相当于 1g 糖化饭），以酚酞为指示剂，用 0.1mol/L NaOH 溶液滴定至微红色，按下式计算试饭酸度：

$$试饭酸度=\frac{MV\times 500}{50\times 10\times 0.1}=10MV$$

式中　M——NaOH 溶液的浓度，mol/L；

V——滴定时消耗 NaOH 溶液的体积，mL。

大多数根霉菌种都能产生一定量的有机酸，但试饭酸度过高，往往是被产酸细菌污染所引起的，因此试饭酸度也是根霉曲的质量指标之一。一般地，要求试饭酸度≤0.5。不过，采用不同菌种培养的根霉曲，其试饭酸度的指标值应有所区别。

八、根霉曲生产中常见的污染菌及其防治

（一）霉菌

毛霉、犁头霉及根霉这三种菌是根霉曲中毛霉科的三兄弟，外观相似，根霉似棉花，毛霉似猫毛，犁头霉近似于根霉。它们的菌丝都可无限地向四周蔓延。此外，在根霉曲中还发现有念珠霉、黑曲霉及黄曲霉，它们的主要特征如下。

1. 根霉

有匍匐菌丝，由匍匐菌丝生出假根，与假根相对，向上生出一簇孢囊梗，顶端形成孢子囊。

2. 毛霉

无匍匐菌丝及假根。

3. 犁头霉

菌丝似根霉，但孢子囊梗散生在匍匐菌丝中间，但同假根并不对生。毛霉、犁头霉污染的来源主要为空气，酒厂里的粮食、大曲及周围的环境有许多毛霉及犁头霉，其孢子随风飘扬，很容易对根霉曲造成污染。主要的预防措施为选好曲房的位置，曲房要远离酿酒车间、大曲房、粮库及其他污染源。

4. 念珠霉

孢子呈瓜子形，菌丝常成束。念珠霉可以在曲房中出现，也可以在烘房中出现，如果在曲子上闻到一股带甜的花香味，曲子表面发白，手指一摸会粘上一层白粉，是曲子受到念珠霉污染。

念珠霉污染的原因开始时可能是来自于麦麸，润料时麦麸飞扬所致。一旦开始污染，由于念珠霉的孢子很轻，四处飞扬，从一个曲房到另一个曲房，从烘房到曲房，从曲房到烘房，形成恶性循环，致使有的厂经数月还不能消除念珠霉的污染。故一旦发生污染，就要全面停产，彻底消毒。少量念珠霉污染不影响出酒率，大量污染时会使出酒率降低。

5. 曲霉

污染黑曲霉或黄曲霉时会在麦麸培养基表面看到分散的丝绒状深黑色或黄绿

色菌落斑点，在培养基中的菌丝较浓，颜色发白。

一般曲霉不会形成大面积的污染，对小曲白酒威害不大。曲霉多来自于麦麸、粮食或大曲，经空气飞扬而来。防止曲霉污染的方法是：除了改善环境条件外，一旦发现曲霉污染，立即进行清除，严格进行消毒灭菌，不使曲霉孢子到处飞扬。

（二）枯草芽孢杆菌

枯草芽孢杆菌在生产过程中，只要在曲房或烘房中闻到一股浓烈的馊臭味，就可以确定为大量枯草芽孢杆菌污染，枯草芽孢杆菌主要来源于原料，酒厂的空气中枯草芽孢杆菌的数量也不少，一方面要加强培养基原料的灭菌，另一方面还要控制制曲条件。原料蒸透，可以杀死枯草芽孢杆菌的营养体及一部分芽孢。残留在麦麸培养基中的芽孢要尽量不使其繁殖，主要措施是控制制曲条件。培养前期品温必须严格控制在30℃以下，有利于根霉生长而不利于枯草芽孢杆菌繁殖；同时根霉生长过程会产酸，造成了不利于枯草芽孢杆菌正常繁殖的 pH 环境。根霉在培养基中大量繁殖后，枯草芽孢杆菌就难以繁殖了。在制曲过程中，一旦发现枯草芽孢杆菌大量污染，就要对曲房、烘房及曲盒进行严格的消毒。

九、曲池通风法根霉、酵母散曲的制作

曲池通风法根霉、酵母散曲，是指先采用曲池机械通风法制得根霉曲，再按一定比例与采用曲盒法或帘子法制作的固态酵母进行混合而得的成品曲，通常在用曲量较大的白酒厂才使用这种曲。

（一）工艺流程

曲池通风法制作根霉、酵母散曲的工艺流程如图 5-6 所示。

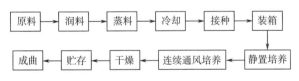

图 5-6　曲池通风法制作根霉、酵母散曲的工艺流程图

（二）工艺流程说明

1. 润料、蒸料

为了便于气体交换和供给根霉菌生长所需氧气，麸皮较粗些为好。因所通的风湿度较大，故曲在培养过程中水分蒸发量较少，所以原料加水量低于曲盒法或

帘子法制曲。通常，麸皮加水量为 50%～70%，根据季节和麸皮粗细程度而定。再用扬麸机拌匀后，堆积润料 1h。然后装甑，待圆汽后，加盖常压蒸 2h 即可。

2. 冷却、接种

将熟料边出甑边用扬麸机把团块打散并降温。待品温降至 35～37℃时，接入 0.3%～0.55% 的曲盒或帘子培养的种曲，种曲应长得较老，即孢子已大量形成为好。接种量按种曲质量和季节不同而调整。为防止孢子飞扬和保证接种均匀，可先用部分曲料与种曲拌匀后，再均匀地撒入全部曲料表面，拌和均匀，并用扬麸机充分打匀。为了减少感染杂菌的可能性，通常采用鼓风机配合接种操作。

3. 装池（箱）

将接种后的物料装入曲池，要求装料疏松、均匀，料层厚度为 25～30cm。若料层过厚，则不利于通风降温；若料层太薄，则通风过畅，不利于保温、保湿而影响根霉菌繁殖。

4. 静置培养

将室温控制为 30～31℃，品温为 30～32℃，相对湿度控制为 90%～95%，为根霉孢子萌发阶段，历时 4～6h。在保温、保湿的条件下，促使孢子萌发，菌丝开始生长。因该阶段曲料空隙间的微量空气已足以满足根霉菌的生长需要，品温上升速度也很慢，故不需要通风。

5. 间断式通风培养

待品温升至 33～34℃时，就开始通风；品温降至 30℃时，停止通风，称为间断式通风。前期因菌丝弱嫩，应避免过分刺激，通风前后温差不宜太大，风量也应小些，通风时间可稍长些，随着菌丝生长逐渐旺盛，产热量也增加，故应逐渐加大通风量。自接种后的 12～14h，根霉繁殖已进入旺盛期，曲料开始结块并收缩，这时容易发生曲池边缘漏气，即所谓通风短路的现象，故应及时在曲池四边用木板压住曲料，并用无菌布条压紧。

6. 连续通风培养

经间断式通风 3～4 次后，菌丝生长已进入最旺盛期，曲料结块趋向坚实。这时通风、降温受到阻碍，故应连续通风，加大风量、提高空气压力，并通入 25～26℃低温、低湿的空气，同时在循环风道中引入适量新鲜空气，将品温控制为 35～36℃。当品温降至 35℃以下时，可暂停通风，几分钟后品温即回升，可再通入干空气。培养后期，养分及水分减少，菌丝生长缓慢或停止，应及时出曲。整个培养时间为 24～26h。

7. 干燥、贮存

可将干热空气直接通入曲池中,将曲进行干燥。也可用耙将曲挖翻打散后,送至烘房干燥。经干燥后的曲,水分含量在10%以下。可将其粉碎后装袋、贮存备用。有的厂将曲贮于石灰缸中,以免受潮。

(三)固态法根霉、酵母散曲生产工艺的改进

采用固态培养法生产纯种根霉、酵母散曲,在工艺方面改进的措施很多,现列举几点供参考。

1. 种子扩大培养的培养基改进

(1)改进前的状况　在根霉及酵母扩大培养过程中,工厂通常将斜面试管菌株视为第1级;小三角瓶培养视为第2级;大三角瓶培养视为第3级,若无这级,则将卡氏罐或曲盒视为第3级。随着酶制剂工业的不断发展,有些厂将根霉1级种子及酵母卡氏罐和以前的种子培养基的制备,改原用的米曲糖化法为糖化酶糖化法,即将大米洗净、蒸煮并冷却至61℃,加入大米质量1.25%的糖化酶,充分搅拌均匀后,静置糖化约3h,待上层为清液(俗称清糊)后,过滤得滤液备用。但在实际应用中发现效果不佳,菌体生长缓慢、不健壮,菌苔较薄,酵母数达不到规定要求,酵母出芽率也较低。

(2)改进措施及效果　取芽长为1cm左右的新鲜豆芽,用清水洗净并沥干后,加入10倍于豆芽质量的水,煮30min,滤液即为鲜豆芽汁。在上述大米糖化液中,添加10%鲜豆芽汁,并添加硫酸铵等氮源,使其碳氮比为10:1;另外补充一些磷、钾、钠等微量元素,以基本上满足根霉及酵母的营养要求。培养基改进后,根霉及酵母菌生长状况得到明显改善。

2. 制曲室保温排潮期的操作

在制曲保温排潮期,若室温达不到预定要求,则不采取紧闭门窗的办法,而采用定时开闭门窗法,即每2h开启门窗1次,冬季每次开2~3min,夏季每次开4~6min。由于室内废气得以排出,菌体得到充足的氧气而生长散热,使室温也随之上升。但采用该法应有相应的配套措施:定期对曲室四周环境进行消毒;并注意对曲盒位置和摆放方式进行调整。

3. 以耐高温活性干酵母为种子培养固态酵母

将外购的耐高温活性干酵母,按2%的接种量加入灭过菌的30℃的浓度为5%的糖化醪中,在28~30℃下,复水活化后作为种子,按常规曲盒法或帘子法培养24~28h,即得固态酵母。

第四节　湖南观音土曲

湖南观音土曲又称常山神曲或常山土曲，生产规模较小，主要供应湖南、湖北民间作坊生产小曲白酒。其原料及制法具有地方特点。现简述如下，供参考。

一、工艺流程

湖南观音土曲的生产工艺流程如图 5-7 所示。

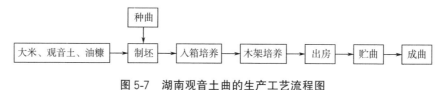

图 5-7　湖南观音土曲的生产工艺流程图

二、工艺流程说明

（一）种曲制备

1. 曲房清扫灭菌

制曲前，须将曲房打扫干净并灭菌，再升火保温。要求房内无明火、无烟、无不良气味。

2. 制坯

取 10kg 大米，用井水淘洗后，再用水浸泡 12h；然后用磨粉机磨成细粉，再用布袋装上草灰，将其中多余的水吸干；并拌入少量中药粉末，加水和匀，制成曲坯。

3. 培曲、存放

培曲过程同土曲，周期也为 7 天。种曲出房时呈金黄色，有丝纹，具有曲香味。经晒干后置于通风的库房内备用。

（二）成曲制备

1. 成曲原料和辅料

主要原料大米为当年收获的早稻米；观音土在培菌过程中起保菌降温作用；油糠要求无杂质，无霉烂，不潮湿。

2. 制坯

按大米 20kg，观音土 300kg，油糠 50kg，种曲 10kg 的比例，将物料置于配料盆内拌匀后，再加水拌和均匀，手工制成直径为 5cm 的球状曲坯。要求其表面光滑，提浆。

3. 入箱培养

将上述曲坯排放在垫有糠壳的曲箱内，盖上竹席和麻袋保温。起始室温为 20～25℃。在 5～6h 时，室温升至约 30℃，促使曲中微生物开始繁殖，并使曲房内呈现轻微的曲香。培养 10～12h 时，曲开始升温，俗称"来温"。这时能闻到更好的曲香味，曲表面布满水分，俗称"上汗"。自入箱后 22～23h，品温升至 32～33℃，以比室温高 1～2℃为宜。这时的曲具有较好的甜、酸味，即可将其拣至竹片上。通常开箱时机根据天气变化和室内及箱内的温度而定。

4. 降温

待品温降至 20～25℃时，再将曲从竹片上移至木架上培养。

5. 培养

应将室温调整为 30～31℃，以保证曲在移至木架的第 2 天即能正常升温。这时第 1 架的曲开始长出一层薄薄的白色菌皮，俗称"生皮"；第 2、3 架的曲开始生长绿霉菌；第 4、5 架的曲上的霉菌已充分生长，俗称"生衣"。此时微生物生长旺盛，品温应控制为 34～36℃。为避免品温过高，可进行翻曲，并更换曲的上下位置。第 6 架为"养菌"，可看出曲的表皮质量，通常以霉的厚度不超过 0.5mm，皮的厚度不超过 0.1mm 为宜，各架上的曲温不同。

在培菌过程中，室温不能过高或过低。若室温过高，则曲会过早开裂，使有益微生物不能充分繁殖；若室温过低，则曲会长出水毛，霉菌生长不正常，出现红心、黑心等现象。在培养后期，室温应控制为 32℃左右，使曲中多余的水分得以充分挥发，并使曲中的菌及时老熟。

6. 出房、贮曲

自曲坯入房至出房，只经 7 天。出房后的曲，应立即晒干，并存放于通风的曲库内 15～20 天。若曲库条件不好而使曲"反烧"，用这种曲酿酒则酒质较差。

第五节　湖北小曲

湖北省的襄樊、随州、孝感、仙桃、枝江等地区都是著名的小曲酒产地，湖北小曲酒自成一派，特色鲜明。

一、工艺流程

湖北小曲的生产工艺流程如图 5-8 所示。

图 5-8 湖北小曲的生产工艺流程图

二、工艺流程说明

（一）拌料

将黏米糠 40～44kg，观音土 100kg，曲母 4～6kg（留 1％用于坯的成球）倒入配料盆内拌匀后，加水 68～70kg 拌和均匀。

曲母的含水量为 12％～13％，酸度为 0.40～0.45g/100g，糖化力为 160～220mg/（g·h）。

（二）制曲坯

将上述物料在木板上踩成 4cm 厚，再用刀切成 4cm^2 的曲坯，移入吊筛，撒上少量曲母粉及米粉后，旋转吊筛，使曲坯呈球形。

（三）入箱培曲

1. 入箱

预先在箱窝底铺 1 层厚约 1cm 的糠壳。将曲坯排列在糠壳上，坯间距为 2cm，再加盖竹席。

2. 排汗

曲坯入箱后，室温保持约 30℃。经 15～16h，微生物开始繁殖，曲丸表面布满水，俗称"排汗"。

3. 生皮

排汗后 3～4h，品温升至 34～35℃，曲丸表面长出一层薄的白色菌丝，俗称"生皮"。

4. 培菌

自曲坯入箱后 24h，品温可升至 37～38℃。这时可将曲丸放到垫有 1cm 厚糠壳的竹盘上。待品温降至 32℃时，再将竹盘移至竹盘架上进行培菌。培菌过程可分如下三期，其间为调节品温和水分，可适时地调换曲盘的上下位置。

（1）前期 历时 22～24h，其间因根霉及酵母等生长和呼吸旺盛，故应注意将品温控制在 34～36℃。

（2）中期　历时 44～46h，该期微生物生长极为旺盛，品温可控制为 36～38℃。

（3）后期　历时 22～24h，品温可控制为 32～34℃，其间曲丸渐趋成熟。

（4）后熟　经上述历时 5 天的培养，曲丸的含水量已降至 12％，酸度降为 0.4g/100g，进入历时约 1 天的后熟期，并将多余的水分继续挥发掉。其间控制品温为 30～32℃。

（四）出房

从曲坯入房至出房，共历时 6 天。出房后的成曲，须存放于干燥、通风的库房内备用。

第 六 章

大曲白酒的生产

大曲白酒，又称大曲酒，顾名思义，是以大曲为糖化发酵剂生产的各种香型的白酒的总称，是我国特有的蒸馏白酒。大曲酒的香型包括浓香、清香、酱香、风香、兼香和特型等。由于白酒消费的民族性、地区性及习惯性，各种香型大曲酒的生产也具有明显的地域性。一般浓香型大曲酒以四川省及华东地区为多；清香型大曲白酒以华北、东北、西北地区为主；酱香型大曲酒主要在贵州省；风香型大曲酒以陕西省为主；兼香型酒产于湖北省、黑龙江省；特香型酒产于江西省。

第一节　大曲白酒生产工艺的主要特点

我国的大曲白酒与国外的威士忌、白兰地等蒸馏酒相比，工艺独特，它最显著的特点是采用固态发酵和固态甑桶蒸馏，从而形成了中国蒸馏酒的典型风格。国外蒸馏酒的生产，一般采用液态发酵和液态蒸馏的生产工艺，两者存在着明显的区别。具体地讲，我国大曲白酒的生产工艺主要具有以下特点。

一、采用固态配醅发酵

在大曲白酒的整个发酵过程中，物料呈固体状态，发酵物料（酒醅）的含水量较低，通常控制在 $55\% \sim 65\%$，游离水分基本上包含在酒醅颗粒之中，参与发酵的微生物和酶通过水分渗透到酒醅颗粒中间，进行各种生化作用，最终形成以酒精为主的各种代谢产物。到发酵结束时，酒醅的酒精含量可达 $5\% \sim 12\%$（体积分数），由于酒醅含水量较低，酒醅的相对酒精浓度较高，若成熟酒醅中的水分以 60% 计算，上述酒醅的相对酒精含量就可能达 10%（体积分数）左右。可见在大曲白酒的固态发酵过程中，酵母菌在较低的发酵温度下和较长的发酵时间内，能保持较强的耐酒精能力，有效地保证了大曲白酒发酵作用的正常进行，同时，酵母的这种耐酒精能力也与大曲白酒所采用的边糖化边发酵的生产工艺分不开的。此外，在大曲白酒的固态发酵中，酒醅内存在着复杂的固-液、气-液、固-气等多种界面，多界面对于酒醅及窖池内微生物的生长和代谢有很大的影响，使大曲白酒能产生出液态发酵难以生成的各种风味物质。

由于酒醅具有较大的颗粒性，加之高粱、玉米等原料的籽粒结构又紧密，糖化、发酵较困难，原料中的有用成分（主要是淀粉）必须经过多次发酵，才能被充分利用。因此，在大曲白酒生产中，常采用添加部分新料，回用大部分酒醅，丢弃部分废糟的方法，即配醅（或称配糟）发酵，使固态发酵循环进行，这种方法在世界酿酒工艺中是独有的。大曲白酒采用配醅发酵，可以有效调整酒醅的入窖淀粉含量和酸度，为酿酒微生物提供适宜的条件，使酒醅中的淀粉能尽量被利用，并通过生化或化学作用积累较多的香味成分及其前体物质，使大曲白酒中的风味物质更为丰富。

二、大曲酒的发酵在酸性条件下进行

合适的酸度有利于抑制杂菌的生长繁殖、可以促进酵母菌的生长和发酵。夏季控制糟醅的入窖酸度在酵母菌的最适酸度（pH 值 4.5 左右），从而有效抑制杂菌的生长繁殖。大曲酒生产上所谓"以酸治酸"，即通过控制糟醅的合适入窖酸度来抑制杂菌的生长繁殖，防止细菌大量产酸，有利于酵母菌酒精发酵，控制发酵前期缓慢升温。

如果入窖糟醅的酸度过高，大曲酒发酵过程中的有益菌（主要是细菌和酵母菌）就不能很好地生长繁殖，细菌产生的淀粉酶、糖化酶减少，不利于淀粉的糖化和酵母菌的酒精发酵，导致出窖糟醅的残余淀粉含量较高，出酒率下降。如果入窖糟醅的酸度过低，糟醅中的细菌会大量繁殖同时产生细菌淀粉酶、糖化酶，会导致前期发酵升温过猛、酵母菌早衰，不利于大曲酒的发酵。

三、用曲量大，强调使用陈曲

清香型大曲白酒酿造过程中，大渣发酵的用曲量为投粮量的 9%～11%，二渣发酵的用曲量为大渣投粮量的 8%～10%；浓香型大曲酒的粮糟用曲量为投粮量的 18%～23%，回糟（指母糟不加粮粉，蒸酒后，只加大曲粉，再次入窖发酵，成为下一排的面糟）的用曲量为粮糟用曲量的 70%～90%；酱香型大曲酒的发酵，大曲用量很大，用曲总量与投粮总量比例高达1：1左右。

大曲作为大曲酒发酵的糖化剂和发酵剂，含有丰富的菌系和酶系，大曲既是酿造大曲酒的糖化发酵剂，又是酿酒的重要原料，同时为大曲酒提供部分风味物质或风味前体物质，对大曲酒的香型、风格有着举足轻重的作用，故酿酒行业有"曲乃酒之骨"的说法。

在制曲过程中，大曲在曲房中经过约1个月时间的培养，有大量的产酸菌进入曲坯，乳酸菌是大曲中的优势菌群，出曲房后再经过3~6个月的贮存成为陈曲。在大曲的贮存过程中，产酸菌失去繁殖能力或死亡，减少了大曲酒发酵过程中产酸菌的数量。使用贮存期较短的大曲酿酒时，产酸菌在大曲酒的前发酵阶段会大量生长繁殖，产生淀粉酶、糖化酶等，导致淀粉糖化过快，酵母菌发酵过于旺盛，酒醅升温过猛会导致酵母菌早衰，不利于酵母菌的酒精发酵。所以，在大曲酒的生产过程中强调使用陈曲，在夏季大曲酒的生产过程中使用陈曲可以防止"升温过猛、生酸过快"的情况出现，控制发酵时糟醅的品温变化符合大曲酒发酵"前缓、中挺、后缓落"的规律，有利于夏季大曲酒生产的正常进行。

热季入窖温度比冷季高，大曲的糖化酶活性随温度的升高而增大，所以在不影响糖化发酵正常进行的情况下，适当减少用曲量以防止前发酵期升温过快、酒醅品温过高，酒醅品温过高有利于细菌的生长繁殖，而导致酒醅生酸幅度大，不利于下一排酒醅的发酵。

四、在较低温度下的边糖化边发酵工艺

大曲白酒的发酵是典型的边糖化边发酵工艺，俗称双边发酵。大曲既是糖化剂，又是发酵剂，窖内酒醅同时进行着糖化作用和发酵作用，如何使这两种生化作用相互协调配合，是双边发酵的关键所在。由于糖化酶和酒化酶的最适作用温度不同，因此酒醅的发酵温度对各种酶活性具有不同的影响。一般淀粉酶的最适作用温度为$50\sim65℃$，温度过高，酶加速钝化；温度过低，酶反应速度减缓，糖化时间需要延长，但酶不易失活，故保持较低的糖化温度，适当延长糖化时间，同样可以达到较高的糖化率，酵母进行酒精发酵的最适温度一般为$28\sim32℃$，发酵温度太高，酵母易于衰老，甚至死亡。为了防止糖化酶、酵母菌和其他酶类的过早失活，并使糖化和发酵两者相互配合协调，不致使酒醅的糖分过于积累而引起酸败，最大限度地发挥酶的作用，为了保证大曲酒发酵的顺利进行，在生产中，必须控制较低的入窖温度，一般在$15\sim25℃$。同时，在这种较低温度下的边糖化边发酵，还有利于香味物质的形成和积累，减少其挥发损失，避免

了生成过多的有害副产物，使大曲白酒具备醇、香、甜、净、爽的特点。

五、多种微生物参与的混菌发酵

参与大曲白酒发酵的微生物种类繁多，它们主要来源于大曲和窖泥，也有的来自于生产工具、设备、场地和环境。整个发酵过程是在较为粗放的条件下进行的，除原料蒸煮时起到灭菌作用外，各种微生物均能通过多种渠道进入酒醅，协同进行发酵作用，产生出各自的代谢产物。随着发酵时间的推移，窖内各种微生物（主要为霉菌、酵母菌、细菌等）的生长繁殖、衰老死亡、表现出各自的消长规律。只有合理地控制发酵工艺条件，并随环境变化采取适当的调整措施，才能保证那些有益的酿酒微生物正常生长繁殖和发酵，使多菌种的混合发酵取得满意的结果。

六、固态甑桶蒸馏

国外常采用釜式或壶式液态蒸馏来提取成品蒸馏酒，而我国大曲白酒是通过固态蒸馏来分离提取成品酒的。高度为 1m 左右的甑桶，能把酒醅中所含的乙醇由 5%～12%（体积分数）浓缩到 65%～85%（体积分数），并把发酵过程中所产生的各种香味成分有效地提取出来，表明其蒸馏效率是相当高的。白酒的甑桶蒸馏类似填料塔蒸馏，实际上两者存在着较大的差别，因为在白酒的固态蒸馏中，酒醅不仅起到填料的作用，而且它本身还含有被蒸馏的成分，所以它的蒸馏要比一般的填料塔蒸馏更加复杂，蒸馏所得的成品酒，其风味既优于液态蒸馏，又优于填料塔蒸馏。因为甑桶蒸馏所得到的馏分，其酸、酯含量要比其他蒸馏方法高得多，并在蒸馏过程中，各种风味成分相互作用重新组合，使成品酒的口感更好。所以在液态白酒生产中，常采用固态酒醅串香来提高成品酒的质量。

第二节　浓香型大曲白酒的生产

一、浓香型大曲白酒生产工艺的特点和类型

浓香型大曲白酒也称泸香型、窖香型白酒。它的产量占我国大曲酒总产量的一半以上。优质浓香型大曲酒具有"窖香浓郁，绵柔甘洌，入口甜，落口绵，尾子净，香味协调，尾净余长"的特点。浓香型大曲酒采用典型的混蒸续渣工艺进行酿造，酒的香气主要来源于优质窖泥和所谓的"万年糟"。

（一）浓香型大曲酒生产工艺的基本特点

浓香型大曲酒是以高粱为主要酿酒原料，以优质小麦、大麦和豌豆等为制曲

原料制得中、高温大曲为糖化发酵剂，经续糟（或渣）配料，泥窖固态发酵，混蒸混烧，量质摘酒，原酒贮存，精心勾兑而得。其中最能体现浓香型大曲酒酿造工艺独特之处的是"泥窖固态发酵，续糟配料，混蒸混烧"。

1. 泥窖固态发酵

所谓"泥窖"，即用泥料制作而成的窖池。就其在浓香型大曲酒生产中所起的作用而言，除了作为蓄积酒醅进行发酵的容器外，泥窖还与浓香型大曲酒中各种呈香呈味物质的生成密切相关。因而泥窖固态发酵是浓香型大曲酒酿造工艺的特点之一。

2. 续渣配醅发酵

不同香型大曲酒在生产中采用的配料方法不尽相同，浓香型大曲酒生产中采用续糟配料。所谓续糟配料，就是在原出窖糟醅中，投入一定数量的新酿酒原料和一定数量的填充辅料，拌和均匀后进行蒸煮。每轮发酵生产，均如此操作。这样，一个发酵池内的发酵糟醅，既添入一部分新料、排出部分旧料，又使得大部分上轮糟醅得以循环使用，形成浓香型大曲酒特有的"万年糟"。这样的配料方法，是浓香型大曲酒酿造工艺的特点之二。

续糟配料的作用如下。

（1）可以调节糟醅酸度，使入窖粮糟的酸度降低到适宜范围，浓香型大曲酒糟醅的入窖酸度在 1.5～2.0。这样既适合发酵所需的酸度，又可抑制杂菌的繁殖，促进酸的正常循环，合适的酸度还有利于淀粉的糊化和糖化。

（2）可以调节入窖粮糟的淀粉含量，从而也调节了窖内的发酵温度，使酵母菌在适宜的淀粉浓度和温度条件下生长繁殖。为了更好地达到上述目的，可以根据不同季节，在规定的范围内调节配料比例。

3. 混蒸混烧

所谓混蒸混烧，是指在要进行蒸馏取酒的糟醅中按比例加入原料、辅料，混匀后将物料装入甑桶，先缓火蒸馏取酒，后加大火力进一步糊化原料。在同一蒸馏甑桶内，采取先以蒸酒为主，后以蒸粮为主的工艺方法，这是浓香型大曲酒酿造工艺的特点之三。

（二）浓香型大曲酒的两大流派

我国白酒风格的形成，原料是前提，曲药是基础，酿酒工艺是关键。由于生产原料、制曲原料及配比、生产工艺等方面的差异，再加上地理环境等因素的影响，我国浓香型白酒出现了不同的风格特征，形成了浓中带陈味型和纯浓香型两大不同的流派。

产自四川省的浓中带陈味的浓香型大曲酒大多以糯高粱为原料，特别是五粮液和剑南春酒都以高粱、大米、糯米、小麦和玉米为原料；沱牌曲酒以高粱和糯米为原料；泸州老窖以高粱为原料，制曲原料为小麦。生产工艺上采用的是原窖法或跑窖法工艺，发酵周期为 60～90 天，加上川东、川南地区的亚热带湿润季风气候，形成了浓中带陈味型流派。

苏、鲁、皖、豫等省生产的浓香型大曲酒，与川酒在酿造工艺上虽都遵从"泥窖固态发酵，续糟（渣）配料，混蒸混烧"的基本工艺要求，同属于以己酸乙酯为主体香味成分的浓香型白酒，但酿酒原料大多采用粳高粱，制曲原料为大麦、小麦和豌豆，采用混烧老五甑工艺，发酵周期为 45～60 天，加上地理环境因素的影响，因而形成了纯浓香型流派。

（三）浓香型大曲酒生产工艺的类型

1. 原窖法工艺

原窖法工艺，又称为原窖分层堆糟法。采用该种工艺生产浓香型大曲酒的厂家，有泸州老窖股份有限公司、四川全兴酒业有限公司等。

所谓原窖分层堆糟，原窖就是指本窖的发酵糟醅经过添加原料、辅料后，再经蒸煮糊化、打量水、摊凉下曲后仍然装入原来的窖池内密封发酵。分层堆糟是指窖内发酵完毕的糟醅在出窖时须按面糟、母糟两层分开出窖。面糟出窖时单独堆放，蒸酒后作丢糟处理。面糟下面的母糟在出窖时按由上而下的次序逐层从窖内取出，一层压一层地堆放在堆糟坝上，即上层母糟铺在下面，下层母糟覆盖在上面，配料蒸馏时，每甑母糟的取法像切豆腐块一样，一方一方地挖出母糟，然后拌料蒸酒蒸粮，待撒曲后仍装入原窖池进行发酵。由于拌入粮粉和糠壳，每窖最后多出来的母糟不再投粮，蒸酒后即为红糟，红糟下曲后覆盖在已入原窖的母糟上面，成为面糟。

原窖法的工艺特点可总结为：面糟母糟分开堆放，母糟分层出窖、层压层堆放，配料时各层母糟混合使用，下曲后糟醅回原窖发酵，入窖后全窖母糟风格一致。

原窖法工艺是在老窖生产的基础上发展起来的，它强调窖池的等级质量，强调保持本窖母糟风格，避免不同窖池，特别是新老窖池母糟的相互交换，所以俗称"千年老窖万年糟"。在每排生产中，同一窖池的母糟上下层混合拌料，蒸酒蒸粮、摊凉撒曲后入窖，使全窖的母糟风格保持一致，全窖的酒质保持一致。

2. 跑窖法工艺

跑窖法工艺又称跑窖分层蒸馏法工艺。使用该种工艺生产的大曲酒，以四川宜宾五粮液最为著名。

所谓"跑窖"，就是在生产时先有一个空着的窖池，然后把另一个窖内已经发酵完成的糟醅取出，通过添加原料、辅料、蒸馏取酒、蒸粮、打量水、摊凉冷却、下曲粉后装入预先准备好的空窖池中，而不再将发酵糟醅装回原窖。全部发酵糟蒸馏完毕后，这个窖池就成了一个空窖，而原来的空窖则装满了入窖糟醅，再密封发酵。依此类推的方法称为跑窖法。

跑窖不用分层堆糟，窖内的发酵糟醅可逐甑取出进行蒸馏，而不像原窖法那样不同层的母糟混合蒸馏，故称之为分层蒸馏。

概括该工艺的特点是：一个窖的糟醅在下一轮发酵时装入另一个窖池（空窖），不取出发酵糟进行分层堆糟，而是逐甑取出分层蒸馏。

跑窖法工艺中往往是窖上层的发酵糟醅通过蒸酒蒸粮摊凉加曲后，变成窖下层的粮糟，或者蒸酒摊凉加曲后成为红糟，有利于调整酸度，提高酒质。分层蒸馏有利于量质摘酒、分级并坛等提高酒质措施的实施。跑窖法工艺无须堆糟，劳动强度小，酒精挥发损失小，但不利于培养糟醅，故不适合发酵周期较短的窖池。

（四）浓香型大曲酒操作"八字诀"

在浓香型大曲酒生产过程中，还必须重视"匀、透、适、稳、准、细、净、低"的八字诀。

匀，指在生产操作上，拌和糟醅，物料上甑，打量水，摊凉下曲，入窖温度等均要做到均匀一致。

透，指在润粮过程中，原料高粱要充分吸水润透；高粱在蒸煮糊化过程中要熟透。

适，则指糠壳用量、水分、酸度、淀粉浓度、大曲用量等入窖条件，都要有利于酿酒微生物的生长繁殖，这样才有利于边糖化边发酵的顺利进行。

稳，指入窖、转排配料要恰当，切忌大起大落。

细，指各种酿酒操作及设备使用等，一定要细致而不粗心。

净，指酿酒生产场地、各种工用器具、设备乃至于糟醅、原料、辅料、大曲、生产用水都要清洁干净。

低，则指填充辅料、量水尽量低限使用；尽量做到糟醅低温入窖，缓慢发酵。

二、典型的续渣工艺——老五甑操作法

（一）老五甑操作法简介

续渣法就是将粉碎后的生原料（渣子）与发酵成熟的酒醅（母糟）按一定比例混匀，进行混蒸，然后摊凉、加曲，入窖发酵。也可将生料、酒醅分别进行蒸粮、蒸酒，然后混合入窖发酵。这种操作反复循环，在每一排（或称轮）发酵过程中，都要加入一定量的新料和大曲粉，为了保持窖内物料的平衡，必须同时排出相应数量的丢糟，使续渣发酵得以继续下去。

续渣工艺又常分为六甑、五甑和四甑等操作法，其中以所谓"老五甑"操作法使用最为普遍。老五甑操作，就是每次出窖蒸酒时，将每个窖的酒醅拌入新投的原料，分成五甑蒸馏，蒸馏后其中四甑料重新回入窖内发酵，另一甑料作为丢糟扔出，这种操作概括为"蒸五下四"。入窖发酵的四甑料，按加入新料的多少，分别被称为大渣、二渣、小渣，配入新料多的称大渣，一般大渣、二渣所配的新料分别占新投原料总量的40%左右，剩下20%左右的原料拌入小渣，具体比例可根据需要调整。不加新料只加曲的称作回糟，回糟发酵蒸酒后即变成丢糟。所以老五甑操作时，每个窖池内总有大渣、二渣、小渣和回糟四甑酒醅存在。

新建的窖池第一次投产发酵，称作立渣。立渣时，逐步添加新料，扩大酒醅数量，最后达到每个窖内保持有四甑酒醅，这时称作圆排。圆排后，整个窖的操作进入正常的循环之中，一般立渣要经过四排操作才能完成。

第一排：根据甑桶容积和窖池的大小，决定每次投料的数量，然后加入原料量30%～40%的填充料，配入原料量2～3倍的酒糟，拌匀蒸料后，摊凉加曲，入窖发酵，立出两甑料。

第二排：将发酵成熟的第一排两甑酒醅，先取其中一部分，拌入原料总量的20%左右，混匀，做成一甑体积的料作为小渣，剩余的酒醅再和所剩的原料做成两甑大渣，进行混蒸，分别摊凉后加曲，分层入窖发酵。

第三排：将发酵成熟后的第二排酒醅起出，其中小渣不加新料，蒸酒后摊凉加曲，成为回糟，入窖发酵。两甑大渣按第二排操作，配入新料，做成两甑大渣和一甑小渣，这样入窖发酵的就有四甑料，分别为两甑大渣，一甑小渣和一甑回糟，分层入窖发酵。

第四排：在老五甑法中，此排称圆排。上排酒醅发酵成熟后，起出分别蒸酒蒸粮，回糟蒸酒后变成丢糟，加以排除。两甑大渣和一甑小渣按第三排操作，将

小渣做成回糟，两甑大渣添加新原料后，做成一甑小渣和两甑大渣，经过蒸馏后，加曲入窖发酵，这样从第四排起就圆排了，以后按此方式循环操作下去。

老五甑的四甑糟醅在窖内的排列，各地不同，这要根据工艺来决定。如图6-1所示。

图6-1　老五甑操作糟醅在窖中的安排

（二）老五甑操作法的优点

（1）原料经过多次发酵（一般3次以上），原料中的淀粉得到充分的利用，出酒率较高。

（2）在多次发酵过程中，有利于积累香味物质，特别容易形成以己酸乙酯为主的窖香，有利于浓香型大曲酒的生产。

（3）如采用混蒸混烧，热能利用率高，成本低。

（4）老五甑操作法的适用范围广，高粱、玉米、薯干类含淀粉45％以上的原料均可使用。

三、浓香型大曲白酒的生产工艺

浓香型大曲白酒一般都采用续渣法酿造，混蒸混烧、老窖续渣是其典型特点，工艺类似于老五甑操作法。当然，各地名优酒生产厂家常根据自身产品的特点，对工艺进行适当的调整。

（一）浓香型大曲酒生产工艺流程

浓香型大曲酒混蒸续渣法的工艺流程如图6-2所示。

（二）工艺流程说明

1. 原料处理

浓香型大曲酒生产所使用的原料主要是高粱。以糯高粱为好，要求高粱籽粒饱满、成熟、干净、淀粉含量高。

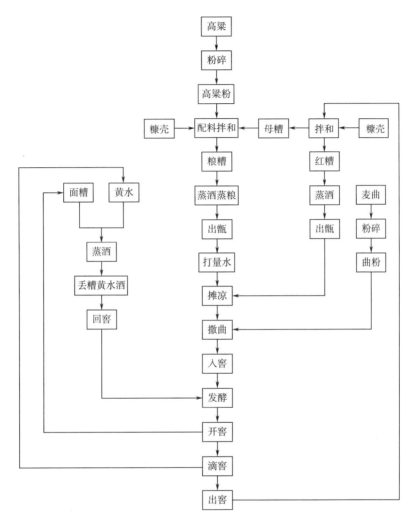

图 6-2　混蒸续渣法浓香型大曲酒工艺流程图

采用高温大曲或中温大曲作为糖化发酵剂，要求曲块质硬，内部干燥并富有浓郁的曲香味，不带任何霉臭味和酸臭味，曲块皮薄、断面整齐，内呈灰白或浅褐色，不带其他颜色。

原料高粱要先进行粉碎。目的是增加原料的表面积，有利于淀粉颗粒的吸水膨胀和蒸煮糊化，糖化时增加与酶的接触，为糖化发酵创造良好的条件。但原料粉碎要适中，粉碎过粗，蒸煮糊化不易透彻，影响出酒率；原料粉碎过细，酒醅容易发腻或起疙瘩，蒸馏时容易压汽，必然会加大填充料的用量，影响酒的质量。由于浓香型大曲酒采用续渣法工艺，原料要经过多次发酵，所以不必粉碎过细，仅要求每粒高粱破碎成4～6瓣即可，一般能通过40目的筛孔，其中粗粉占50％左右。各酒厂的粉碎度不完全相同。表6-1所列数据仅供参考。

表6-1　高粱粉和曲粉未通过筛孔的量　　　　　　　　单位:％

原料	筛孔/目					
	20	40	60	80	100	120
高粱粉	35.1	29.0	14.2	12.3	7.4	1.2
曲粉	51.0	20.6	8.6	5.6	9.2	2.4

为了增加大曲粉与粮粉的接触，大曲可加强粉碎，先用锤式粉碎机粗碎，再用钢磨磨成曲粉，粒度如芝麻大小为宜。

在固态白酒发酵中，糠壳是优良的填充剂和疏松剂，一般要求糠壳新鲜干燥，呈金黄色，不带霉烂味。为了驱除糠壳中的异味和有害物质，要求预先把糠壳清蒸30～40min，直到蒸气中无怪味为止，然后出甑晾干，使含水量在13％以下，备用。

2. 出窖起糟

南方酒厂把酒醅及酒糟统称为糟。浓香型酒厂均采用经多次循环发酵的酒醅（母糟、老糟）进行配料，人们把这种糟称为"万年糟"。"千年老窖万年糟"这句话，充分说明浓香型大曲酒的质量与窖池、酒糟有着密切的关系。

浓香型大曲酒正常生产时，每个窖中一般有六甑物料，最上面一甑是回糟（面糟），下面五甑粮糟。不少浓香型大曲酒厂也常采用老五甑操作法，窖内存放四甑物料。

起糟出窖时，先除去窖皮泥，起出面糟，再起粮糟（母糟）。面糟单独蒸馏，蒸后作丢糟处理，蒸得的丢糟酒，常用于回醅发酵。然后，再起出五甑粮糟，分别配入高粱粉，做成五甑粮糟和一甑红糟，分别蒸酒、摊凉、加曲，重新回入窖池发酵。

（1）通过母糟特征判断发酵情况　酒醅出窖时，要对酒醅的发酵情况进行感官鉴定，及时决定是否要调整下一轮的工艺参数（主要是下一轮的配料和入窖条件），这对保证酒的产量和质量是十分重要的。鉴定主要包括对母糟和黄水的观察和尝味。

① 如母糟柔熟不腻、疏松不糙、肉实有骨力，颗粒大，呈深猪肝色，鼻嗅

有酒香和酯香；口尝酸味小，涩味大，说明本轮发酵正常，产量、质量都好。

② 如母糟疏松泡气，有骨力，呈猪肝色，鼻嗅有酒香，这种母糟产的酒，香气较弱，有回味，酒质稍差，但出酒率较高。

③ 如母糟显软，没有骨力，酒香也差，说明本轮发酵欠佳，产酒低，酒质差。这是由于连续几轮配料，糠壳用量少，量水多，造成入窖后糖化发酵不正常，使酒醅中残余淀粉量偏高。下轮应加糠减水，使母糟疏松，并注意调整入窖温度，要通过连续几轮恢复，才能转入正常发酵。

④如母糟显腻，没有骨力，颗粒小，黄水浑浊不清，黏性大，这是由于连续几轮配料不当，糠少水大造成的，可以在下轮配料时加糠减水，恢复母糟骨力，使发酵达到正常。

（2）通过黄水特征判断发酵情况　黄水是窖内酒醅向下层渗漏的黄色淋浆水，它含有$1\%\sim2\%$的残余淀粉，$0.3\%\sim0.7\%$的残糖，$4\%\sim5\%$（体积分数）的酒精，以及醋酸、腐殖质和微生物菌体的自溶物等。出窖起糟到一定的深度，会出现黄水，应停止出窖。可在窖内母糟中央挖一个直径$0.7m$、深至窖底的黄水坑；也可将粮糟移到窖底较高的一端，让黄水流入较低部位；或者把粮糟起到窖外的堆糟坝上，滴出黄水。有的酒厂在建窖时预先在窖底埋入一黄水缸，使黄水自动流入缸内，出窖时将黄水抽尽。

滴窖时要勤舀，一般每窖需舀$5\sim6$次，从开始滴窖到起完母糟，要求在$12h$以上完成。这种操作称为"滴窖降酸"和"滴窖降水"。滴窖的目的在于防止母糟的酸度过高，酒醅含水太多，造成糠壳用量过大影响酒质。滴窖后的酒醅，含水量一般控制在60%左右。从黄水的味道也可以判断出母糟的发酵情况。

① 如黄水酸味重、涩味少，说明上排入窖温度过高，并受到醋酸菌、乳酸菌的感染，抑制了酵母菌的发酵，造成出酒率降低，酒质差，酒糟的残余淀粉升高，糖分也难以被完全利用。

② 如黄水发黏并带甜味，酸涩味不足，这是由于原料糊化不透，配料糠少水多，淀粉难以被糖化发酵，使淀粉和可发酵性糖残留在母糟和黄水中所造成的。下轮应加糠减水，同时注意调整入窖温度。

③ 如黄水出现苦味，这是由于用曲量过大，量水不足，造成酒醅"干烧"，使黄水带苦。另外，窖池管理不善，窖皮裂口，粮糟霉烂，杂菌大量繁殖，也会使黄水带上苦味，造成酒质变差，出酒率降低。

④ 如黄水带酸馊味，说明清洁卫生工作没有搞好。例如把残留的粮糟扫入窖池，也常会引起杂菌感染。量水温度过低或将冷水泼入母糟，淀粉颗粒无法吸

收，造成发酵不良，发酸发馊，降低酒的产量和质量。

⑤ 如黄水透亮、悬丝长，有明显的涩味，酸味适中、不带甜味，说明上轮配料恰当、操作良好，母糟发酵正常，这种酒醅出酒多、酒质好。

通过开窖感官鉴定，判断发酵的好坏，这是一个快速、简便、有效的方法，在生产实践中起着重要的指导作用。

3. 配料、拌和

配料在固态白酒生产中是一个重要的操作环节。配料时主要控制粮醅比和粮糠比，蒸料后要控制粮曲比。配料首先要以甑和窖的容积为依据，同时要根据季节变化适当进行调整。如泸州老窖大曲酒，甑容积 1.25m³，每甑投入原料120～130kg，粮醅比为1∶（4～5），糠壳用量为粮食原料量的 17%～22%，冬少夏多。又如另一个浓香型曲酒厂，甑容积为 2.45m³，以老五甑配料，每甑各渣的配比见表 6-2。

表 6-2　　每甑各渣的配比　　　　　　　　　　　　单位：kg

原料	大渣	二渣	小渣	回糟	共计
高粱粉	300	300	150	0	750
大曲粉	52.5	52.5	52.5	47.5	205
糠壳	30	30	30	20	110

配料时要加入较多的母糟（酒醅），其作用是调节酸度和淀粉浓度，使入窖糟醅的酸度控制在 1.2～1.7，淀粉浓度在 16%～20%，为下轮的糖化发酵创造适宜的条件。同时，增加了母糟的发酵轮次，使其中的残余淀粉得到充分利用，并使酒醅有更多的机会与窖泥接触，多产生香味物质。配料时常采用大回醅的方法，粮醅比可达1∶（4～6）。

糠壳可疏松酒醅，稀释淀粉，降低酸度，吸收酒精，保持浆水，有利于发酵和蒸馏。但用量过多，会影响酒质，应尽可能通过"滴窖"和"增醅"来减少糠壳用量。糠壳用量通常为投粮量的 20%～22%。

配料要做到"稳、准、细、净"。对原料用量、配醅加糠的数量比例等要严格控制，并根据原料性质、气候条件进行必要的调整，尽量保证发酵的稳定。

为了减少酒的邪杂味，可将粉碎成 4～6 瓣的高粱粉预先进行清蒸处理，在配料前泼入原料量 18%～20% 的 40℃热水进行润料，也可用适量的冷水拌匀上甑，待圆汽后再蒸 10～20min，立即出甑摊凉，然后配料。这样，可使原料中的杂味预先挥发驱除。

酿造浓香型大曲酒，除了以高粱为主要原料外，也有添加其他的粮谷原料同时发酵。如五粮液和剑南春的原料配比见表6-3。

表6-3 五粮液和剑南春的原料配比   单位:%

原料	高粱	小麦	玉米	糯米	大米
五粮液	36	16	8	18	22
剑南春	40	15	5	20	20

多种原料混合使用，充分利用了各种粮食资源，而且能给微生物提供全面的营养成分，原料中的有用成分经过微生物发酵，产生出多种代谢产物，使酒的香味更为协调丰满。"高粱香、玉米甜、大米净、大麦冲"是人们长期实践的总结。

为了达到以窖养醅和以醅养窖，使每个窖池酒醅的理化特征和微生物区系相对稳定，尽可能采用"原出原入"的操作，从某个窖取出的酒醅，经过配料蒸粮、摊凉加曲后仍返回原窖发酵，这样可使酒的风格保持稳定。

出窖配料后，要进行润料。将所投的原料和酒醅拌匀并堆积1h左右，表面撒上一层糠壳，防止酒精的挥发损失。润料的目的是使生料预先吸收水分和酸度，有利于蒸煮糊化。为了防止酒精和香味物质挥发，要低翻快拌，也不能先把糠壳拌入原料粉中，这样会使粮粉进入糠壳内，影响糊化和发酵。

经试验，润料时间的长短与蒸煮时淀粉糊化率高低有关。例如酒醅含水分60%时，润料40～60min，出甑粮糟糊化率即可达到正常要求。

润料时若发现上排酒醅因发酵不良而保不住水分，可采取以下措施进行弥补:

（1）用黄水润料 当酒醅酸度<2.0时，可缩短滴窖时间，以保持酒醅的含水量，也可将本排黄水20～30kg泼在酒醅上，立即和原料拌匀使它充分吸水。

（2）用酒尾润料 用酒尾若干，泼在已加原料的酒醅上，拌匀堆积，以不见干粮粉为度。

（3）打烟水 蒸完酒，如发现水分仍不足，可在出甑前10min泼上80℃热水若干，翻拌一次，盖上甑盖再蒸一次。在打量水时要扣除这部分水量。

4. 蒸酒蒸粮

"生香靠发酵，提香靠蒸馏"，说明白酒蒸馏相当重要。蒸馏的目的，一方面要使成熟酒醅中的酒精成分、香味物质等挥发、浓缩、提取出来；同时，通过蒸馏把杂质排除出去，得到所需的成品酒。

典型的浓香型大曲酒的蒸馏是采用混蒸混烧，原料的蒸煮和酒的蒸馏在甑内同时进行。一般先蒸面糟、后蒸粮糟。

（1）蒸面糟（回糟） 将蒸馏设备洗刷干净，黄水可倒入底锅与面糟一起蒸馏。甑容积为 1.25m³ 的甑桶，装甑时间控制在 35～40min，边装甑，边进汽，要求轻撒匀铺，见汽撒料，上甑均匀。满甑时，四周醅层略高于中间，防止闪边漏汽，待蒸气升到离甑面 1～2cm 时，盖上云盘（甑盖），安好过汽筒，冷凝接酒。蒸得的黄水丢糟酒，稀释到 20%（体积分数）左右，泼回窖内重新发酵。可以抑制酒醅内生酸细菌的生长，有利于己酸菌的繁殖，达到以酒养窖的目的，并促进醇酸酯化，加强产香。

要分层回酒，控制入窖粮糟的酒度在 2%（体积分数）以内。可在窖底和窖壁多喷洒些稀酒，以利于己酸菌产香。实践证明，回酒发酵还能驱除酒中的窖底泥腥味，使酒质更加纯正，尾子干净。一般经过回酒发酵，可使下一排的酒质明显提高，所以把这一措施称为"回酒升级"。不仅可以用黄水丢糟酒发酵，也可用较好的酒回酒发酵。

蒸面糟后的丢糟，含淀粉在 8% 左右，一般作饲料，也可加入糖化发酵剂再发酵一次，把酒醅用于串香或直接蒸馏，生产普通酒。目前有些酒厂，将丢糟再次发酵，提高蛋白质含量，做成饲料。也有将酒糟除去糠壳，加入其他营养成分，做成配合饲料。

（2）蒸粮糟 蒸完面糟后，再蒸粮糟。要求均匀进汽、缓火蒸馏、低温流酒，使酒醅中 5%（体积分数）左右的酒精成分浓缩到 75%～85%（体积分数）。流酒开始，可单独接取 0.5kg 左右的酒头。酒头中含低沸点物质较多，香浓冲辣，可贮存后用来调香。以后流出的馏分，应分段接取，量质取酒，并分级贮存。

蒸馏时要控制流酒温度，一般应在 25℃ 左右，不超过 30℃。流酒温度过低，会让乙醛等低沸点杂质过多地进入酒内；流酒温度过高，酒精和香气成分的挥发损失增加。

流酒时间 15～20min，断花时应截取酒尾，待油花满面时则断尾，时间需 30～35min。断尾后要加大火力蒸粮，以促进原料淀粉糊化并达到冲酸的目的。蒸粮总时间在 70min 左右，要求原料柔熟不腻，内无生心，外无粘连。

在蒸酒过程中，原料和酒醅都受到灭菌处理，并把粮香也蒸入成品酒内。

（3）蒸红糟 红糟即回糟，指母糟蒸酒后，只加大曲，不加原料，再次入窖发酵，成为下一排的面糟，这一操作称为蒸红糟。用来蒸红糟的酒醅在上甑时，要提前20min左右拌入糠壳，疏松酒醅，并根据酒醅湿度大小调整加糠量。红糟蒸酒后，一般不打量水，只需凉冷加曲，拌匀入窖，成为下排的面糟。

5. 打量水、摊凉、撒曲

（1）打量水　粮糟蒸馏后，立即加入85℃以上的热水，这一操作称为"打量水"，也叫热水泼浆或热浆泼量。量水温度要高，才能使蒸粮过程中未吸足水分的淀粉颗粒进一步吸收水分，达到54％左右的适宜入窖水分。量水温度过低，淀粉颗粒难以将水分吸入内部，使水停留在颗粒表面，容易在入窖后出现淋浆现象，造成上部酒醅干燥，发酵不良，同时淀粉也难以进一步糊化。

量水的用量视季节而定，一般出甑的粮糟含水量在50％左右，打量水后，使入窖水分在53％～55％。依照经验，每100kg粮粉原料，打量水80～90kg，便可达到入窖水分的要求。同时要根据季节、醅次等不同略加调整，夏季可多，冬季可少。窖底大渣层可多点，有利于酒醅中的养料被水分溶解渗入窖底、窖壁，使窖泥中的产香细菌得以强化，也可增强窖底的密闭程度，便于厌氧细菌发挥作用。若量水用量不足，会引起发酵不良；但用量过大，也会造成酒味淡薄，酒精成分损失过多。

打量水的方法不尽相同，有的打平水，即同一个窖中各层粮糟加水量相同，也有打梯度水的，即上层加水多，下层加水少，防止产生淋浆。打量水要求泼洒均匀，不能冲在一处，并将回酒发酵的稀酒液量从量水中予以扣除。

泼量水后，粮糟温度仍高达87～91℃，最好能有一定的堆积时间，让淀粉继续吸水糊化，经试验，堆积20min，可使蒸粮50min的粮糟淀粉糊化率达到蒸粮70min的同等程度。

（2）摊凉　摊凉也称扬冷。使出甑的粮糟迅速降低品温，挥发部分酸分和表面的水分，吸入新鲜空气，为入窖发酵创造条件。传统的摊凉操作是将打完量水的糟子撒在晾堂上，散匀铺平，厚3～4cm，进行人工翻拌，吹风冷却，整个操作要求迅速、细致，尽量避免杂菌污染，防止淀粉老化。一般夏季需要40～60min，冬季20min左右。目前不少厂已改用凉糟床、凉渣机等代替人工翻拌，使摊凉时间大为缩短。

要注意摊凉场地和设备的清洁卫生，否则各种微生物都能很快生长繁殖，尤其夏季气温高时，乳酸菌等更易感染，影响正常的发酵。

（3）撒曲　扬冷后的粮糟应加入原料量18％～20％的大曲粉，红糟因未加新料，用曲量可减少1/3～1/2，同时要根据季节而调整用量，用曲量一般夏季少而冬季多。用曲太少,造成发酵困难,而用曲过多,糖化发酵加快,升温太猛,容易生酸,同样抑制发酵,并使酒的口味变粗带苦。

撒曲温度要略高于入窖温度,冬季高出 3～4℃,其他季节与入窖温度持平。撒曲后要翻拌均匀,才能入窖发酵。

6. 入窖

粮糟入窖前,先在窖底撒上 1～1.5kg 大曲粉,以促进生香。第一甑料入窖品温可以略高,每入完一甑料,就要踩紧踩平,造成厌氧条件,粮糟入窖完毕,撒上一层糠壳,再入面糟,扒平踩紧,即可封窖发酵。入窖时,注意窖内粮糟不得高出地面,加入面糟后,也不得高出地面 50cm 以上,并要严格控制入窖条件,包括入窖温度、酸度、水分和淀粉浓度,浓香型大曲酒酒醅的入窖条件见表 6-4。

表 6-4　浓香型大曲酒酒醅入窖条件

入窖条件	冬季	夏季	平季
入窖温度/℃	16～17(南方),18～20(北方)	能低则低	13～14
入窖酸度	1.3～1.7	<2.0	1.7～1.9
入窖淀粉/%	17～18	14～15	15～16
入窖水分/%	53～55	54～57	54～56
用曲量/%	20～22	19～20	19～21

(1) 入窖温度　大曲酒生产历来强调"低温入窖"和"定温发酵",强调低温入窖是为了保证酒醅在适宜的温度下进行缓慢有规律的发酵,即"前缓、中挺、后缓落",定温发酵是指在适宜的入窖条件下,使窖内酒醅的发酵温度达到一定的数值,即达到酵母菌发酵的最适作用温度范围,使发酵得到较好的结果。

大曲酒发酵时,每消耗 1% 的淀粉,酒醅品温约升高 1.8℃,由于窖池和酒醅散热困难,因此,必须根据季节变化来调整入窖淀粉浓度和入窖温度,尽量做到低温入窖,延缓发酵速度,使酒醅品温不致迅速升高,协调好糖化和发酵速度,维持微生物的酶活性,使边糖化边发酵的作用正常地进行下去。

入窖温度高,糖化发酵迅速,势必造成酒醅升温猛烈,升酸加快。一旦品温超过酵母菌的最适发酵温度(28～32℃),并延长其停留时间,会使酒化酶过早钝化,发酵作用因此而减弱,糖化酶活性增强,酒醅中积累过多的还原糖,给细菌繁殖产酸造成机会,太高的酸度又会进一步抑制酒精发酵,不仅使出酒率下降，而且酒质也将变差。

入窖温度主要受气温高低的制约，但在任何情况下，都应坚持低温入窖的原则。目前，大多数酒厂以地面温度来决定入窖温度。地面温度是指靠近窖池阴凉干燥的地温，它与窖池温度相接近，可作为参考。地温和入窖温度的关系见表 6-5。

表 6-5　地温和入窖温度的关系

地温/℃	4～10	11～15	16～20	21～25	26～30
入窖温度/℃	16～17	18～19	20～22	22～25	26～30

（2）入窖淀粉　淀粉浓度的高低取决于投料量和上排酒醅残余淀粉的多少以及所加填充料的比例。即与粮醅比、粮糠比有关。入窖淀粉浓度应根据季节和原料淀粉的含量来调整，冬季气温低，入窖淀粉浓度可高些，常控制在 17％～18％，夏季气温高，则入窖淀粉浓度应降为 14％～15％。平常季节可控制在 15％～16％。各地的入窖淀粉浓度往往是有所差别的。

入窖淀粉浓度控制适当，可使发酵正常，酒醅的升温、生酸恰到好处，淀粉发酵消耗加快，出、入窖的酒醅含水量差距拉大，酒精分含量高，出酒多且稳定；入窖淀粉浓度偏低，会使发酵升温缓慢，升幅也小，生酸较少，酒醅含酒也低，当排出酒率不会高但下排出酒可能会回升。相反，入窖淀粉浓度太高，当排出酒可能高些，但下排出酒就会降低，处理不好还会引起长期掉排。

（3）入窖酸度　正常的入窖酸度是保证发酵顺利进行的重要条件。酒醅酸度过高，不但出酒率低，影响酒质，严重时还会导致生产掉排。

入窖酸度的高低，取决于配料时的粮醅比和粮糠比以及打量水的多少，尤其是上排出窖酒醅酸度的高低影响最为显著。

浓香型大曲白酒发酵期多数偏长，少则 10 多天，多则 45～50 天以上，发酵期越长，酒醅生酸越多，出窖酸度越高，可达 3.0 左右。通过配料，蒸酒蒸粮，酒醅酸度会明显下降，冬季可使入窖酸度在 1.3 以下，夏季可在 2.0 以下。

正常生产时，一般是根据入窖淀粉浓度、酸度来调整入窖温度的，使三者很好地得以配合，保证发酵正常进行。如果入窖淀粉浓度适当，而酸度偏高，应控制低温入窖，有时当轮产酒可能不高，但连续几轮坚持低温入窖，少则二轮，多则三轮，就能使出酒率逐步回升，恢复正常。如果底醅（母糟）酸度大而黏，又吸不进量水，这时绝不能加大填充料，因为糠壳会增加粮糟的疏松度，加大间隙，微生物进行有氧呼吸，使酒醅发酵时大幅度升温升酸，反而促进酒醅酸度的增高。酸度大的底醅，绝不能再提高入窖温度，否则升酸会更大，甚至变成死醅，发酵困难，升温缓慢，出窖酒醅残余淀粉含量很高，还可能造成酿酒生产大掉排的恶性循环。这时应减少辅料用量，多回底醅，坚持正常的入窖温度或适当降低入窖温度，经过二、三轮生产，出酒率可望恢复正常，待正常后，再逐步恢复正常的配醅用量。

在浓香型大曲白酒生产中，坚持低温入窖是极为重要的，气温转暖，应适当减少原料投入比例；天气转冷，可适当增加原料投入。但不能骤增骤减，要根据季节变化保持配料的相对稳定。入窖温度、酸度和出酒率之间的关系见表6-6。

表6-6 入窖温度、酸度和出酒率之间关系

入窖温度/℃	入窖酸度	出窖酸度	原料出酒率/%
13～15	1.7	2.7	53
16～18	1.8	3.1	50
22～24	2.2	3.3	46
27	2.3	3.5	45

（4）入窖水分 浓香型大曲酒发酵需要有适宜的入窖水分。水分太低，发酵不易进行；水分太高，一旦发酵旺盛（俗称来火），升温迅猛，生酸幅度很大，严重抑制发酵，影响出酒率。还会造成酒醅淋浆、发黏，给蒸馏造成困难，影响流酒，并使酒味寡淡。入窖水分要根据季节变化保持相对稳定，一般夏季高些，冬季低些，常控制在53%～58%。

7. 封窖发酵

粮糟、面糟入窖踩紧后，可在面糟表面覆盖4～6cm厚的封窖泥。封窖泥是用优质黄泥和老的窖皮泥踩柔和熟而成的。将泥抹平、抹光，以后每天清窖一次。因发酵酒醅下沉而使封窖泥出现裂缝，应及时抹严，直到定型不裂为止，再在窖泥上盖一层塑料薄膜，薄膜上覆盖泥沙，以便隔热保温，并防止窖泥干裂。

封窖是为了使酒醅与外界空气隔绝，造成厌氧条件，防止有害微生物的侵入，保证曲酒发酵的正常进行。即使发酵期较长，只要封窖严密，也不会产生酒醅霉烂现象，酒醅酸度也不会很高。但封窖不严，跟窖不及时，若有窖顶漏气，可能会引起酒醅发烧、霉变、生酸，还会使酒带上邪杂味。

如不抹封窖泥而直接覆盖薄膜，虽然也能形成厌氧条件，但往往使酒带上烧臭味，成品酒的己酸乙酯含量偏低，乳酸乙酯含量偏高，酒香气小；所以窖池尽

量采用泥封，窖顶中央应留一吹口，以利于发酵产生的 CO_2 逸出。

8. 发酵管理

浓香型大曲白酒发酵期间，首先要做好清窖，其次要注意发酵酒醅的温度变化情况，要加强对酒醅水分、酸度、酒度、淀粉和糖分的检测，由此分析窖内酒醅发酵进行是否正常，科学地指导生产。

（1）清窖　渣子入窖后半个月之内，应注意清窖，不让窖皮裂缝。如有裂缝应及时抹严，并检查 CO_2 吹口是否畅通。

（2）温度的变化　大曲酒的发酵要求其温度变化有规律地进行，即前缓、中挺、后缓落。在整个发酵期间，温度变化可以分为三个阶段。

① 前发酵期　封窖后 3～4 天，由于酶的作用和微生物的生长繁殖，糖化发酵作用逐步加强，呼吸代谢所放出的热量，促使酒醅品温逐渐升高，并达到最高值，升温时间的长短和粮糟入窖温度的高低、加曲量的多少等因素有关。入窖温度高，到达最高发酵温度所需的时间就短，夏季入窖后一天就能达到最高发酵温度。冬季由于入窖温度低，一般封窖后 8～12 天才升至最高温度。由于入窖温度低，糖化较慢，要 3 天后糖分才达到最高，相应地酵母发酵也慢，母糟升温缓，这就是前缓。这时，最高发酵品温和入窖温度一般相差 14～18℃。

② 发酵稳定期　发酵温度达到最高峰，说明酒醅已进入旺盛的酒精发酵，一般能维持 5～8 天，要求发酵最高温度在 30～33℃的停留时间长些，所谓中挺要挺足，使发酵进行得彻底，酒的产量和质量也高。高温持续一周左右后，会稍微下降，但降幅不大，在 27～28℃。封窖后 20 天之内，旺盛的酒精发酵阶段基本结束，酵母逐渐趋向衰老死亡，细菌和其他微生物数量增加，酒度、酸度和淀粉浓度将逐步趋于平稳。

如入窖酒醅的糖分高或水分大，但酸度一般，会出现中挺时间缩短，后酵过早结束，出窖酒醅糖分、酸度都高的情况。如果入窖温度偏高，升温也快，顶温也高，升温时间和中挺时间都比低温入窖短，蒸出的成品酒香味较好，但不协调，苦味重且欠纯甜感。

如入窖温度低于 13℃，发酵顶温不超过 25℃，只要中挺时间较长，则出酒率不会因此而降低，产的酒甜味突出，绵柔，但香气不足。

③ 缓落阶段　入窖 20 天后，直至出窖为止，品温缓慢下降，这称后缓落。最后品温降至 25～26℃或更低。此阶段内酵母已逐渐失去活力，细菌的作用有所增强。乙醇等醇类和各种酸类在进行缓慢而复杂的酯化作用，酒精含量会稍有下降，酸度会渐渐升高。这是发酵过程的后熟阶段，能生成较多的芳香成分。

通过以上三个阶段的温度变化情况，可以识别在配料、入窖条件等控制方面是否合理，以便在生产中进行适当的调整。

如大曲质量差，清洁卫生条件不好，造成杂菌大量侵入，将酒醅中的糖分或酒精转化为酸，会在发酵过程中出现倒热现象，严重影响酒质。

四、浓香型大曲酒的工艺要点解析

（一）原料、辅料的处理

1. 原料处理

用于酿造浓香型大曲酒的原料主要是高粱，但也有的厂家使用多种谷物原料混合酿酒。高粱分糯高粱和粳高粱，因为糯高粱的支链淀粉含量高，易于糊化，磷含量也高，所以出酒率高且酒质佳，因此糯高粱是最理想的酿酒原料。对原料高粱的质量要求是，颗粒饱满，新鲜，无虫蛀，无霉烂，无异杂味，夹杂物少，干燥，其含水量应低于13%，淀粉含量应在62%以上。

酿造浓香型大曲酒的原料必须粉碎。其目的是使淀粉颗粒暴露出来，扩大蒸煮糊化时淀粉的受热面积，容易煮熟煮透；同时也扩大了与微生物的接触面积，为糖化发酵创造良好条件。由于浓香型大曲酒的发酵周期长，以及采用续糟配料，糟醅经过多次发酵，因此，高粱无须粉碎较细。粉碎后高粱的粒度要求均匀，粒度相差不宜太大。其粉碎程度以每粒高粱破碎成4～6瓣为宜。

2. 辅料处理

酿酒行业所用的辅料主要是填充辅料。糠壳（稻壳）是酿造浓香型大曲酒较好的填充辅料，在酿酒生产上主要起疏松作用。合理使用糠壳能调整淀粉浓度、稀释酸度、促进糟醅升温，还有利于糟醅保持水分、稀释酒精浓度，同时也能提高蒸馏效率。如使用不当，会影响酒的质量和出酒率。因此，对用作填充辅料的糠壳质量要求较高，要求糠壳新鲜洁净，干燥，无霉变，无异味，壳瓣适度，粗细度以4～6瓣为最好，通过20目筛孔的不超过8%，1m³糠壳的质量不大于133kg。

在酿酒生产上使用糠壳时，都要对糠壳进行清蒸。将糠壳置于甑内，加大火力清蒸，时间不少于30min，经过清蒸的糠壳，应摊凉在清洁干净的地面上使其水分、杂味尽量排除。生产上必须使用熟糠，严禁使用生糠。

3. 大曲的粉碎

大曲是酿造大曲酒的糖化发酵剂。在用于酿酒生产前大曲要经过粉碎。大曲的粉碎程度以未通过20目筛孔的粗粉占70%为宜。如果粉碎过细，曲中各种微生物和酶与蒸煮糊化后的淀粉接触面扩大，糖化发酵速度加快，但持续能力减小，没有后劲；若粉碎过粗，接触面减小，微生物和酶没有被充分利用，糖化发酵缓慢，影响出酒率。因此，必须严格控制大曲的粉碎度。

粉碎后用于生产的大曲粉要妥善保管，防止日晒雨淋，也要防潮，否则会霉烂变质，酶活力减弱甚至消失，这都会严重影响酿酒生产，大曲在使用时才粉碎，存放期过长的大曲粉不利于酿酒生产。大曲的贮存期也不宜太久。

（二）工艺参数及其控制原理

在浓香型大曲酒生产中，如粮醅比例、填充料用量、量水用量、入窖温度等，以及糟醅发酵期的长短、酒醅酸度的大小、淀粉含量的多少、水分含量及其变化等，构成了一系列的相关参数。这些生产工艺参数，对白酒的产量、质量有着重要的影响。在实际生产中准确控制工艺参数，无疑对浓香型大曲酒的生产有着十分重要的意义。同时，也可从这些工艺参数中，掌握它的变化规律，进一步推动浓香型大曲酒生产的发展。

1. 配料参数调控

浓香型大曲酒生产采用续糟配料的操作方法，即在发酵好的糟醅中，按比例加入淀粉原料，同时也要按照一定的比例加入清蒸过的填充辅料（糠壳），以上整个操作过程就是配料过程。

在混蒸混烧出甑后，要打入一定数量符合温度要求、清洁干净的水，并加入一定量的糖化发酵剂（大曲粉），这也属于配料范畴。如何准确配料？现分述如下。

（1）投粮量与粮糟比例　每一甑投入的粮食重量与糟醅用量的比例，通常称为粮醅比。投粮量应以甑桶容积的大小来确定。从形态上看，投粮配料后的糟醅应符合"疏松不糙，柔熟不腻"的质量要求，同时使糟醅入窖淀粉能控制在17%～19%的正常范围内。

粮醅比是依据工艺特点、对酒质的要求、发酵期的长短、粮粉的粗细等确定的，一般为1∶（4～5.5）。当然，粮醅比不是一成不变的，还应考虑生产季节、糟醅发酵的情况等因素。

上面所列举的只是在正常生产情况下和酿酒生产旺季时的数据。如果在生产淡季或残余淀粉过高时，则应适当调整粮醅比。

（2）加糠量　浓香型白酒生产上糠壳的使用量大，倘若使用不当，对酒的风格、质量都有较大的影响，糠味是白酒的杂味。故在生产中糠壳用量调整应遵循以下原则。

① 热减冷加的原则：一年中，9～12月糠壳用量为21％～23％（与投粮重量之比，下同）；1～4月为20％～22％；5～7月为17％～20％。热减冷加的原理是：经过热季后，糟醅酸度高，转排生产应加糠稀释酸度，增加疏松度，增强糟醅的"骨力"，以利于入窖糟醅发酵。

② 根据糟醅残余淀粉含量确定用糠量的原则：糟醅所含残余淀粉高，则应多用糠壳；反之，则少用。

③ 根据糟醅含水量确定用糠量的原则：糟醅在发酵过程中，由于多种原因，其含水量的大小是不完全相同的。如果糟醅含水量大（超过62％），则应该多使用糠壳；反之，则少用。

出窖糟含水量通过滴窖后应控制在60％～61％的范围内。水分高出该范围会影响蒸馏效果，不利于酒精的分离与浓缩。如果出窖糟含水量高，要加大用糠量。但长期加大用糠量会造成糟醅粗糙，同时也影响酒质；当糟醅含水量低于60％，甚至更少时，就要减少用糠量。长期减少用糠量，会造成糟醅发腻，这也对发酵生产不利。所以，用糠量不能波动太大，应通过滴窖降水严格控制出窖糟的水分含量。在酿酒生产中严格控制出窖糟醅的水分含量，才能提高糟醅的质量，在工艺操作上应该严格地把好这一关。

④ 根据原料的粉碎度确定用糠量的原则：如果原料粉碎过粗，则少使用糠壳；反之，则多用糠。因此，在生产中要掌握好原料的粉碎度。原料粉碎过粗或过细都会对生产产生不利影响，应该保持稳定。

⑤ 窖底糟多用糠，面糟少用糠的原则：这是因为，窖底糟承受的压力大，尤其是深窖、大窖；窖底糟接触空气稀少，微生物在发酵初期生长繁殖受到影响，故增大一点糠壳用量，使其疏松、透气，有利于微生物的生长繁殖；底部糟醅酸度较高，适量多用糠有利于开窖后滴窖渗出黄水。而面糟在发酵前期、后期都需要保持水分，故用糠量相对较少。

⑥ 根据糟醅酸度确定用糠量的原则：在同一个时期内，酸度大的糟醅要多用糠，酸度小的则少用。一般说来，增加3％的用糠量（与投粮量之比）可降低0.1度的酸度。当糟醅残余淀粉高、酸度又大时，可采用加糠的办法，以达到降酸和稀释淀粉的双重目的。

（3）加水量　酿酒生产是离不开水的。淀粉的糊化、糖化，微生物的生长繁殖、新陈代谢等，都需要一定数量的水。酿酒生产用水有量水、糟醅水、黄水、底锅水、冷却水、加浆水等多种。但"打量水"是影响浓香型大曲酒出酒率和酒质的关键环节之一，其用量需根据具体情况灵活调控。就此处"加水量"而言，主要是讲"量水"。

打量水既可以稀释酸度，又能促使糟醅酸度挥发，还能降低入窖糟醅的淀粉浓度，有利于酵母菌的发酵作用；通过打量水使糟醅含有充足的水分，可供微生物生长、代谢所需，增强糟醅的活力，从而保证发酵的正常进行；糟醅中的水分可吸收大量的热量，从而降低了窖内升温幅度，以利于酿酒微生物在适宜的温度条件下进行发酵。

使用量水应遵循以下原则。

① 冬减热加的原则：冬季因入窖温度低，升温缓慢，最高发酵温度不高，水分挥发量小，水分损失也小，所以冬季使用量水应少一些。而热季生产时，量水用量相对要多一些，冬季量水用量为 60%～80%（新窖除外），热季量水用量为 80%～100%。

② 根据滴窖后糟醅含水量确定量水用量的原则：糟醅含水量小，量水应多用。出窖糟醅水分含量应在 61% 左右，若含水量太高，则属于不正常现象，会影响下一轮发酵，需通过滴窖降水，并适当减少量水的用量；糟醅含水量低的问题，可采取加水润粮的方法来解决，并适当增加量水的用量。

③ 根据酿酒原料的特点确定量水用量的原则：一般地讲，粳高粱用水应稍多一点，糯高粱用水稍少一点。贮藏时间长的原料，多用一些水；贮藏时间短的新鲜原料，则可少用一些水。

④ 根据用糠量确定用水量的原则：糠大水大、糠小水小。在配料中用糠量大时，应增加量水用量；用糠量小时，应减少量水用量。

⑤ 根据糟醅中残余淀粉含量确定量水用量的原则：糟醅含残余淀粉高的，应多用水；反之，则少用水。

⑥ 根据新、老窖池确定量水用量的原则：一般新窖（建窖时间不长的窖池）用水量宜大一些；老窖（十年以上的窖池）用水量宜小一些。另外，窖池容积大的用水量应稍大些；窖池容积小的用水量应稍少些。根据量水的使用的一般原则，正常量水的使用范围是：60%～90%（与投粮之比）；新窖增加 20%～30%。所以，新窖、大窖量水的用量在 80%～100% 范围内，而老窖、小窖用水量为 60%～80%。

⑦ 打"梯梯水"的原则：即工艺操作上窖底糟少用水，窖面糟多用水的原则。打"梯梯水"的理由如下：窖池上半部分糟醅因为蒸馏前在堆槽坝堆放时间长、水分流失多，在发酵过程中受热大，水分挥发失水多，因而糟醅含水分少；

而窖池下部糟醅因为先蒸先入窖，水分流失少，且在发酵过程中因处于窖池下部，水分挥发损失少，故糟醅水分多。因此，打量水时，窖池上半部分糟醅用水多，而下半部分的糟醅用水少。

分配方法一般为：以一个装糟醅 10 甑的窖池为例，将其分为 3 层，下层少打 5% 左右的量水，中层按标准使用量水，上层多打 5% 左右的量水。

（4）加曲量　调整大曲用量的原则：

① 根据入窖温度的高低（或不同季节），确定大曲用量的原则：入窖温度高（热季），用曲量小些；入窖温度低（冬季），可多用些曲。

② 按投粮多少及残余淀粉高低确定用曲量的原则：投粮多，多用曲；投粮少，少用曲。残余淀粉高，多用曲；残余淀粉低，少用曲。

③ 以曲质量的好坏确定用曲量的原则：大曲质量好，可少用曲；大曲质量差，则适当多用曲。

2. 窖池发酵参数调控

糟醅在窖池中进行发酵时，其发酵情况受到多种因素的制约和影响。为了达到"优质、高产、低消耗"的目的，人们在酿酒生产时，要对影响发酵的诸多因素进行严格控制。长期的生产实践与科学研究证明，发酵参数在一定的数值范围内，窖池发酵才是正常的，否则就会影响发酵。本节阐述的窖池发酵参数，主要有入窖温度、入窖淀粉浓度、出窖淀粉浓度、入窖酸度、出窖酸度、入窖水分、出窖水分等。

（1）入窖温度　温度是影响发酵的重要因素。微生物的生长繁殖都需要有一定的温度，在低温下（如 0℃ 左右，或更低一些）酶活力降低，但酶的活力不至于受到破坏，一旦温度升到适宜范围内，就能恢复其原有的催化活力。各种酶促反应有其最适宜的温度范围，在最适温度下，酶促反应速度最快。在酶的最适温度以下，温度每升高 10℃，其反应速度相应地提高 1～2 倍。所以，温度过低，窖池发酵就不能正常进行。但温度过高，也会影响微生物的酶活力，不利于发酵，严重影响产品的质量。由此可以看出温度在酿酒生产中的重要地位。

① "低温入窖，缓慢发酵" 的依据　对入窖温度高低的问题，基本上已达成共识，无论在理论上或生产实践上都认为 "低温入窖，缓慢发酵" 对酿酒生产有利无弊。最佳的入窖温度为 13～17℃，这在理论上和生产实践中都已得到了充分的证明。

从理论上讲，有益微生物（主要是酵母菌）的最适温度是 28～30℃。但在 5℃ 时，也还能生存，并有繁殖能力。在生产中，糟醅在窖内发酵时，正常的升温幅度在 15℃ 左右。如果糟醅入窖温度在 13～17℃ 这个范围内，加上升温幅度 15℃，就达到 28～30℃，这正好是酵母菌发酵的最适温度。发酵初期，窖内糟醅中的营养成分都非常适合酵母菌的生长繁殖与代谢，只是温度较低，因此酵母菌发酵缓慢。随着发酵期的延长，酵母菌的代谢产物逐渐积累，供给其生长繁殖的营养成分也在逐渐减少，使酵母菌的活力受到影响。但随着窖内温度逐渐上升到酵母菌发酵的最适温度时，这又增强并保持了酵母菌的活力，使之在发酵期间一直处于平衡状态，发酵得以缓慢进行，最终使窖内糟醅发酵比较完全。据分析，入窖温度在 13～17℃ 时，酵母菌的总活力最高，它起到了使糟醅的发酵缓慢进行的作用，同时也使发酵比较彻底，在酒醅中生成了大量的乙醇。

从生产实践上讲，13～17℃ 这个入窖温度范围也是正确的。从 20 世纪 50 年代中期白酒行业推广山东烟台试点的"低温发酵，定温蒸烧"的经验来看，全国各白酒生产厂家经过 20 多年的不断试验、总结，都得到了一个同样的结论："低温入窖好"。这个观点，已被白酒生产厂家所公认。

综上所述，入窖温度应控制在 13～17℃ 这个范围内，总的升温幅度在 15℃ 左右，否则可视为不正常。入窖温度受季节影响较大，符合 13～17℃ 的最适入窖温度是在冬天和初春，这是酿酒的最佳季节。8 月份是酷暑盛夏，入窖温度极高，因而多数厂家都停止生产。

② "低温入窖，缓慢发酵"的好处

a. 糟醅入窖后，温度缓慢上升，如在 24h 内，窖内温度可升高 1℃ 左右，总的升温幅度一般在 15℃ 左右。低温入窖可以保持较长的主发酵期，使糟醅发酵完全，出酒率高，酒质好。

b. 可以抑制有害菌的生长繁殖。入窖温度低不适合于有害菌如醋酸菌、乳酸菌等的生长繁殖，这些细菌的耐酸性强，适宜生长繁殖的温度高，最适温度一般为 32～35℃。入窖温度低为有益菌提供了生长繁殖的适宜条件，同时生酸菌的生长受到了阻碍。所以，当窖内温度升高到 32℃ 左右时，生酸菌才开始生长繁殖，此时有益菌已占生长优势，且窖内发酵已基本完成。

c. 升酸幅度小，出窖酒醅质量好。因为入窖温度低，生酸菌的生长繁殖受到阻碍，所以生酸量较少，淀粉、糖分、酒精的损失就会大大减少，这样发酵糟醅正常，母糟质量好，有利于下排生产。

d. 有利于醇甜物质的生成。在窖池内，酵母菌在厌氧条件下进行酒精发酵的同时，能产生以丙三醇为主的多元醇，增强了酒的甜味。多元醇在窖内的生成是极其缓慢的，但在酵母菌生长末期则产生较多。如果入窖温度过高，窖内升温迅猛，酵母菌易早衰甚至死亡，那么醇甜物质的生成量就会减少。正因为醇甜物质生成缓慢，所以一般认为发酵期长有利于醇甜物质的生成，但绝不是越长越好。在一定的发酵周期内，低温入窖、缓慢发酵，酵母菌产生的醇甜物质多一些，酒的质量也要好一些。

酒中的甜味物质除多元醇外，还有 α-联酮、三羟基丁酮、2,3-丁二醇等，它们可以相互转化，在低温缓慢发酵时，有利于这些醇甜物质的生成。

e. 低温入窖，有利于酯类物质的生成。在封窖后 10 天左右，酒精含量增加较大，窖内温度升至最高，且能稳定。此时，窖内大量生酸。窖内有高浓度的酒精和适当的酸，这对酯类物质的生成是很有益处的。

如果入窖温度高，发酵速度就会加快，温度也会迅速上升，酸度也会上升，这样就会造成酒精含量少而酸度大的后果，这对酯类物质的生成极为不利。

另外，从微生物代谢产酯的机理来看，酯的生成受有机酸发酵和酒精发酵的制约。如果两者发酵都不正常，则酯的生成也不正常。

(2) 入窖淀粉浓度

① 控制入窖淀粉含量高低的原则　入窖淀粉，是指在生产中粮糟入窖时的淀粉含量。其调控原则如下。

a. 根据入窖糟醅温度的高低确定投粮量的原则：入窖温度低，入窖糟淀粉含量可略高一点；入窖温度高，入窖糟淀粉含量可略低一点。

b. 根据糟醅中残余淀粉含量确定投粮量的原则：糟醅的残余淀粉高，应减少投粮量；相反，残余淀粉低，应增加投粮量。

c. 根据产品质量的要求确定投粮量的原则：要求产量高，入窖糟醅淀粉含量可略低一点；要求产品质量好，入窖糟醅的淀粉含量可略高一点。

d. 根据大曲中酵母菌发酵能力的强弱确定投粮量的原则：大曲中酵母菌的发酵力强，入窖淀粉含量可略高一点；反之，可略低一点。

根据长期的生产实践及各种生产数据统计，以及现在生产使用的糖化发酵剂（大曲）的发酵能力，正常的入窖淀粉含量及粮醅比参数应为：入窖糟醅的淀粉含量为 17%～19%；正常出窖糟醅的残余淀粉含量为 8%～10%；正常的粮醅比为 1：(4～5.5)。

② 调控入窖淀粉浓度的意义

a. 降低糟醅酸度和水分作用。发酵糟醅中加入原料淀粉后，可降低水分 10% 左右，降低酸度 1/6 左右。如果出窖糟醅水分含量为 60%。加入粮粉与糟醅拌和后，其水分只有 50%；如果出窖糟醅的酸度为 3.3，加入粮粉拌和后，其酸度只有 2.75。

b. 提供发酵转化时所需要的温度（这是促使糟醅在窖内升温的主要来源）和微生物所需的营养成分。在正常的厌氧发酵条件下，每消耗 1％的淀粉，可使糟醅升温 1.2～1.6℃。

c. 为糟醅中的微生物提供养分，促进糟醅中微生物的正常新陈代谢。

糟醅中的酵母菌能在不同的温度和酸度条件下，将糟醅中的一部分淀粉发酵生成酒精。从实践经验中得出，入窖温度在 20℃以下、入窖酸度在 1.5～1.7 时，酵母菌通过酒精发酵能将糟醅的淀粉含量降低 9 个百分点。当入窖温度在 25℃以上、入窖酸度在 1.9 时，酵母菌通过酒精发酵只能将糟醅中的淀粉含量降低 7 个百分点。所以，在旺季生产时，一般都把入窖淀粉控制在 17％～19％，而在热季生产时都把入窖淀粉含量控制在 15％～16％，就是这个道理。如果投入淀粉原料太多，则造成入窖淀粉含量太高，酿酒微生物利用不完，出窖酒醅的残糖与残余淀粉含量就会很高，最终造成浪费。再加上工艺操作不当，还会给有害微生物提供大量的营养成分，使之在糟醅中滋生繁殖，严重阻碍发酵，造成严重后果。如果投入的原料淀粉太少，入窖糟醅淀粉含量太低，则不能充分满足酿酒微生物的需要，使出酒率下降，同时也会影响酒的质量。因此，必须有一个比较科学的、且符合生产实际的入窖淀粉浓度。

③ 调控入窖淀粉浓度的方法　糟醅中所含的淀粉来源于酿酒原料和酒曲。入窖淀粉浓度主要通过调整粮醅比例来实现。粮醅比例小，入窖糟醅中含淀粉量多；粮醅比例大，入窖糟醅中含淀粉量少。另外，糟醅发酵正常，产酒多，糟醅中所含残余淀粉就少；反之，发酵不正常，产酒少，出窖糟醅所含残余淀粉就多。在糟醅中还有占淀粉总量 7％左右、不能被微生物发酵而生成酒精的"虚假淀粉"，如半纤维素、纤维素等。

粮醅比由糟醅残余淀粉含量决定，每批次投粮量的多少则与甑桶的容积有关。例如，在残余淀粉含量确定的情况下，若甑桶容积为 1.3m³ 左右，能装 600kg 左右的糟醅。假定高粱原料的淀粉含量为 60％，则每增加 10kg 淀粉原料，就可提高 1％的糟醅淀粉含量。

在正常的发酵中，每消耗 1％糟醅淀粉含量，50kg 发酵糟醅可产酒精浓度为 60％（体积分数）的白酒 0.5kg，消耗 9％的淀粉，就可产酒精浓度为 60％（体积分数）的白酒 4.5kg，所以，根据每甑糟醅量和消耗淀粉的百分率，就可以计算出应产酒的量。

（3）水分　这里讲的"水分"是指"入窖水分"和"出窖水分"。

① 入窖水分的控制　糟醅在发酵过程中通过打量水控制入窖水分。一个窖池该用多少量水，这是根据出窖糟醅的水分含量来确定的。当然，使用量水多少，也还要遵循其他的原则，这在前面已讲到。

打量水后，糟醅经过摊凉下曲，装入窖池，这时糟醅的正常入窖水分应该为 55% 左右。量水的用量是依据原料投入量来计算的。根据生产实践，每打入原料投入量 100% 的量水，即可获得入窖水分 6%；经过蒸煮糊化后的糟醅含水量为 50%，入窖糟醅水分按 55% 计，量水用量的计算方法是：

已知打入投料量 100% 的量水可以增加入窖水分 6%，打量水前糟醅水分为 50%，入窖水分为 55%，假设入窖水分增加 5%，需打入投料量 X 的量水，则

$$\frac{5\%}{6\%}=\frac{X}{100\%}$$

$$X=（5\%\times100\%）/6\%=83\%$$

可见，在酿酒生产上，在正常的情况下，量水用量控制在投料量的 80%～90% 这个范围内，才能保证入窖水分在 55% 左右这一正常范围。

② 发酵过程中糟醅水分变化规律与出窖水分控制　糟醅打量水、摊凉、下曲、入窖后，进行密封发酵，在发酵过程中产生了大量的黄水（黄水不完全是水，还有酸、醇等物质）。到开窖取糟醅时，糟醅所含的水分即为通常讲的"出窖水分"。生产实践证明，出窖糟醅所含水分保持在 60%～62% 为宜。实际上，此时出窖糟醅的水分含量，远远大于 60%～62%，一般都在 64%～65%。因此，过量的水分在工艺操作上，是通过挖黄水坑、滴窖、舀黄水来减少的。

③ 糟醅中水分对发酵的影响　糟醅出入窖池的正常水分含量如下：开窖时，糟醅含水量为 64%～65%，通过滴窖再取出糟醅，此时水分含量为 62% 左右，经拌料、上甑、蒸煮、出甑，水分为 50%。打入量水后，含水量为 55% 左右。从密封发酵到开窖，出窖水分为 64% 左右。

糟醅中含水量或大或小，均会影响生产。如果含水量偏少，生产上就会出现诸如糟醅入窖后升温迅猛，糟醅发酵不完全，糟醅显干，黄水少，易"倒烧"，润粮不透，影响原料糊化等现象；水分含量少还会严重影响微生物的正常代谢活动。同样，糟醅水分含量过大，生产上就会出现糟醅发酵升温缓慢、发酵期长、微生物繁殖快、生酸量大、产出的酒酒味淡薄、香味不足等现象。因此，在生产上必须要准确掌握好入窖水分与出窖水分，这样才有利于酿酒生产。

（4）酸度　酸是形成浓香型白酒香味成分的前体物质，是各种酯类的主要组成部分，酸本身也是酒的主要呈味物质。所以糟醅酸度不够时，所产酒香不浓，

味单调；但酸度过高又会抑制有益微生物（主要为酵母菌）的生长繁殖，导致不产酒或少产酒。因此，我们必须正确地认识酸在酿造浓香型白酒中正反两个方面的作用，从而有效地利用它，使白酒生产正常进行。

① 酸在酿造浓香型白酒中的作用

a. 酸有利于淀粉的糊化和糖化作用。酸具有把淀粉、纤维素等水解成糖（葡萄糖）的能力。

b. 糟醅中适当的酸，可以抑制部分有害杂菌的生长繁殖产酸，而不影响酵母菌的发酵能力，叫做"以酸防酸"。

c. 为微生物提供营养和生成酒中的香味物质。

d. 酯化作用。酸是酯的前体物质，没有酸就不能生成酯，有什么样的酸才能有什么样的酯，所以酒中酯的来源离不开酸。酯和酸构成了浓香型白酒的主要香和味。

② 糟醅的适宜酸度范围

a. 浓香型大曲酒发酵周期多数偏长，发酵期越长，酒醅生酸越多，出窖酸度就越高，可达 3.0 以上。出窖糟醅的适宜酸度范围为 2.8～3.8。

b. 通过配料和蒸酒蒸粮、打量水等操作，糟醅酸度会明显下降。入窖糟醅的适宜酸度范围为 1.4～2.0。入窖酸度应随季节变化和入窖温度变化而进行适当调整，一般冬季低夏季高。入窖温度、出（入）窖酸度和出酒率之间有一定关系。数据见表 6-7 所示。

表 6-7　入窖温度、出（入）窖酸度和出酒率耗关系

入窖温度/℃	入窖酸度	出窖酸度	原料出酒率%
13～14.5	1.7	2.7	53
16.5～17.5	1.8	3.1	50
22.5～23.5	2.2	3.3	46.2
27	2.3	3.5	45.1

可见，由于酵母菌具有一定的耐酸能力，而且在发酵过程中还要生酸，所以入窖酸度不宜过大。糟醅出入窖酸度在适宜范围内并控制在较低水平有利于产酒，但还需同时兼顾入窖水分和入窖淀粉浓度等参数，投粮量也不宜骤然大幅度增减。

③ 掌握适宜酸度范围的原则

a. 根据入窖糟醅的温度确定入窖酸度。糟醅入窖温度高，酸度可适当高些，

以达到以酸防酸，防止杂菌繁殖的目的；相反，糟醅入窖温度低时，酸度宜适当低些。

b. 根据对产品产量、质量的要求确定入窖酸度。要求产量高（出酒率高），入窖糟醅酸度应适当低些；要求产品质量好，入窖糟醅酸度应适当高些。

c. 根据入窖淀粉含量确定入窖酸度。入窖糟醅淀粉含量高，酸度宜适当低些；入窖糟醅淀粉含量低时，酸度可适当高些。

d. 根据发酵周期长短确定入窖糟醅酸度的原则。发酵周期长的，入窖糟醅酸度可高些；发酵周期短的，入窖糟醅酸度可低些。

④ 生产过程中糟醅酸度的变化情况　发酵周期为 45～60 天的浓香型大曲酒，发酵过程中的升酸幅度通常应在 1.5 左右为好。从出窖到入窖，糟醅降酸幅度在 1.5 左右。通过滴窖，减少糟醅中的黄水，可降酸度 0.2 左右；通过加粮加糠拌和后（糟醅比 1∶4.5 左右；糠粮比 1∶5 左右）可降酸度 0.6 左右；通过酒的蒸馏可降酸度 0.7 左右，约每蒸馏出 3.75kg 原度酒可降低出甑酒醅的酸度 0.1 左右（包括应流出的酒尾在内）。

⑤ 糟醅升酸的原因

a. 糠壳用量多，糟醅粗糙，发酵升温高，窖内空气多，致使升酸幅度大。

b. 量水温度过低，量水温度不足 80℃，水分大部分附着于糟醅表面，易被杂菌利用而生长繁殖产酸。

c. 清洁卫生差，糟醅污染杂菌而升酸幅度大。

d. 入窖温度高或入窖水分过大，杂菌易于生长繁殖，产酸多。

e. 入窖糟醅酸度过低。在春季，入窖糟醅酸度在 1.5 以下，抑制不了杂菌的生长繁殖，易造成升酸幅度大。在冬季，入窖糟醅酸度不能低于 1.0，否则也会引起升酸幅度大。

f. 窖池管理不善，窖皮裂口，空气侵入，引起酵母菌和好气性杂菌大量生长繁殖，导致酸度和温度升高。

g. 发酵周期长，杂菌生长繁殖的时间长，所以酸度升幅大。

⑥ 酸度过大的危害

a. 影响出酒率　入窖酸度高，有益菌（主要是酵母菌）不能很好地生长繁殖，活力下降，开始钝化，呈被抑制状态，发酵作用就不能正常进行，糖分就变不成酒精和 CO_2，出现粮耗高，酒质差或不出酒的现象。

b. 造成糖分和淀粉浪费　入窖糟醅酸度大，酵母菌的发酵能力减小，但糖化作用反而增强，糟醅中的糖分大量增加，酵母菌又不能利用，给有害杂菌（如耐酸的醋酸菌）提供了丰富的营养。致使发酵后期杂菌增多，酸度增高，造成糖分和淀粉的浪费。

c. 酸度大对生产设备的腐蚀性强　如对底锅、冷却器等的腐蚀大，这样不但缩短了这些设备的使用期限，更严重的是影响酒的质量。如酒中产生黑色的硫化物沉淀和硫化氢的臭味，以及铅和重金属含量的增大，都是酸对设备腐蚀的结果，使酒质不纯，还可能导致卫生指标不合格。

⑦ 调（降）酸措施

a. 细致操作，搞好清洁卫生　采用石灰水中和或用石灰水刷洗堆糟坝、工具的方法，杀灭部分杂菌，达到降酸和控酸的目的。

b. 调整投粮量　在淡季采取减粮措施，可以降低升酸幅度。在进入旺季的一轮，则采取加粮措施，以稀释糟醅酸度，从而降低入窖酸度，以保证转排快，产品产量高，质量好。

c. 低温入窖是降酸的主要措施。

d. 加生香酵母菌液　在入窖时或发酵中期加入生香酵母菌液，可抑制糟醅升酸。这样升酸幅度在 1.0 以内，对质量也有一定的好处。

e. 抽底降酸、滴窖降酸　在淡季（热季）糟醅酸度高时，可采取红糟打底的办法，加强滴窖勤舀黄水，减少糟醅含水量，从而降低糟醅酸度。控制适当的发酵期是稳定酸度的有效措施。缩短发酵周期可以降低糟醅酸度；相反，延长发酵周期则可以提高糟醅酸度。

f. 串香降酸　在蒸馏时（或在摘酒后），在底锅中加入一般曲酒，通过串蒸降低糟醅的酸度。

g. 加强窖池的管理，防止窖皮泥裂口、杂菌污染糟醅，保证糟醅酸度的稳定。

h. 双轮底糟的降酸　双轮底糟分多甑（层）入窖（采用稀释的方法），以降低双轮底糟的酸度，使双轮底糟能继续使用。这对提高糟醅风格有很大作用，尤其在新窖的入窖糟醅采用这种方法，效果更为显著。

i. 酸度过低的升酸方法　糟醅酸度低时，可加黄水（最好用老窖黄水或优质黄水），或加酯化液以提高糟醅酸度，达到以酸控酸的目的。在发酵中期（入窖后 20 天左右），采取回灌老窖黄水，人为地提高糟醅酸度，防止有害杂菌的生长繁殖，减小升酸幅度，减少糖分、淀粉和酒精的损耗，并有利于酯化反应，对提高产品产量和质量均有一定的作用。

⑧ 生产中酸度过高或过低对发酵的影响

a. 入窖糟醅酸度过高，在窖内不升温，不"来吹"。15 天左右开窖，取出窖内糟醅化验分析，发现糟醅硬，淀粉含量很低，黄水味甜糖分高。这种窖如按正常周期发酵，则会出现糟醅残糖高、产品质量差，产量低的后果。这种情况应提前开窖，根据糟醅残余淀粉量，采取减少投粮量的办法，使糟醅酸度转入正常范围后重新发酵，以挽回损失。

b. 出窖糟醅酸度大　因发酵时间太长等原因引起的出窖糟醅酸度大，从出窖糟醅和黄水等化验结果，看不出什么问题，酒的产量和质量都不错，尤以质量为好。但若不注意解决糟醅的酸度已经升高的问题，则下排入窖就会出现入窖酸度高所产生的弊病和危害。

c. 入窖酸度（或糟醅酸度）低，产量虽高，但质量差。

（5）入窖条件相互之间的关系　所谓"入窖条件"，是指在浓香型大曲酒生产过程中，入窖糟醅的与糖化发酵密切相关的物理化学指标及一些环境因素。这些条件对酒质的优劣和出酒率有着重要的影响，因此正确掌握这些入窖条件的变化规律及其对糖化发酵的影响规律是十分必要的。入窖条件包含糠壳用量、水分、温度、淀粉浓度、酸度、大曲用量等。由于受生产季节影响，入窖温度会随季节气温变化而被动调整，由于温度直接影响窖池内微生物的代谢活动，因此，其他与微生物代谢活动关系密切的入窖条件也会因此而做出相应的调整。现就入窖条件相互之间的关系阐述于后。

① 入窖温度与入窖淀粉浓度的关系　入窖温度低时，入窖淀粉浓度宜高；入窖温度高时，入窖淀粉浓度宜低。这是因为淀粉在发酵过程中要产生大量的热量。入窖温度低，淀粉浓度大，则在发酵过程中产生的大量热量使窖内升温幅度大，发酵温度最终能达到 32℃ 左右，即达到酵母菌生长繁殖的最适温度，使糟醅发酵正常；反之，入窖温度高时，减少淀粉含量，产生的热量也会相应少一些，同样也可使糟醅发酵正常。

② 入窖温度与入窖水分的关系　入窖温度随季节不同而不同，最佳的入窖温度是 13~17℃，在酿酒生产中夏秋两季，入窖糟醅的温度难以降到最佳入窖温度（13~17℃）。当温度高时，水分也要相应高一点；反之，当温度低时，水分也要相应低一点。这无论是在理论上，还是生产实践中都得到了充分的验证。

③ 入窖温度与入窖酸度的关系　入窖温度高、入窖酸度高，入窖温度低、入窖酸度低，这是一个重要的关系。温度高时，糟醅发酵迅猛，入窖酸度高可以达到以酸防酸，减缓发酵速度的目的。入窖温度低，发酵进行缓慢，入窖酸度低有利于酵母菌的酒精发酵。现在许多厂家在炎热夏季停产，也就是这个原因。

④ 入窖温度与大曲用量的关系　入窖温度高时，大曲用量应少一些。如果

入窖温度高，而大曲用量又大，则会造成升温快，生酸快，发酵期缩短，糟醅发酵不完全，产出的酒数量少，质量差。因此，在生产上都是在入窖温度低时，多用一些大曲，而入窖温度高时，则少用一些大曲。

⑤ 入窖温度与糠壳用量的关系　糠壳在酿酒生产上起填充作用，因它具有的填充性、疏松性、透气性，能促进窖内糟醅升温。因此，在入窖温度高时，应减少糠壳用量；反之，当入窖温度低时，则增加糠壳用量。

⑥ 入窖淀粉浓度与入窖水分的关系　在理论上，当淀粉浓度高时，则应多用一些水，这才有利于淀粉的糊化、糖化。然而，在实际的酿酒生产中，淀粉与水分则是反比关系。热季生产时，水用量大，淀粉用量减小；冬季生产时，水用量减小，淀粉用量增大。这是由于温度在起支配作用，其他的入窖条件都受着温度的制约和影响。

⑦ 入窖淀粉浓度与糠壳用量的关系　糠壳具有调节淀粉浓度的作用，当淀粉浓度高时，糠壳用量也应增加。如果淀粉浓度高而糠壳用量少，导致糟醅密度大、不疏松，就会造成糟醅发腻，发酵不完全。

⑧ 入窖酸度与入窖水分的关系　理论上，水分能稀释酸度，当糟醅酸度大时，用水量也应大；反之，酸度小时，用水量也应减小。但在实际生产中，如果酸度过高而影响生产时，并不仅仅采取加大用水量的方法来解决酸度高的问题。由于淀粉糊化时吸收的水分是有限的，一味加大用水量，只能增加糟醅的表面水分，糟醅表面水分过多，有利于杂菌繁殖，易污染糟醅，反而对生产不利。所以，以水调酸，只能在满足入窖水分要求的前提下进行，同时应结合滴窖、配醅、加糠、蒸煮冲酸等方法进行综合调控。

⑨ 入窖酸度与糠壳用量的关系　糠壳可以稀释酸度，当糟醅酸度大时，宜多用一点糠壳来降低酸度。但由于受入窖温度的制约，在酿酒生产上，冬季生产时，酸度低而多用糠壳；夏季生产时，酸度高反而少用糠壳。

第三节　清香型大曲白酒的生产

清香型（汾香型）大曲白酒以山西汾酒、汾阳王酒、浙江同山烧、河南宝丰酒、青稞酒、河南龙兴酒、厦门高粱酒等为代表。清香型白酒可以概括为："清、正、甜、净、长"五个字，清字当头，净字到底。它清香醇厚、绵柔回甜、尾净爽口、回味悠长。清香型大曲白酒的主体香气成分是乙酸乙酯和乳酸乙酯。

一、清香型大曲白酒生产工艺的特点

清香型大曲白酒的生产，主要采用清蒸清渣二次清工艺，个别也有采用清蒸

续渣的。汾酒是典型的代表，采用清蒸清渣二次清工艺。

① 在整个生产中突出一个"清"字，原、辅料单独清蒸，尽量驱除杂味，避免带入酒中；清渣发酵，不配酒醅或酒糟；发酵成熟的酒醅单独蒸酒，保证酒质纯净；各项操作注意清洁卫生，减少杂菌污染；强调低温发酵，确保酒味纯净。

② 所用的大曲是专门用来酿制清香型大曲白酒的中温大曲（也称为低温大曲），它以大麦、豌豆为原料，制曲最高品温不超过 48℃，成品大曲具有较高的糖化力、发酵力和优雅的清香味。

③ 使用地缸发酵，石板封口，也有采用陶瓷砖窖或水泥窖的，但水泥窖壁必须抹光并上蜡。场地、晾堂使用砖或水泥铺设，便于清洗，保证酒的口味干净。

④ 原料进行纯粮发酵，两次发酵后就作为丢糟排除，使酒气清香，不致夹带杂味。

二、清香型大曲白酒的生产工艺

清香型大曲白酒的清蒸清渣二次清、地缸固态发酵法，是先将高粱、辅料单独清蒸处理，再把蒸熟、摊凉后的高粱渣加入大曲粉，拌匀后再埋入土中的陶瓷缸中进行发酵，28 天后取出酒醅蒸馏。蒸酒后酒糟不添加新料，只加曲粉，发酵 21～28 天以后再第二次蒸酒，第二次蒸酒后的酒糟就直接丢弃，将两次蒸得的酒勾兑成清香型大曲白酒成品。

（一）清蒸清渣二次清工艺流程（以汾酒为例）

汾酒的生产工艺流程如图 6-3 所示。

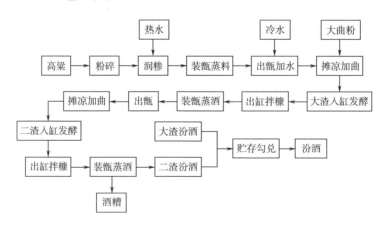

图 6-3　汾酒生产工艺流程图

（二）工艺流程说明

1. 原料粉碎

原料主要是高粱和大曲。传统使用晋中平原的"一把抓"高粱，要求籽粒饱满，皮薄壳少。壳过多，应进行清选，否则会造成酒质苦涩。新收获的高粱要先贮存 3 个月以上方可投产使用。

高粱通过辊式粉碎机破碎后方能用于酿酒。高粱粉碎有利于蒸煮糊化和微生物酶的作用。由于发酵周期较长，酒醅的淀粉浓度又高，粉碎过细会造成发酵升温过猛、酒醅发黏，容易污染杂菌，一般要求每粒高粱破碎成 4～8 瓣即可，其中能通过 1.2mm 筛孔的细粉占 25％～35％，粗粉占 65％～75％。整粒高粱不超过 0.3％。同时要根据气候变化调节高粱粉碎细度，冬季稍细，夏季稍粗，以利于控制发酵升温。

所用的大曲有清茬曲、红心曲、后火曲三种，应按比例混合使用，一般清茬曲、红心曲各占 30％、后火曲占 40％。要注意大曲的液化力、糖化力和发酵力等生化特性，还要注意曲的外观质量，要求清茬曲断面茬口呈青灰色或灰黄色，无其他颜色掺杂在内，气味清香。红心曲断面中间呈一道红，典型的高粱糁红色，无异圈、杂色，具有曲香味。后火曲断面呈灰黄色，有单耳、双耳，红心呈五花茬口，具有曲香或炒豌豆香。

大曲粉碎较粗。大渣发酵用的曲，可粉碎成大的如豌豆、小的如绿豆，能通过 1.2mm 筛孔的细粉不超过 55％；二渣发酵用的大曲粉，要求大的如绿豆，小的如小米，能通过 1.2mm 筛孔的细粉不超过 70％～75％。大曲粉碎细度会影响发酵升温的快慢，粉碎较粗，发酵时升温较慢，有利于进行低温缓慢发酵；粉碎较细，发酵升温较快。大曲粉碎的粗细，也应考虑气候的变化，夏季应粗些，冬季可稍细。

2. 润糁

粉碎后的高粱原料称为红糁。蒸料前要用较高温度的水润料，称为高温润糁。润糁的目的是让原料预先吸收部分水分，利于蒸煮糊化，而原料的吸水量和吸水速率与原料的粉碎度和水温的高低有关。在粉碎细度一定时，原料的吸水能力随着水温的升高而增大。采用较高温度的水来润料可以增加原料的吸水量，使原料在蒸煮时糊化加快；同时使水分能渗透到淀粉颗粒的内部，发酵时，不易淋浆，发酵升温也较缓慢，酒的口味较为绵甜。另外，高温润糁能促进高粱所含的果胶质受热分解形成甲醇，在蒸料时先行排除，降低成品酒中甲醇的含量。高温润糁是提高清香型大曲白酒质量的有效措施。

润糁操作是将粉碎后的红糁加入原料重量 55%～65% 的热水，水温夏季可达 80～90℃，冬季控制在 85～95℃。经多次翻拌，使高粱粉吸水均匀。拌匀后堆积 20～24h。堆积初期，可用麻袋或塑料薄膜覆盖料堆，一方面起保温作用，另一方面可减少水分损失。堆积期间，料堆温度会上升，冬季可高达 42～45℃，夏季可达 47～52℃，每隔 5～6h 翻拌一次，如发现糁皮干燥，可及时补加原料重量 2%～3% 的热水。堆积过程中，侵入原料的野生菌（主要是一些好氧微生物）能进行繁殖发酵，使某些芳香成分和口味物质逐步形成并有所积累，以增进酒的回甜感。

高温润糁操作要求严格，若润糁水温过高，则易使原料结块；若水温过低，则原料入缸后容易发生淋浆。场地卫生状况不佳，润料水温过低，或者不按时快速翻拌，都会在堆积过程中发生酸败变馊。要求操作迅速，快翻快拌，既要把红糁润透，无干糁，又要不淋浆，无疙瘩，无异味，手搓成面而无生心。

3. 蒸料

蒸料也称蒸糁。目的是使原料淀粉颗粒细胞壁受热破裂，淀粉糊化，便于大曲微生物和酶的糖化发酵作用，产酒生香。同时，杀死原料所带的绝大部分微生物，挥发掉原料所带的杂味。

原料采用清蒸。蒸料前，先煮沸底锅水，在甑箅上撒一层糠壳，然后装料上甑，要求见汽撒料，装匀上平。圆汽后，在料面上泼加 60℃ 的热水，称为"加闷头浆"，加水量为原料量的 1.5%～3%。装甑完毕，圆汽后的蒸煮时间需 30～50min，初期品温在 98～99℃，以后加大蒸汽，品温会逐步升高，出甑前可达 105℃ 左右。

红糁经过蒸煮后，要求达到"熟而不粘、内无生心，有高粱香味，无异杂味"。

在蒸料过程中，原料淀粉受热糊化，形成 α-化的三维网状结构。高粱所含的主要糖分蔗糖也受热而转化成还原糖。蛋白质受热变性，部分分解成氨基酸，在蒸煮过程中与糖发生羰基氨基反应，生成氨基糖。单宁也在高温下氧化，都会加深糁的颜色。由果胶质分解产生的甲醇也在蒸料时被排除。

蒸料时，红糁顶部也可覆盖辅料（糠壳），一起清蒸，辅料的清蒸时间不得少于 30min。清蒸后的辅料，应单独存放，尽量当天用完。辅料清蒸后拌入发酵好的酒醅中，起疏松作用，有利于蒸酒。

4. 加水、摊凉、加曲

清蒸后的红糁应趁热出甑并摊成长方形，泼入原料量 30% 左右的冷水（最好为 18～20℃的井水），使原料颗粒分散，进一步吸水。随后翻拌，通风凉渣，一般冬季降温到比入缸温度高 2～3℃即可，其他季节摊凉到与入缸温度一样就可加曲。

下曲温度的高低会影响大曲酒的发酵，加曲温度过低，发酵缓慢；过高，发酵升温过快，酒醅容易生酸，尤其在气温较高的夏天，料温不易下降，翻拌扬凉时间又长，次数过多，杂菌容易污染，在发酵时易于产酸，影响发酵的正常进行。

根据生产经验，加曲温度一般控制如下：

春季 20～22℃，夏季 20～25℃，秋季 23～25℃，冬季 25～28℃。

加曲量的大小，关系到出酒率和质量，应严格控制。用曲过多，既增加成本和粮耗，还会使酒醅发酵升温加快，引起酸败，也会使有害副产物的含量增多，以致使酒味变得粗糙，造成酒质下降。用曲过少，有可能出现发酵困难、迟缓，顶温不足，发酵不彻底，影响出酒率。

大渣的加曲量一般为原料量的 9%～11%，可根据生产季节、发酵周期等加以调节。

5. 大渣入缸发酵

（1）入缸条件的控制　典型的清香型大曲白酒是采用地缸发酵的。地缸为陶缸，埋入地下，缸口与地面相平。渣子入缸前，应先清洗缸和缸盖，并用 0.4% 的花椒水洗刷缸的内壁，使缸内留下一种愉快的香气。

第一次入缸发酵的物料称为大渣。大渣入缸时，主要控制入缸温度和入缸水分，而淀粉浓度和酸度等都是比较稳定的，因为大渣醅子是用纯粮发酵，不配酒糟，其入缸淀粉含量常达 38%左右，但酸度较低，仅为 0.2 左右。这种高淀粉低酸度的条件，酒醅极易酸败，因此，更要坚持低温入缸，缓慢发酵。大渣入缸温度比其他类型的大曲酒要低，常控制在 11～18℃，以保证酿出的酒清香纯正。

入缸温度也应根据气温变化而加以调整，在山西地区，一般 9～10 月份的入缸温度以 11～14℃为宜，11 月份以后 9～12℃为宜；寒冷季节，发酵室温为 2℃左右，地温 6～8℃，入缸温度可提高到 13～15℃；3～4 月份气温和室温均已回升，入缸温度可降到 8～12℃；5～6 月份开始进入热季，入缸温度应尽量降低，最好比自然气温低 1～2℃。

大渣入缸水分以 53%～54%为好，最高不超过 54.5%，水分过少，醅子发干，发酵困难；水分过大，产酒较多，但因材料过湿，难以疏松，影响蒸酒，且酒味显得寡淡。

大渣入缸后，缸顶要用石板盖严，再用清蒸过的小米壳封口，还可用糠壳保温。

清香型大曲白酒的发酵期一般为 21～28 天，个别也有长达 30 天以上的。发酵周期的长短，是与大曲的质量、原料粉碎度等有关，应该通过生产试验确定。发酵时间过短，糖化发酵难以完全，影响出酒，酒质也不够绵软，酒的后味寡淡；发酵时间太长，酒质绵甜，但欠爽净。

（2）发酵过程中主要理化指标的变化　在 28 天的发酵过程中，须隔天检查一次发酵情况。一般在入缸后两周内更要加强检查，发酵良好的酒醅，会出现苹果似的芳香，醅子也会逐渐下沉，下沉愈多，产酒愈好，一般约下沉四分之一的醅层高度。

在 20 多天的发酵过程中，水分会有所增加。入缸水分在 52％左右，随着糖化发酵，到出缸时水分可高达 72％左右。淀粉随着糖化发酵而逐步被消耗，淀粉浓度由 31％以上，下降为 15％左右，尤其以发酵 7 天左右下降最快。由于进行边糖化边发酵，还原糖量的变化表现不大。酒精分随着发酵的进行而逐步升高，入缸发酵 15 天左右酒精度达到最高，此后，可能由于酯化作用及挥发损失，酒醅的酒精含量有所下降。大渣入缸时的酸度仅为 0.2 左右，由于发酵代谢和细菌产酸，会逐渐升高，到发酵终了，酸度升到 2.2 左右，增加 10 倍以上。发酵温度虽然开始时较低，由于发酵产热，当发酵到 7～8 天时，醅温可高达 30℃左右，后期发酵变弱，醅温逐渐下降，到出缸时，醅温降到 24℃左右。

表 6-8 为清香型大曲白酒大渣在 21 天发酵过程中的主要理化指标的变化情况，可作为参考。

表 6-8　汾酒大渣发酵变化

天数/天	温度/%	水分/%	淀粉/%	糖分/%	酸度	酒精/%（体积分数）
0	16	52	31	0.73	0.221	/
1	18	54	30.5	1.91	0.246	1.0
3	24	56	28.6	2.50	0.615	1.9
5	27.5	60.5	24.3	1.67	0.926	4.1
7	29	65.6	21.8	1.34	1.53	8.4
9	29	67.6	20.2	1.07	1.68	9.2
11	28	68	19.4	0.98	1.72	10.7

天数/天	温度/%	水分/%	淀粉/%	糖分/%	酸度	酒精/%（体积分数）
13	27.5	70	17.3	0.95	1.74	12
15	27	71.2	16.8	0.85	1.76	11.9
17	26.5	72	15.2	0.93	1.82	11.8
19	26	72	15	0.90	1.97	11.7
21	24	72.2	14.8	0.83	2.20	11.4

（3）大渣发酵过程中的温度变化规律　汾酒大渣在边糖化边发酵的过程中，应着重控制发酵温度的变化，使之符合前缓、中挺、后缓落的规律。

① 前缓　要根据季节气温的变化，掌握好入缸温度，防止前期升温过猛，生酸过多。但也不是前期升温越慢越好，升温过慢，不能适时顶火，说明入缸温度控制过低，醅子过凉，难以进行糖化发酵。适时顶火，即入缸后 6～7 天能达到最高发酵温度，季节不同，时间也会有所差别，热季需要 5～6 天，冬季需要 9～10 天。如发现升温过于缓慢，不能适时顶火，应加强保温。但升温过快，提前顶火，甚至品温超过规定的顶火温度，容易造成酒醅大量生酸，不但减少大渣产酒，还可能影响二渣发酵，此时应设法降温并调整入缸温度。当品温逐步达到 25～30℃时，微生物生长繁殖加快，糖化加剧，淀粉含量明显下降，还原糖含量增加，酒精开始生成，酸度以每天 0.05～0.1 的速度递增。一般入缸 3～4 天，酒醅出现甜味，若 7 天后甜味不退，说明入缸温度偏低，酵母难以繁殖，只进行糖化，而不进行发酵。酒醅口味若由甜变为微苦，最后呈苦涩味，这是发酵良好的标志，如酒醅色泽发暗，呈紫红色，发硬发糊都属于发酵不正常的现象。

② 中挺　指酒醅发酵到达顶火温度，能保持一段时间，一般要求在 3 天左右，这样可使发酵较为完全。中挺时酒醅温度不再升高，但也不能迅速下降。要求达到适温顶火，大渣为 28～32℃，平常季节一般不应超过 32℃，冬季为 26～27℃最好。整个主发酵阶段是曲酒发酵的旺盛时期，从入缸后第 7～8 天延续至第 17～18 天，在这 10 天左右的时间内，微生物的生长繁殖和发酵作用均极为旺盛，淀粉含量下降较快，酒精含量明显上升，80% 左右的酒在该阶段生成，最高酒度可达 12%（体积分数）左右。酵母菌的旺盛发酵会抑制产酸菌的活动，所以主发酵阶段醅子酸度增加缓慢，这时期要求温度挺足，保持一定的高温时间，品温过早过快地下降，发酵不完全，出酒率低而且酒质差。但中挺时间也不宜过

长，否则醅子酸度偏高，同样会影响大渣产酒和二渣发酵。

③ 后缓落　指主发酵阶段结束到出缸前一段时期，即后发酵时期。此时要求酒醅温度缓慢降低，每天醅温下降 0.5℃ 以内为好，整个后酵阶段 11～12 天。在此阶段，糖化发酵变得微弱，主要酯化产香，酸度升高较快，到出缸时醅温降到 23～24℃。

如果品温下降过快，酵母过早停止发酵，将不利于酯化产香；如品温不能及时下降，则酒精挥发损失，有害杂菌也会继续繁殖生酸，有害副产物将会增多，故后发酵应控制醅温缓慢降落。

要做到前缓、中挺、后缓落，除了严格掌握入缸温度和入缸水分外，还要做好发酵容器的保温和降温。冬季可以在缸盖上加糠壳进行保温，夏季减少保温材料，甚至在地缸周围土地上扎眼灌凉水，使缸中酒醅降温。

6. 出缸、蒸大渣酒

发酵结束，将大渣酒醅挖出，加入投粮量 18%～22% 的糠壳（糠壳要经过清蒸，凉冷），翻拌均匀。由于大渣酒醅黏湿，又采用清蒸操作，除糠壳外不添加新料，故上甑要严格做到"轻、松、薄、匀、缓"，保证酒醅在甑内疏松均匀，不压汽、不跑汽。上甑时可采用"两干一湿"，即铺甑篦时辅料可适当多点，上甑到中间可少用点辅料，上甑快要结束时，又可多用点辅料。也可采用"蒸汽两小一大"，开始装甑时进汽要小，中间因醅子较湿，阻力较大，可适当增大汽量，装甑快结束时，甑内醅子汽路已通，可减少进汽，缓汽蒸酒，避免杂质因大汽蒸馏而进入成品内，影响酒的质量，流酒速度保持在 3～4kg/min。

开始的馏出液为酒头，酒度在 75%（体积分数）以上，含有较多的低沸点物质，口味冲辣，应单独接取存放，可回入醅中重新发酵，摘取量为每甑 1～2kg，酒头摘取要适量，摘取太多，会使酒的口味平淡；摘取太少，会使酒的口味暴辣。酒头以后的馏分为大渣酒，其酸、酯含量都较高，香味浓郁。当馏分酒度低于 48.5%（体积分数）时，开始截取酒尾，酒尾回入下轮复蒸，追尽酒精和高沸点的香味物质。流酒结束，敞口大汽排酸 10min 左右。

蒸出的大渣酒，入库酒度控制在 67%（体积分数）。

7. 二渣发酵

为了充分利用原料中的淀粉，蒸完酒的大渣酒醅需要再发酵一次，叫做二渣发酵。其操作大体上与大渣发酵相似，不加新料，纯糟发酵。发酵完成后，再蒸二渣酒。酒糟作为丢糟（可作为饲料出售）。

大渣酒醅蒸酒结束时，根据醅子的干湿，趁热泼入大渣投料量 2%～4% 的温水（35～40℃）于醅子中，称为"蒙头浆"。随后将醅子出甑，摊凉到 30～38℃，加入投料量 7%～10% 的大曲粉，翻拌均匀。春、秋、冬三季，待品温下到 22～28℃；夏季待品温下到 18～25℃ 时，入缸进行二渣发酵。

二渣发酵主要控制入缸淀粉、酸度、水分、温度四个因素，其中淀粉浓度主要取决于大渣发酵的情况，一般多在 14%～20%。入缸酸度比大渣入缸时高，多在 1.1～1.4，以不超过 1.5 为好。入缸水分通常控制在 60%～62%，其加水量应根据大渣酒醅流酒多少而定，流酒多，底醅酸度不大，可适当多加新水，有利于二渣产酒。加水过多，会造成水分流入缸底，浸泡酒醅，导致醅子过湿发黏，蒸酒时酒尾会拉长，流酒反而减少。

入缸温度应视气候变化、醅子淀粉浓度和酸度不同而灵活掌握，关键要能"适时顶火"和"适温顶火"，二渣发酵醅温变化要求"前紧、中挺、后缓落"。所谓"前紧"，即二渣入缸后四天品温要达到 32～34℃ 的"顶火温度"。二渣发酵不应前缓，尤其酒醅酸度较大时，若前火过缓，则中间主发酵就无力，中挺不能保持。但也不能太紧，如入缸后 2～3 天就达到顶火温度，顶火温度较高，虽然中挺有力，但酒醅极易生酸，同样妨碍酒精发酵。中挺能在顶火温度下保持 2～3 天，就能让酒醅发酵良好。从入缸发酵 7 天后，发酵温度开始缓慢降落，这称为后缓落，直至品温降到发酵结束时的 24～26℃。

由于二渣醅子的淀粉含量比大渣低，糠壳含量大，酒醅比较疏松，入缸时会带入大量空气，对曲酒发酵不利。因此，二渣入缸时必须将醅子适度压紧，并喷洒少量尾酒，进行回缸发酵。二渣的发酵期为 21～28 天。

一般二渣酒醅发酵成熟后的理化成分如表 6-9 所示。

表 6-9　二渣酒醅发酵成熟后的理化成分

项目	水分/%	酒精含量/%（体积分数）	淀粉浓度/%	酸度	还原糖/%
数值	58.5～67.2	5.2～5.8	8.8～11.1	1.9～2.9	0.3～0.4

二渣酒醅发酵过程中的主要成分变化见表 6-10。

表 6-10　二渣发酵酒醅的化学成分变化

天数/天	水分/%	总酸/（mmol/100g）	还原糖/%	淀粉/%	酒精/%（体积分数）	总氮/%
0	60.55	37.5	5.51	37.31	—	2.39
3	62.30	45.6	0.73	26.10	4.41	2.79

续表

天数/天	水分/%	总酸/（mmol/100g）	还原糖/%	淀粉/%	酒精/%（体积分数）	总氮/%
7	63.65	45.0	0.94	22.97	5.02	2.88
14	65.55	61.0	0.38	22.47	5.14	2.94
21	67.50	93.9	0.39	22.18	5.19	—
28	68.45	104.9	—	—	—	—

　　二渣发酵结束后，出缸拌入少量糠壳，即可上甑蒸二渣酒，酒糟作丢糟。如发酵不好，残余淀粉偏高，可进行三渣发酵，或加糖化酶、酵母进行发酵，使残余淀粉得到进一步利用。

　　在整个清渣法发酵中，常强调"养大渣，挤二渣"。所谓"养大渣"是因为大渣发酵是纯粮发酵，入缸淀粉含量高，发酵时极易生酸，所以要想方设法防止酒醅过于生酸。所谓"挤二渣"是因为在"清蒸清渣二次清"工艺中，渣子发酵二次，即为丢糟，为了充分利用原料中的淀粉产酒产香，所以在二渣发酵中应根据大渣醅子的酸度来调整二渣的入缸温度，保证二渣酒醅正常发酵，挤出二渣的酒来。当二渣入缸酸度在 1.6 以上时，酸度每增加 0.1，入缸温度可提高 1.8℃。实践证明，如果大渣酒醅养得好，醅子酸度正常，不但产酒多，二渣发酵产酒也好。如果大渣养不好，有酸败，不但影响大渣产酒，还会影响二渣的正常发酵。

　　在清渣法发酵中，还应对发酵酒醅进行感官检查，从而判断发酵情况如何。一般在入缸发酵的第七天，可揭开缸盖，塑料薄膜上有水珠，表示发酵良好；如无水珠，说明发酵温度偏低。取出酒醅口尝，酸甜适宜，醅子软熟无生饭味，属于发酵正常；如果酸大甜小，可能发酵温度过高。当发酵到 15 天时，口尝酒醅若苦涩微酸、无明显甜味，为发酵正常；如果甜味大酸味小，无苦涩感，可能是发酵温度偏低；若苦涩夹酸，大多是发酵温度过高造成。发酵成熟的大渣酒醅表面应呈暗褐色，中间紫红鲜亮，无刺激性酸味，说明发酵良好；表面出现白色，大多是污染了假丝酵母；酒醅若显甜味，且酸涩味小，多为酒醅发酵温度偏低造成的；醅子酸味大，则为生酸过多而造成的。随着发酵时间的延长，醅子会出现下沉，下沉越多，产酒越多，而且酒质越好。

　　对二渣发酵的检查，可分 2 次进行。发酵 5 天的二渣酒醅颜色应呈黄褐色，闻有酱香，发酵温度在 32℃ 以上，酒精味浓，表示发酵状况良好。如果酒味不浓且热气较大，表示发酵温度过高。对入缸发酵 13 天的酒醅，品温应达 27～

28℃，酒味要浓香，说明发酵状况良好；若酒醅黏湿，酒味欠浓，则表明发酵品温偏低，应加强保温。如果酒醅发湿，颜色发黄，鲜亮，且酸度较大，则表明发酵品温偏高。

为了提高清香型大曲白酒的质量，在发酵中也可采取回醅发酵或回糟发酵，回醅量和回糟量分别为5％，这样可以提高成品酒的总酸、总酯含量，优质品率也可提高25％～40％。

8. 贮存勾兑

蒸馏得到的大渣酒、二渣酒、合格酒和优质酒等，要分别贮存三年，在出厂前进行勾兑，然后灌装出厂。

（三）汾酒酿造七秘诀

汾酒酿造历史悠久，历代的酿酒师傅们通过对积累的操作经验的提炼，总结出汾酒酿造的七条秘诀。

1. 人必得其精

酿酒技师及工人要有熟练的技术，懂得酿造工艺，并精益求精，才能多出酒、出好酒。

2. 水必得其甘

要酿好酒，水质必须洁净。"甘"字也可作"甜水"解释，以区别于咸水。

3. 曲必得其时

指制曲效果与温度、季节的关系，以便使有益微生物充分生长繁殖。即所谓"冷酒热曲"，就是说夏季培养的大曲（伏曲）质量更好。

4. 粮必得其实

原料高粱籽粒饱满，无杂质，淀粉含量高，以保证较高的出酒率。故要求采用粒大而坚实的"一把抓"高粱。

5. 器必得其洁

酿酒全过程必须十分注意清洁卫生工作，以免杂菌及杂味侵入，影响酒的产量和质量。

6. 缸必得其湿

一种解释为：创造良好的发酵环境，以达到出好酒的目的。因此，必须合理控制入缸酒醅的水分及温度。位于上部的酒醅入缸时水分略多些，温度稍低些。因为在发酵过程中水分会下沉，热气会上升。这样掌握，可使缸内酒醅发酵均匀一致。酒醅中水分的多少与发酵速度、品温升降及出酒率有关。另一种解释为若缸的湿度饱和，就不再吸收酒分从而减少酒的损失，同时，缸湿易于控温，并可促进发酵。因此，在汾酒发酵车间内，每年夏天都要在缸旁的土地上扎孔灌水。

7. 火必得其缓

有两层意思：一是指发酵温度的控制，火指温度，也就是说酒醅的发酵温度必须掌握"前缓升、中挺、后缓落"的原则才能酿出好酒；二是指蒸酒宜小火缓慢蒸馏才能提高蒸馏效率，既有质量又有产量，做到丰产丰收。蒸粮则宜均匀上汽，使原料充分糊化，以利于糖化和发酵。上甑要求物料疏松、轻撒匀铺、探汽上料、上汽齐、不压汽、不跑汽，有利于蒸酒和蒸粮。

第四节　酱香型大曲白酒的生产

酱香型（茅香型）大曲白酒以贵州仁怀市茅台酒厂所产的茅台酒为典型代表，四川省古蔺县郎酒厂生产的郎酒（酱香型）也属于这一类型。

茅台酒酒色微黄透明，酒气酱香突出，以低而不淡、香而不艳、优雅细腻、回味悠长、敞杯不饮香气持久不散，空杯留香长久而著称。它与法国科涅克白兰地、英国苏格兰威士忌并列为世界三大名酒。茅台酒的生产，科学而巧妙地利用了当地特有的气候、优良的水质、适宜的土壤，荟萃了我国古代酿酒技术的精华，创造了一整套与国内其他名酒完全不同的生产工艺。高温制曲、两次投料、多次发酵、堆集、回沙、高温流酒、长期贮存、精心勾兑是它生产工艺的主要特点。

茅台酒选用良种小麦来生产高温大曲，以优质高粱酿酒。它的生产十分强调季节，"伏天踩曲""重阳下沙"，即每年农历端午前后开始制曲，重阳前结束。因为这段时间气温高，空气湿度大，空气中的微生物种类、数量多而活跃，能够在制曲过程中把空气中的微生物网罗到曲坯上进行繁殖。另外，酿酒要在重阳（农历九月初九）后开始投料，因为重阳以后，秋高气爽，酒醅下窖温度低，发酵平缓，能保证质量。此外，采用碎石窖、堆集、糙沙、回酒发酵和用曲量大等，都是独有的精湛工艺，对推动我国大曲白酒质量的提高起到了积极的作用。

以茅台酒为例介绍酱香型大曲酒的生产工艺如下。

一、茅台酒的工艺流程

茅台酒的生产工艺流程如图 6-4 所示。

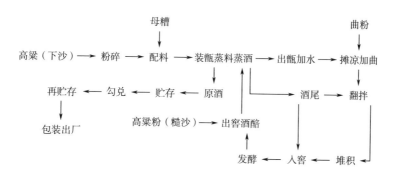

图 6-4　茅台酒生产工艺流程图

二、工艺流程说明

（一）原料粉碎

酱香型白酒生产过程中把高粱原料称为沙。在每年大生产周期中，分两次投料，第一次投料称下沙，第二次投料称糙沙，投料后需经过八次发酵，每次发酵一个月左右，一个大周期为 10 个月左右。由于原料要经过反复发酵，所以原料粉碎得比较粗，要求整粒与碎粒之比，下沙为 80％ 比 20％，糙沙为 70％ 比 30％，下沙和糙沙的投料量分别占投料总量的 50％。

为了保证酒质的纯净，酱香型白酒生产基本上不加辅料，其疏松作用主要靠高粱原料粉碎的粗细来调节。高粱的粉碎度见表 6-11。

表 6-11　茅台酒高粱的粉碎度　　　　　　　　　　单位：％

粉碎度	下沙（生沙）			糙沙		
	夏季	冬季	平均	夏季	冬季	平均
碎粒	20.40	16.20	18.30	34.90	32.88	33.89
整粒	75.40	75.40	75.40	59.12	61.12	60.12
种壳	3.40	8.00	5.70	5.38	5.50	5.44
杂粮	0.80	0.40	0.60	0.60	0.50	0.55

（二）大曲粉碎

酱香型白酒是采用高温大曲作糖化发酵剂，由于高温大曲的糖化发酵力较低，原料粉碎又比较粗，故大曲粉碎得越细越好，有利于糖化发酵、产酒生香。

（三）下沙

酱香型白酒的第一次投料称为下沙。每甑投高粱 350kg，下沙的投料量占总投料量的一半。

1. 泼水堆积

下沙时先将粉碎后的高粱泼上原料量 51%～52% 的 90℃ 以上的热水（称发粮水），泼水时边泼边翻拌，使原料吸水均匀。也可将水分成两次泼入，每泼一次，翻拌三次。注意防止水的流失，以免原料吸水不足。然后加入 5%～7% 的母糟拌匀。母糟是上年最后一轮发酵后不蒸酒的优质酒醅，经测定，其淀粉浓度 11%～14%，糖分 0.7%～2.6%，酸度 3～3.5，酒精含量 4.8%～7%（体积分数）。发水后堆积润料 10h 左右。

2. 蒸粮、打量水

蒸粮又称蒸生沙。先在甑箅上撒上一层糠壳，上甑采用见汽撒料，在 1h 内完成上甑任务，圆汽后蒸料 2～3h，有 70% 左右的原料蒸熟，即可出甑，不应过熟。出甑后再泼上 85℃ 的热水（称量水），量水为原料量的 12%。发粮水和量水的总用量为投料量的 56%～60%。出甑的生沙含水量为 44%～45%，淀粉含量为 38%～39%，酸度为 0.34～0.36。酱香型大曲白酒与其他香型白酒相比，要求轻水分操作。只要原料糖化发酵能顺利进行即可。投粮后，须经 8 轮次发酵，7 次取酒，所以开始并不要求发酵彻底。相反，要给后几轮留有余地。酱香型白酒在操作上切忌贪水，贪水会导致水分过大，窖内酒醅酸度猛增，将会影响后几轮的出酒率和酒质。

3. 摊凉

泼水后的生沙，经摊凉、散冷，并适量补充因蒸发而散失的水分。当品温降低到 32℃ 左右时，加入酒度为 30%（体积分数）的尾酒 7.5kg（为下沙投料量的 2% 左右），拌匀。所加尾酒是由上一年生产的丢糟酒和每甑蒸得的酒头经过稀释而成的。

4. 堆集

当生沙料的品温降到 32℃ 左右时，加入大曲粉，加曲量控制在投料量的 10% 左右。加曲粉时应低撒扬匀。拌和后收堆，品温为 30℃ 左右，堆要圆、匀，冬季堆高，夏季堆矮，堆集时间为 4～5 天，待品温上升到 45～50℃ 时，可用手插入堆内，当取出的酒醅具有香甜酒味时，即可入窖发酵。

晾堂堆集是使大曲微生物进行生长繁殖，并且富集晾堂周围环境中的酿酒微生物，使它们在堆集过程中迅速生长繁殖，逐步进行糖化发酵，为下窖继续糖化发酵做好准备。

5. 入窖发酵

堆集后的生沙酒醅经拌匀，并在翻拌时加入次品酒 2.6% 左右。然后入窖，待发酵窖池加满后，用木板轻轻压平醅面，并撒上一薄层糠壳，最后用泥封窖 4cm 左右，发酵 30～33 天，发酵品温变化在 35～48℃。生沙入窖和出窖条件见表 6-12。

表 6-12 生沙入窖和出窖条件

项目	封窖	开窖
品温/℃	35～38	40
水分/%	42～43	47
淀粉浓度/%	32～33	—
酸度	0.9	2～2.1
酒度/%（体积分数）	1.6～1.7	4～6

（四）糙沙

茅台酒生产的第二次投料称为糙沙。

1. 开窖配料

把发酵成熟的生沙酒醅分次取出，每次挖出半甑左右（300kg 左右），与粉碎、发粮水后的高粱粉拌和，高粱粉原料为 175～187.5kg。其发水操作与生沙相同。

2. 蒸酒蒸粮

将生沙酒醅与糙沙粮粉拌匀，装甑，混蒸。首次蒸得的酒称生沙酒，出酒率较低，而且生涩味重，生沙酒经稀释后全部泼回糙沙的酒醅，重新参与发酵。这一操作称以酒养窖或以酒养醅。混蒸时间需达 4～5h，保证糊化柔熟。

3. 下窖发酵

把蒸熟的料醅扬凉，加曲拌匀，堆集发酵，工艺操作与生沙酒相同，然后入窖发酵。应当说明，酱香型白酒每年只投两次料，即下沙和糙沙各一次，以后六个轮次不再投入新料，只将酒醅反复发酵和蒸酒。

4. 蒸糙沙酒

糙沙酒醅发酵时要注意品温、酸度、酒度的变化情况。发酵一个月后，即可开窖蒸酒。因为窖池容积较大，有 $14m^3$ 和 $25m^3$ 两种，要多次蒸馏才能把窖池内酒醅全部蒸完。为了减少酒分和香味物质的挥发损失，必须随起随蒸，当起到窖内最后一瓶酒醅（也称香醅），应及时准备好需回窖发酵（已完成堆集操作）的酒醅，待最后一甑香醅出窖后，立即将堆集好的酒醅入窖发酵。

蒸酒时应轻撒匀铺，见汽上甑，缓汽蒸馏，量质摘酒，分级存放。茅台酒的流酒温度控制较高，常在 $40℃$ 以上，这也是它"三高"特点之一，即高温制曲、高温堆集、高温流酒。糙沙香醅蒸出的酒称为"糙沙酒"。酒质甜味好，但冲、生涩、酸味重，它是每年大生产周期中的第二轮酒，也是需要入库贮存的第一次原酒。糙沙酒头应单独贮存留作勾兑，酒尾可泼回酒醅重新发酵产香，这叫"回沙"。

糙沙酒蒸馏结束，酒醅出甑后不再添加新料，经摊凉，加尾酒和大曲粉，拌匀堆集，再入窖发酵一个月，取出蒸酒，即得到第三轮酒，也就是第二次原酒，称"回沙酒"，此酒比糙沙酒香，醇和，略有涩味。以后的几个轮次均同"回沙"操作，分别接取三、四、五次原酒，统称"大回酒"，其酒质香浓，味醇厚，酒体较丰满，无邪杂味。第六轮次发酵蒸得的酒称"小回酒"，酒质醇和，糊香好，味长。第七次蒸得的酒为"枯糟酒"，又称"追糟酒"，酒质醇和，有糊香，但微苦、糟味较浓。第八次发酵蒸得的酒为丢糟酒，稍带枯糟的焦苦味，有糊香，一般作尾酒，经稀释后回窖发酵。

酱香型白酒的生产，一年一个周期，两次投料、八次发酵、七次流酒。从第三轮起，虽然不再投入新料，但由于原料粉碎较粗，醅内淀粉含量较高，随着发酵轮次的增加，淀粉被逐步消耗，直至第八次发酵结束，丢糟中淀粉含量仍在 10% 左右。

酱香型白酒的发酵，大曲用量很大，用曲总量与投料总量比例高达 $1:1$ 左右，各轮次发酵时的加曲量应视气温变化、淀粉含量以及酒质情况而调整。气温低，适当多用曲；气温高，适当少用曲。用曲量基本上控制在投料量的 10% 左右，其中第三、四、五轮次可适当多用曲，而六、七、八轮次可适当减少用曲量。

生产中每次蒸完酒后的酒醅经过扬凉、加曲后都要堆集发酵 $4\sim5$ 天，其目的是使醅子重新富集微生物，并使大曲中的霉菌、嗜热芽孢杆菌、酵母菌等进一步繁殖，起二次制曲的作用。堆集品温达到 $45\sim50℃$ 时，微生物已繁殖得比较旺盛，翻拌均匀后再转运入窖内进行发酵，使酿酒微生物占据绝对优势，保证发酵的正常进行，这是酱香型大曲酒生产独有的特点。

发酵时，糟醅采取原出原入，达到以醅养窖和以窖养醅的作用。每次醅子堆集发酵完后，准备入窖前都要用尾酒泼窖，保证发酵正常、产香良好。尾酒用量由开始时每窖 15kg 逐渐随发酵轮次增加而减少为每窖 5kg。每轮酒醅都泼入尾酒，称为回沙发酵，加强产香。酒尾用量应根据上一轮产酒好坏，堆集时醅子的干湿程度而定，一般控制在每窖酒醅泼酒 15kg 以上，随着发酵轮次的增加，逐渐减少泼入的酒量，最后丢糟不泼尾酒。回酒发酵是酱香型大曲白酒生产工艺的又一特点。

由于回酒较大，入窖时醅子含酒精已达 2%（体积分数）左右，对抑制有害微生物的生长繁殖能起到积极的作用，使产出的酒绵柔、醇厚。

茅台酒的发酵窖池是用方块石与黏土砌成，容积较大，约在 14m³ 或 25m³。每年投产前必须用木柴烧窖，目的是杀灭窖内的杂菌，除去枯糟味和提高窖温，每个窖用木柴 50~100kg，烧完后的酒窖，待温度稍降，扫除灰烬，撒少量丢糟于窖底，再打扫一次，然后喷洒次品酒约 7.5kg、撒大曲粉 15kg 左右，使窖底的己酸菌得到营养，加以活化。经过以上处理后，方可投料使用。

（五）入库贮存

蒸馏所得的各种类型的原酒，要分开贮存，通过检测和品尝，按质分等贮存在陶瓷容器中，经过三年贮存使酒味醇和、绵柔。

由于酒醅在窖内所处的位置不同，酒的质量也不相同。蒸馏出的原酒基本上分为三种类型，即醇甜型、酱香型和窖底香型。其中酱香型风味的原酒是决定茅台酒质量的主要成分，大多是由窖中和窖顶部位的酒醅产生的；窖香型原酒则由窖底靠近窖泥的酒醅所产生；而醇甜型的原酒是由窖中酒醅所产生的。蒸酒时这三部分酒醅应分别蒸馏，酒也分开贮存。

为了勾兑调味使用，茅香型酒也可生产一定量的"双轮底"酒（发酵两个周期的窖底酒醅所产的酒称为"双轮底"酒）。在每次取出发酵成熟的双轮底醅时，一半添加新醅、尾酒、曲粉，拌匀后，堆集，回醅再发酵，另一半双轮底醅可直接蒸酒，单独存放，供调香用。

（六）勾兑

贮存三年的原酒，先勾兑出小样，然后扩大勾兑，再贮存一年，经理化检测和感官品评合格后，才能包装出厂。

（七）茅台酒的质量标准

在我国的大曲白酒中，茅台酒是最完美的典范，以其低而不淡，香而不艳著称。酒倒杯内过夜，变化甚小，空杯留香好。茅台酒酱香突出，优雅细腻，酒体丰满醇厚，回味悠长。

由于酱香型白酒工艺的特殊性，所产酒的质量亦具有其独特的典型性。除了较其他香型酒的酚类、吡嗪类、呋喃类含量高之外，一般成分中的糠醛、高级醇含量高也是其突出的特征。正因为糠醛高，所以在贮存中酒的颜色容易发黄。

茅台酒与其他香型白酒的糠醛、高级醇含量比较，如表 6-13 所示。

表 6-13　茅台酒与其他香型白酒的糠醛、高级醇含量比较

单位：mg/L

化合物	泸州老窖酒	茅台酒	汾酒
糠醛	19	294	4
高级醇	1019	1659	957

茅台酒的理化指标见表 6-14。

表 6-14　茅台酒的理化指标

项目	指标	项目	指标
酒度	45%～58%（体积分数）	甲醇	$\leqslant$0.3g/L
总酸（以乙酸计）	$\geqslant$1.40g/L	杂醇油	$\leqslant$2.0g/L
总酯（以乙酸乙酯计）	$\geqslant$2.20g/L	固形物	$\leqslant$0.7g/L
总醛（以乙醛计）	$\leqslant$0.6g/L	铅	$<$1g/L
糠醛	$\leqslant$0.3g/L		

三、酱香型大曲酒主体香味成分剖析

自从采用气相色谱法对酱香型大曲酒的香气成分进行分析以来，至今已经检验出 1000 多种香气成分。但是其中究竟哪些成分或在哪些成分间的量比关系是构成酱香的主体香源，至今尚无定论。归纳起来有以下几种论点。

（一）高沸点酚类化合物说

日本学者横冢保在研究酱油的主体香气成分时认为，4-乙基愈创木酚具有酱油特征香气，是酱油的主体香气成分。1964 年茅台酒技术试点时，借鉴了横冢保的实验成果，应用纸色谱分析在茅台酒中检出了 4-乙基愈创木酚，首次提出该

成分可能是茅台酒的主体香。但是在随后的相关研究中发现，该成分在一些其他香型酒，乃至普通固态法白酒中也存在，有的含量也不低，证明了 4-乙基愈创木酚并非是酱香型白酒的主体香气成分，而只是茅台酒和某些固态发酵白酒香味的一个组分。1982 年，在贵阳召开的"茅台酒主体香成分解剖及制曲酿酒主要微生物与香味关系的研究"成果鉴定会上，贵州轻工业研究所提出茅台酒的主体芳香组分可能是由高沸点的酸性物质和低沸点的脂类物质组成的复合香，前者为后香，后者为前香。后香即喝完酒后残留在杯中经久不散的"空杯香"，所谓前香，即开瓶后首先闻到的那种幽雅细腻的芳香。酱香型白酒的闻香与众不同，是由这两部分香气所组成。

（二）以吡嗪类化合物为主说

从枯草芽孢杆菌中分离得到的四甲基吡嗪具有酱油、豆豉、豆面酱的发酵大豆味，酱香型白酒生产所采用的高温制曲、高温堆集、高温发酵及高温流酒等高温工艺，为美拉德反应创造了条件，因而可以产生多种吡嗪类杂环芳香化合物，而且这些吡嗪类化合物的嗅觉阈值极低。在酱香型白酒中又检测出多种含量较高的吡嗪类化合物，从而推测这类杂环芳香化合物有可能是酱香型白酒的主体香气成分。

（三）呋喃类和吡喃类衍生物说

周良彦先生推测酱香型白酒的主体香气成分有很大可能是呋喃类、吡喃类衍生物，他列举了 23 种具有酱香和焦香的化合物，其中呋喃酮类 7 种，酚类 4 种，吡喃酮类 6 种，烯酮类 5 种，丁酮类 1 种。这些化合物的分子结构中基本上都含有羟基或羧基等呈酸性物质，具有 5～6 个碳原子环状化合物，其环大都含氧原子，分子中具有芳构化活性很强的烯醇或烯酮结构。这些物质的来源是淀粉组成的各种糖类，经水解等因素变成单糖、低糖类和多糖类。

（四）美拉德反应说

庄名扬等研究认为酱香型白酒香味物质的产生，风格的形成，是由于它特殊的制曲、酿酒工艺造就了特定的微生物区系对蛋白质分子的降解作用，生成了种类繁多的多肽及氨基酸参与了美拉德反应的结果。而高温大曲中的地衣芽孢杆菌所分泌的酶对美拉德反应起了较强的催化作用。由美拉德反应所产生的糠醛类、醛酮类、二羟基化合物、吡喃类及吡嗪类化合物，对于酱香型白酒风格的形成起着决定性的作用。根据各类化合物的香味特征，5-羟基麦芽酚为酱香型白酒的特征组分，其他成分起着助香呈味作用。

四、酱香型白酒的工艺要点解析

用曲量大、入窖前高温堆集、多轮次发酵、回酒发酵是酱香型白酒酿造工艺的典型特征。

（一）用曲量对酱香型大曲酒发酵的影响

酱香型大曲酒生产用曲，具有接种微生物、提供香味前体物质的作用，还是酿酒原料。其用曲量之大，是白酒生产中所罕见的。如按制曲原料计算，制曲小麦的用量有的甚至超过酿酒高粱的用量。

酱香型白酒用曲总量与投料总量比例高达 1：1 左右，各轮次发酵时的加曲量应视气温变化、淀粉含量以及酒质情况而调整。每轮用曲量基本上控制在投料量的 10% 左右。

实践证明，用曲量在 75% 以下时，酱香型白酒酒质较差，酒醅水分及酸度随发酵轮次而升高很大，出酒率也低；用曲量为 75%～85% 时，出酒率高，但酱香与窖底香酒较少，酒质一般；用曲量超 95% 以上，出酒率及酒质并未见提高。故认为用曲量为高粱量的 85%～90% 较为适宜。酱香型酒大曲用量与酒的产量和质量的关系见表 6-15 所示。

表 6-15　大曲用量对酱香型大曲酒产量和质量的影响

高粱用量/kg	曲药用量/kg	产酒/kg	各种酒的比例/%			
			酱香	窖底香	醇甜	次品
100	65.0	29.3	3.1	0.1	85.4	12.3
100	72.3	37.3	4.7	0.3	85.0	10.0
100	75.6	39.0	6.2	0.3	88.2	5.3
100	82.0	43.0	9.5	1.3	84.5	4.7
100	90.0	43.8	14.7	3.1	78.2	4.0
100	97.4	44.0	14.8	2.1	80.2	2.9
100	103.4	33.2	22.5	3.0	72.4	2.1

加曲量与各轮次酒的口感和糠醛含量的关系见表 6-16 所示。

表 6-16　产酒轮次、加曲量与酒中糠醛含量比较

产酒轮次	下沙	糙沙	1次酒	2次酒	3次酒	4次酒	5次酒	6次酒	7次酒
加曲量/%	10	10	11	12	12	12	10	7	
糠醛含量/（mg/100mL）				12.4	13.2	21.0	32.2	42.3	49.3
单次酒口感特征			略有生粮味，酸涩味较重	香清雅回甜，略涩，酸不明显	酱香明显，味醇甜，干净	酱香突出，醇厚，尾净香长	酱香突出，醇和，尾净味长	酱香突出，略带糟香，香长	酱香突出，明显带糟香，醇和，略带苦味

从表 6-16 可以看出，随着发酵轮次的增加，用曲量也相应调整，酒的口感越来越好，糠醛（呋喃化合物）亦随发酵轮次增加而增加。

（二）高温堆集

酱香型白酒生产的堆集工序，是大曲白酒生产工艺中的独特方式，颇似小曲酒的上箱培菌，可见它与小曲酒的生产工艺有一定的渊源关系。在堆集过程中网罗微生物，并在堆上培养，相当于二次制曲。制曲时高温大曲中的酵母菌死亡殆尽，靠堆积过程中富集酵母菌，使窖内发酵得以顺利进行。

按酱香型白酒的操作工艺，需用高温大曲，且每一轮次入窖发酵之前均需高温堆集足够长时间，否则，产酒少，香气差。

1. 对堆集温度和堆积时间的要求

上堆温度需根据季节温度变化调整。一般控制在 25～28℃。尤其底层酒醅的温度，应冬季高，春秋低。要注意保温，切不可使堆的上、中、下层温差过大。堆中温度在入窖前保持在 48～52℃较为理想。温度低不产酱香，过高则生成糊苦味。一般堆集时间为 4～5 天。

2. 堆集过程中的理化指标的变化

堆集过程中，水分、酸度、淀粉、总酸下降，糖分、总酯上升。表明微生物在堆上繁殖旺盛，并进行发酵作用。随着堆集时间的延长，温度不断上升，到入窖时可达 50℃左右。此时堆集酒醅有很浓的香气。通过堆集积累大量香味物质及其前体物质，入窖后进一步转化为酱香型白酒的风味成分。堆集过程中的物料的理化分析结果见表 6-17。

表 6-17 堆集过程中的物料的理化分析结果

时间	感官鉴定	水分/%	酸度	糖分/%	淀粉含量/%	总酸含量/ (mg/100mL)	总醛/ (mg/100mL)
堆集 1 天	变化不大	53	2.17	1.50	19.6	0.040	0.066
堆集 2 天	有微弱醪糟味	52	1.94	2.24	18.4	0.039	0.069
堆积 3 天	有明显香味	51	1.82	2.92	17.1	0.038	0.075
入窖	有似苹果香、玫瑰香、桃香的杂香气，但没有酱香或酱香微弱	49.5	1.75	3.68	16.8	0.035	0.081
升或降		↓	↓	↑	↓	↓	↑

堆集前测定酒醅中氨基酸共有 13 种，堆集后其中含量增加的有 6 种，减少的有 3 种，无明显变化的有 4 种。

3. 堆集过程中微生物的消长

高温大曲中有大量的耐高温细菌和极少量的霉菌。每轮用曲量为 10% ～12%，但在下沙堆集结束时，活菌数测定为 5.5×10^6 个/g；糙沙为 6×10^7 个/g；第 2 轮为 2.8×10^7 个/g。较由高温大曲带来的微生物增长了 11～14 倍。堆集可以网罗微生物，微生物在堆集过程中生长繁殖，确实起到了二次制曲的作用。

不同轮次堆集结束时活菌数测定结果，如表 6-18 所示。

表 6-18 不同轮次堆集结束时活菌数测定结果

单位：$\times 10^4$ 个/g

菌类	生沙	糙沙	2 轮	3 轮	4 轮
细菌	96	128	3.6	2912	309
酵母菌	455	6090	2454	276	2213
霉菌	1.6				

可见，堆集结束时，不但菌数增加，种类也明显增加。不同轮次的堆集期间，菌数也有所不同。生沙因糊化差、配醅少、酸度低、场地菌源少，故堆集后菌数少。糙沙时酸度适宜，环境菌源多，气候也好，在堆集中为微生物的生长繁殖创造了有利条件，致使酵母菌数猛增。以后随着轮次的增加、酸度的上升、代

谢产物的抑制作用，导致堆集过程中菌数不断下降。

4. 堆集的菌源

堆集时酒醅上的微生物，细菌主要是从大曲带来的，来自于空气或工具的细菌所占比例极小。酵母菌主要来自场地，场地上散落原料粉、曲粉和糖类物质等，使酵母菌得以生长繁殖，操作时进入醅内，在堆上繁殖。

5. 堆集与不堆集的差异

在操作完全相同的条件下，堆集与不堆集的酒醅，在同一窖内进行发酵的情况，堆集后入窖发酵的酒醅中的酵母菌数，较不堆集者高 13.8 倍。然而不堆集者细菌却非常多。经堆集的酒醅所产的酒全部合格，未经堆集者所产的酒均不合格。经多次品尝鉴定，都是经堆集的质量好。堆集与不堆集入窖酒醅香味物质含量对比如表 6-19 所示。

表 6-19　堆集与不堆集入窖酒醅香味成分含量对比

单位：mg/100mL

分类	醅　别							
	正丙醇	仲丁醇	异戊醇	乙缩醛	双乙酰	2,3-丁二醇	乙酸乙酯	乳酸乙酯
堆　集	125.7	19.8	65.2	110.5	17.7	0.9	182.6	255.2
不堆集	53.6	9.7	38.7	57.6	5.3	0.5	127.6	180.3

堆集与不堆集入窖酒醅酸类物质成分含量对比如表 6-20 所示。

表 6-20　堆集与不堆集入窖酒醅酸类物质成分含量对比

单位：mg/100mL

分类	醅　别				
	甲酸	乙酸	乳酸	丙酸	戊酸
堆　集	5.9	84.8	89.2	8.5	5.1
不堆集	2.7	46.9	54.6	2.8	2.9

堆集与不堆集酒醅入窖发酵结果比较如表 6-21 所示。

表 6-21　堆集与不堆集酒醅入窖发酵结果比较

操作	淀粉消耗/%	上升酸度	产酒量/kg	质量
糙沙堆集	4.05	1.5	372	醇甜及酱香
糙沙不堆集	4.87	1.8	335	杂味重，酱香淡薄

由上表可见，堆集与不堆集的酒醅比较，在高级醇、乙缩醛、双乙酰、2，3-丁二醇，以及有机酸和酯类化合物的含量上，都有明显的差别。这就是不堆集或堆集时间短、温度低的酒醅，在发酵后酱香不突出、风格不典型的根本原因。说明堆集工序在酱香型白酒生产中的重要性。

经过堆集的酒醅入窖发酵正常，酸度上升小，产品质量好。不堆集的结果相反，不但出酒率低，而且酒质也差。

（三）发酵品温对酒质的影响

酱香型大曲白酒发酵过程中，窖内上、中、下三层酒醅所产酒的风格不同。一般酱香型白酒产于窖内上层酒醅，因其品温高，嗜热芽孢杆菌代谢旺盛，促进了酱香物质的形成。中层酒醅主要产醇甜型酒。底部酒醅接触窖泥，水分大、温度低，产出的酒具有浓郁的窖香并带有明显的酱香味。可见高温发酵是促进生成酱香酒的重要措施。由于酵母菌生理条件及香型的要求，清香型、浓香型大曲酒采用低温发酵，品温不超过 35℃。酱香型大曲酒则采用高温发酵，品温在 40℃以上。郎酒厂通过对发酵最高品温和产酒情况进行研究，发现以下现象。

（1）如果窖内酒醅最高品温达不到 40℃，则出酒率低，甚至不产酒，酒质及风格都不佳。

（2）窖内酒醅最高品温达到 40～45℃，则出酒率高，酱香突出，风格典型。

（3）窖内酒醅最高品温超过 45℃，出酒率不高，酱香好，但杂味、冲味大，酸味较重。

表 6-22 是茅台酒厂对窖池中第四轮发酵酒醅在 1～30 天发酵期内品温变化的跟踪测定数据。

表 6-22　第四轮发酵酒醅品温变化　　　　　　　　　　单位：℃

位置	时间/天														
	1	2	3	4	5	6	7	8	9	10	11	12	13	14	15
上	31	31	32	34	34	35	36	37	37.2	37.5	38	39	39.7	39.8	40
下	38	37.6	38	38.7	39	39.2	39.8	39.8	40	40.5	41	42	42	41	39.7

续表

位置	时间/天														
	16	17	18	19	20	21	22	23	24	25	26	27	28	29	30
上	40	39	38	38	38	37	36	35.4	35	34.6	34	34.2	34.6	33	32.5
下	39	38	38	37.5	37	36.4	36	36.2	36.2	35.5	35	35	35	34	33.4

表 6-23、表 6-24 是茅台酒厂对第五轮酒醅分别在入窖和出窖时对不同醅层理化指标、微生物数量和产酒情况的检测数据。检测结果表明：不同醅层，在不同的发酵时期，因为发酵温度的不同，导致酒醅中的成分和微生物数量存在显著差异。

表 6-23　入窖与出窖酒醅常规分析结果

操作	轮次	水分/%	淀粉含量/%	酸度	酒精体积分数/%	总酯含量/（mg/L）	酵母数/（×10⁴ 个/g）	细菌数/（×10⁴ 个/g）
入窖	四轮上	50.23	20.25	1.72	2.7	—	2400	800
	四轮下	45.16	17.43	4.25	2.0	—	1100	1400
出窖	五轮上	52.65	18.15	2.41	7.4	3526	2600	1000
	五轮下	56.53	16.32	4.75	5.5	2730	1400	1800

表 6-24　第 5 轮酒醅产酒量及酒质比较

部位	出酒量/kg	酒质比较					
		酒色泽	杂味	酱香	酸味	醇厚感	酒质
上层	362.4	微黄	小	稍淡	小	有	较好
下层	318.2	微黄	大	无	大	甜感	差

（四）不同发酵轮次的窖内酒醅成分变化及微生物消长情况

1. 不同发酵轮次酒醅的成分变化及产酒情况

由表 6-25 可见：酒醅酸度随发酵轮次的增加几乎直线上升，淀粉含量则随发酵轮次的增加而直线下降。糖分自糙沙后随发酵轮次的增加而增加。酒精含量在生沙至糙沙阶段微有上升，以后各发酵轮次几乎持平。

表 6-25　各发酵轮次窖内酒醅成分变化

轮次	水分/%		淀粉含量/%		酸度		糖分/%		酒精体积分数/%
	入窖	出窖	入窖	出窖	入窖	出窖	入窖	出窖	出窖
生沙	—	40	39.8	36.3	0.7	1.8	0.58	1.01	2.2
糙沙	43	43	36.3	32.2	0.8	2.3	1.02	0.81	2.6
三轮	44	47	32.0	30.1	2.1	2.3	1.31	2.14	2.6
四轮	48	51	26.3	22.6	2.3	3.0	1.10	2.01	2.6
五轮	51	—	21.8	—	2.2	—	1.21	—	—

前四轮次出酒率见表 6-26。

表 6-26　各发酵轮次出酒率比较

生沙		糙沙		3 轮		4 轮	
醅质量/kg	出酒率/%	醅质量/kg	出酒率/%	醅质量/kg	出酒率/%	醅质量/kg	出酒率/%
151	2.3	472	7.1	701	10.4	706	10.6

2. 糙沙酒醅在发酵过程中主要微生物数量的变化

糙沙酒醅微生物的检测结果如表 6-27 所示。

表 6-27　糙沙酒醅微生物的测定结果　　　　单位：×10⁴ 个/g

酒醅		总菌数	细菌	酵母菌	其中乳酸菌
例 1	入窖	21363	15616	5747	14665
	发酵 15 天	1120	1120	0	32
	30 天出窖	384	384	0	0
例 2	入窖	7456	2240	5216	1696
	发酵 15 天	480	480	0	32
	30 天出窖	149	149	0	0

测定结果显示，活菌数随发酵的延长而下降。酵母菌在入窖时占有一定数

量，但发酵 15 天后却难以检出；细菌随之下降，酸度反而随之增加；窖内酒醅中乳酸菌也不断减少，在出池酒醅中难以检出。

第五节　凤香型大曲酒的生产

凤香型大曲酒的代表是产于陕西省凤翔县柳林镇的西凤酒。西凤酒酒色透明，香气浓郁，醇厚圆润，诸味谐调，尾净爽口，回味悠长，别具一格。其生产工艺和成品酒风格均不同于其他酒，而其代表西凤酒更有"凤型之宗"的说法。

一、西凤酒生产工艺的特点

（1）用 60% 的大麦和 40% 的豌豆制大曲，作为酿制西凤酒的糖化发酵剂。

（2）以高粱为酿酒原料，采用老六甑发酵工艺，发酵期在各类名酒中最短，仅 14 天左右。

（3）一年为一个大生产周期，每年 9 月立窖，次年 7 月挑窖，全过程分为"立、破、顶、插、挑"等六个过程。

（4）混蒸所得新酒，须贮存于由柳条编织内涂猪血料的"酒海"容器中贮存 1～3 年，达到不偏酸、不偏苦、不偏辣、清芳甘润。

（5）以泥窖为发酵设备，并分为明窖和暗窖。

二、西凤酒的酿酒工艺

（一）酿酒工艺流程

西凤酒的酿酒工艺流程如图 6-5 所示。

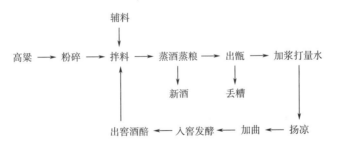

图 6-5　西凤酒酿酒工艺流程图

（二）工艺流程说明

1. 窖池结构

采用泥窖发酵，分明窖、暗窖两种。在酿场中间挖坑，盖上木板者为暗窖，在酿场两边或一边排列无盖者为明窖。窖池尺寸一般为 3m×1.5m×2m。

2. 原料、辅料及预处理

原料为高粱，要求颗粒饱满，大小均匀，皮壳少，夹杂物在 1% 以下，淀粉含量 61%～64%。高粱投产前需粉碎为 8～10 瓣，通过 1mm 筛孔的占 55%～65%，整粒在 0.5% 以下。

辅料为高粱壳或糠壳，投产前必须筛选、清蒸，排除杂味。辅料用量尽量控制最低，约 15% 以下。

3. 酿酒操作

西凤酒的发酵方法采用续渣法，每次酒醅出窖蒸酒时，加入部分新粮与发酵好的酒醅同时混蒸，全部过程分为以下几个阶段。

（1）立窖（第一排生产） 开始用新粮进行发酵，每天立一窖，蒸三甑，成为三个大渣。每年九月室温在 20℃ 左右，将粉碎后的高粱渣 1100kg 拌入高粱壳 32.7%，按高粱的含水分多少加入 50～60℃ 温水 80%～90%，拌匀，堆积润料 24h，使原料充分吸水，用手搓可成面，无异味。然后分三甑蒸煮，圆汽后蒸 60～90min，要求达到熟而不粘，出甑后加入底锅开水，分别进行梯度泼量。第一甑泼开水 170～235kg，第二甑泼开水 205～275kg，第三甑泼开水 230～315kg。经扬冷后加大曲粉，加曲量分别为 68.5kg、65kg 和 61.5kg。入窖前，窖底撒大曲粉 4.5kg。加曲品温依次为 15～20℃、20～25℃、24～29℃。拌匀、收堆、入窖，用泥封窖 1cm 左右厚度，并注意窖池管理，发酵 14 天。

（2）破窖（第二排生产） 先挖出窖内发酵成熟的酒醅，在三个大渣中拌入高粱粉 900kg 和适量的辅料，分成三个大渣和一个回渣，分四甑蒸酒。要求缓火蒸馏，蒸馏时间不少于 30min，流酒温度在 30℃ 以上，并掐头去尾，保证酒质。各甑蒸酒蒸粮结束，分别加量水，扬冷加曲，分层入窖，先下回渣，后下大渣 1、大渣 2、大渣 3，泥封发酵 14 天。凤香型酒破窖入窖条件见表 6-28。

表 6-28 凤香型酒破窖入窖条件

渣别	量水重量/kg	加曲量/kg	加曲品温/℃	入窖品温/℃
大渣 1	90～180	42.5	28～32	24～29
大渣 2	108～200	45	24～29	20～25
大渣 3	126～240	40	20～24	15～20
回渣	少加或不加	42.5	26～30	23～27

注：回渣与大渣间用竹片隔开。

（3）顶窖（第三排生产）　挖出前次入池酒醅，在三个大渣中加入高粱粉900kg，辅料165～240kg，分成四甑蒸酒蒸粮，其中第四甑作下排回渣，上次入池的回渣作下排丢糟，其他操作同前。第一甑蒸上排回渣，经扬凉后加曲粉20kg，加曲品温32～35℃，入窖温度30～33℃。第二甑蒸挤出的回渣，不加新粮，加曲粉34kg，加曲温度26～30℃，入窖温度23～27℃。第三、四、五甑为其他三甑大渣。

（4）圆窖（圆排）　从第四排起，西凤酒生产即转入正常，每天投入一份新料，丢掉一甑丢糟，保持酒醅材料进出平衡。

出甑的酒醅分为四份，在三份酒醅中每份加入300kg新料，做成三甑新的大渣，挤出一甑酒醅不加新料做回渣，原来发酵的回渣蒸酒，扬冷加曲后成糟醅，糟醅发酵蒸酒后即成为丢糟，用作饲料。以后每发酵14天成为一个循环，继续下去，凤香型酒圆窖入窖操作参数见表6-29。

表6-29　凤香型酒圆窖入窖条件

渣别	量水重量/kg	加曲量/kg	加曲品温/℃	入窖品温/℃
大渣1	90～160	36	28～32	24～29
大渣2	108～195	34	24～29	20～25
大渣3	125～240	26	20～24	15～20
回渣	少加或不加	34	26～30	23～27
糟醅	不加	22	32～35	30～33

注：回渣与糟醅中间用竹片隔开。

（5）插窖（每年停产前一排）　在每年热季到来之前，由于气温升高，易使酒醅酸败而影响出酒率，发生掉排，这时应准备停产。

插窖时将正常的酒醅按回渣处理，分6甑蒸酒后变为回渣，其中5甑入窖。5甑回渣共加入125kg大曲粉，加量水150～225kg，入窖温度控制在28～30℃，操作如前相同，保证发酵正常。

（6）挑窖（每年最后一排生产）　挑窖时，将发酵好的糟醅全部起出，入甑蒸酒，醅子全部做丢糟，整个大生产即告结束。

4. 工艺条件说明

（1）西凤酒发酵十分强调入窖水分，入窖糟醅含水过多，会造成糖化发酵加快，使残余糖分增多，发酵不彻底，酒醅发黏，不利于蒸酒。入窖酒醅水分过少，淀粉糊化困难，也影响正常发酵。应控制酒醅水分在 57％～58％为宜。

（2）入窖淀粉含量大渣在 16％～17.5％，出窖淀粉含量 9.5％～11.5％为好。淀粉含量高，发酵生成热量多，造成酒醅生酸；入窖淀粉含量太低，又影响产酒。

（3）正常入窖酸度控制在 0.8～1.2，出窖酸度在 1.8～2.4 较适宜。若出窖酒醅酸度超过 2.5，会使酒带苦，并降低出酒率。

5. 贮存勾兑

西凤酒的贮存采用按等论级，"酒海"贮存。入库酒经过三年贮存，酒质变得绵甜，香气纯正，糟味减轻。经精心勾兑，包装，出厂。要求达到"酒香清雅，醇厚爽快，诸味协调，尾净味长"。

第 七 章

小曲白酒的生产

第一节　小曲白酒生产工艺的特点

一、小曲白酒生产工艺的类型

广义上讲，小曲白酒是指以玉米、小麦、高粱、稻谷（或大米）等为原料，采用小曲为糖化发酵剂，经固态或半固态糖化、发酵，再经固态或液态蒸馏而得的酒精性饮料。

小曲白酒是我国主要的蒸馏酒种之一，产量约占我国白酒总产量的1/6，在南方地区小曲白酒生产较为普遍。由于各地所采用的原料不同，制曲、糖化发酵工艺有所差异，小曲白酒的生产方法也不尽相同，但总的来说大致可以分为三大类。第一类是以大米为原料，采用小曲固态培菌糖化，半固态发酵，液态蒸馏的小曲白酒，在广东、广西、湖南、福建、台湾等省盛行。第二类是以高粱、玉米等为原料，小曲箱式固态培菌，配醅发酵，固态蒸馏的小曲白酒，在云南、贵州、四川等省盛行，以四川产量大、历史悠久，常称川法小曲白酒。第三类是以小曲产酒，大曲生香，串香蒸馏，采用小曲、大曲混用工艺，有机地利用各自产酒与生香的优势而制成的小曲白酒。这是在总结大、小曲酒两类工艺的基础上发展起来的白酒生产工艺。20世纪60年代，这种工艺对我国固液结合生产白酒工艺的发展起到了直接的推动作用。

二、小曲白酒生产工艺的特点

小曲白酒的生产工艺主要具有以下特点。

（1）采用的原料品种多　如大米、高粱、玉米、稻谷、小麦、荞麦等整粒原料都能用来酿酒，有利于当地粮食资源、农副产品的深度加工与综合利用。

（2）采用整粒原料　大多用整粒原料酿酒，且原料单独蒸煮。

（3）采用小曲作糖化发酵剂　小曲富含活性根霉菌和酵母菌，有很强的糖化、酒化作用，用曲量少，大多为原料量的 0.3%～1.2%。

（4）发酵周期较短　大多为 7 天左右，出酒率高，淀粉利用率高。

（5）设备简单，操作方便　小曲酒厂规模可大可小，目前已有集生产、贮存、勾兑、销售一体的集团化企业。

（6）产品风格独特　小曲白酒具有酒体柔和、纯净，爽口的风格，目前已形成米香、药香、豉香、小曲清香等不同风格的小曲白酒，已被国内外消费者普遍接受。如贵州董酒、桂林三花酒、全州湘山酒、五华长乐烧、豉味玉冰烧酒、四川永川高粱酒、江津高粱酒等都是著名的小曲白酒。

（7）产品是优良基酒　由于酒质清香纯正，是生产传统的药酒、保健酒的优良酒基，也是生产其他香型酒的主要酒源。

第二节　半固态发酵法生产小曲白酒

半固态发酵法工艺生产小曲白酒历史悠久，是我国人民创造的一种独特的发酵工艺。它是由我国黄酒生产工艺演变而来的，在南方各省都有生产。半固态发酵法可分为先培菌糖化后发酵和边糖化边发酵两种工艺。

一、先培菌糖化后发酵工艺

先培菌糖化后发酵工艺是小曲白酒典型的生产工艺之一。其特点是前期为固态培菌糖化，后期为液态发酵，再经液态蒸馏、贮存、勾兑得到成品。固态培菌糖化的时间大多为 20～24h。在此过程中，根霉和酵母等大量繁殖，生成大量的酶系，将淀粉转化成可发酵性糖，同时有少量的酒精产生。当培菌糖化到一定程度后，再加水稀释，在液体状态下密封发酵，发酵周期为 7 天左右。

这种工艺的典型代表有广西桂林三花酒、全州湘山酒和广东五华长乐烧等，都曾获得国家优质酒称号。下面以广西桂林三花酒为例介绍这种酒的生产工艺。该产品以上等大米为原料，用当地特产香草药制成的酒药（小曲）为糖化发酵剂，采用漓江上游水为酿造用水，使用陶缸培菌糖化后，再加水发酵，蒸酒后放入天然岩洞贮存，再精心勾兑为成品。

广西桂林三花酒是先培菌糖化后发酵小曲白酒生产工艺的典型代表。它的特点是采用药小曲为糖化发酵剂，前期固态糖化，后期液体发酵，再采用液态蒸馏。

在过去相当长的时期内，人们是以摇动酒液来观察起花（泡）的多少和持久程度而确定酒质的。凡酒花越细、堆花越久者被视为上品，最好的为可堆大、中、小三层花的酒，称为"堆花酒"或"三花酒"。

宋朝诗人范成大在《桂海虞衡志》中如此记述三花酒："及来桂林，而饮瑞露，乃尽酒之妙，声震湖广"。

桂林三花酒的生产工艺过程及产品质量指标如下。

（一）桂林三花酒的工艺流程

桂林三花酒生产工艺流程图见图7-1。

大米 ⟶ 加水浸泡 ⟶ 淋干 ⟶ 初蒸 ⟶ 泼水续蒸 ⟶ 二次泼水复蒸 ⟶ 摊凉 ⟶ 加曲粉 ⟶
下缸培菌糖化 ⟶ 加水 ⟶ 入缸发酵 ⟶ 蒸酒 ⟶ 贮存 ⟶ 勾兑 ⟶ 成品

图7-1　桂林三花酒生产工艺流程图

（二）工艺流程说明

1. 浸米

将淀粉含量为71％～73％，水分含量＜14％的原料大米，用50～60℃的温水浸泡1h，使其吸足水分后沥干。

2. 蒸饭

将上述湿米装入甑内，加盖蒸饭，待圆汽后在常压下初蒸20min至饭粒变色。再搅松扒平后，泼入大米量60％的热水，继续蒸15～20min。然后，再搅拌疏松饭层，泼入原料大米量40％左右的热水。翻匀后再蒸20min。

要求饭粒熟而不黏，饭粒饱满，出饭率应夏天低、冬天高，粳米要求扬冷后的出饭率为215％～240％，饭粒含水量为62％～63％。俗话说"烂饭无好酒"，是因为烂饭易板结成团，无法将曲粉撒拌均匀；烂饭会使物料局部升温过高，根霉菌及酵母菌的生长和代谢受到抑制，而致使高温细菌大量繁殖、产酸过多，出酒率降低；在物料下层，因过于紧密使根霉菌及酵母菌缺氧而难以生长繁殖，某些厌氧菌则大量繁殖而产生异杂味。目前，蒸饭操作已实现机械化。

3. 扬冷、拌曲

将熟饭倒入拌料机内搅散，并鼓风摊冷至室温后，再加入药小曲粉拌匀。加曲量与不同季节的室温及加曲品温有关，加曲条件如表 7-1 所示。

表 7-1　加曲条件

室温/℃	加曲品温/℃	用曲量/%
<10	38～40	1.5
15～25	34～36	1.2
20～25	31～33	1.0
>25	28～31	0.8

4. 入缸固态培菌糖化

每缸投入物料折合大米为 15～20kg，饭层厚度为 10～13cm，夏薄冬厚。在饭层中央挖 1 个呈喇叭形的穴，以便有足够的空气进行培菌和糖化，还有利于平衡各部位物料的品温。待品温下降至 30～32℃时，盖上缸盖，并根据气温状况，做好保温或降温工作。

通常入缸后，夏天为 5～8h，冬天为 10～12h，品温开始上升。夏天经过 16～20h，品温最高可升至 38～42℃；冬天需 24～26h，品温才升至 34～37℃，这时可闻到香味，饭层高度下降，并有糖化液流入穴内，糖化率达 70%～80%。培菌糖化时间最好为 18～24h，最高品温以 37～38℃为最好，不能超过 42℃。若品温过高，可采取倒缸等降温措施。

控制入缸的品温是桂林三花酒生产工艺的关键所在。如果入缸品温过低，则有益菌生长缓慢；入缸品温过高，则有益菌易衰老，也易被耐高温细菌污染。正确地掌握培菌糖化的成熟度也很重要。通常在冬天酒醅可稍老些，夏天可稍嫩些。成熟的酒醅应及时加水。若加水过早，则由于根霉、酵母的繁殖及酶系形成不充分，酒醅中糖含量较低而导致最终糖化、发酵作用不彻底；若加水过迟，盲目地延长培菌糖化时间，即成熟过度，则由于醅中糖度过高而抑制酵母的生长和代谢，而耐高糖度的细菌会趁机繁殖，使酒醅变酸，最终使成品酒酸度高或风味差，出酒率也较低。这种现象在夏天最为突出。如果酒醅及时加水稀释成半固态的醪，既可以降低糖度，也可使酶得以扩散，使糖化、发酵能顺利进行。

5. 半固态发酵

经培菌糖化成熟的酒醅，应根据室温、品温及水温，加入原料米量 120%～125% 的水，使品温为 34～37℃，即夏季一般为 34～35℃，冬季通常为 36～37℃。在正常情况下，加水后的醪，其糖分为 9%～10%，总酸<0.7g/L，酒精

体积分数为 2％～3％。加水后的醪，由每个培菌糖化缸转入 2 个醪缸，用塑料布封口，并控制好发酵温度。因为发酵过程的品温管理仍然是关键：大多数酿酒酵母在 39～40℃时将失去活力，故最高品温应控制在 38～39℃。但在实际生产中，有人认为品温高则出酒率高，甚至将品温升至 42℃。然而在较高的温度下，酵母菌容易衰老。在品温达 39℃以上时，若不及时降温，杂菌大量繁殖而使醪的酸度增高、杂味增多，使发酵速度减慢甚至停止，最终醪的残糖及残余淀粉较高，出酒率及成品酒质量也明显下降。

半固态发酵通常发酵期为 6～7 天。最终醪的酒精体积分数为 11％～12％，总酸<1.5g/100g，残糖要求在 0.5％以下。

6. 蒸馏

传统操作采用土灶蒸馏锅进行蒸馏，现在采用立式或卧式蒸馏釜以间接蒸气加热蒸馏。两者的操作要求基本相同。采用蒸馏锅蒸馏时，每个蒸馏锅装 5 缸酒醪，并加上一锅的酒头及酒尾，上盖，封好锅边，连接过汽筒及冷凝器后，开始蒸馏。火力应均匀，以免焦醪或跑糟。冷凝器上面的水温不能超过 55℃。

采用蒸馏釜蒸馏时，初期蒸汽压力为 0.4MPa，流酒时蒸汽压力为 0.05～0.5MPa。流酒温度为 30℃以下，掐酒头量为 0.5～1.0kg，中段馏分为成品酒，酒精体积分数为 58％以下时，接酒尾。酒尾另接转入下一釜蒸馏。

7. 贮存

合格的新酒贮存于容量为 500kg 的缸内，存放于一年四季温度较低的岩洞中。用石灰拌纸筋封好缸口后，贮存 1 年以上。再化验、勾兑、包装、出厂。

8. 成品酒质量指标

（1）感官指标 无色透明，米香纯正，清雅绵甜，爽冽，回味怡畅，风格典型。经第三届全国评酒会议评议，确定其规范化的评语为：蜜香清雅、入口绵柔、落口爽净、回味怡畅。

（2）理化指标 主体香成分为乳酸乙酯、乙酸乙酯、β-苯乙醇。酒精体积分数为 41％～57％；总酸（以乙酸计）≥0.3g/L；总酯（以乙酸乙酯计）≥1.00g/L；固形物≤0.4g/L。

若成品酒前香不足，则与培菌糖化后的加水量及发酵温度和发酵时间有关，即加水量过多、发酵温度偏高、发酵时间较短，则香气较差。若成品酒后味微苦，则与用曲量及糖化温度等因素有关，若用曲量较多，带入的根霉孢子数也较多，孢子具有一定的苦味。糖化温度偏高，易导致杂菌污染，也会给成品酒带来后苦味。

二、边糖化边发酵工艺

玉冰烧又名肉冰烧，该酒是典型的全程半固态发酵法小曲白酒，其生产工艺是边糖化边发酵工艺的典型代表，特点之一是没有前期的小曲培菌糖化工序，因此用曲量大；特点之二是发酵期比一般小曲白酒长；特点之三是向蒸得的酒中加入肥猪肉浸泡 3 个月，以形成该酒的独特风味。

该酒产于广东珠江三角洲，是我国出口量最大的一种白酒，年出口量可达万吨以上，东南亚各国等很多原籍为广东的华侨很喜爱这种酒。现以玉冰烧为例介绍边糖化边发酵工艺。

（一）工艺流程

玉冰烧生产工艺流程见图 7-2。

大米 ⟶ 蒸饭 ⟶ 摊凉 ⟶ 拌曲 ⟶ 入坛发酵 ⟶ 蒸酒 ⟶ 肉埕陈酿 ⟶ 沉淀 ⟶ 压滤 ⟶

包装 ⟶ 成品

图 7-2　玉冰烧生产工艺流程图

（二）工艺流程说明

1. 蒸饭

选用淀粉含量为 75% 以上、无虫蛀、无霉烂变质的优质大米为原料。使用水泥锅蒸饭，每锅加清水 110～115kg。通蒸汽将水煮沸后，倒入 100kg 大米。加盖煮沸时进行翻拌，并关闭蒸汽阀。待米粒吸足水分后，再开小汽闷蒸 20min 即可。要求饭粒熟透、疏松、无白心。

2. 摊凉、拌曲

将上述熟饭转入松饭机，打松后摊于饭床，或采用鼓风摊床降温。在夏天待品温冷至 35℃ 以下，冬天冷至 40℃ 左右后，拌入大米量 18%～22% 的小曲粉。再将物料收集成堆。

3. 入坛（埕）发酵

每坛装清水 6.5～7kg。再装入米饭 5kg（以大米量计）和小曲粉的混匀物，封闭坛口，转入发酵室进行发酵。室温控制为 26～30℃，尤其是前 3 天的发酵品温应控制在 36℃ 以下，最高不得超过 40℃。发酵期夏天为 15 天，冬天为 20 天。

4. 蒸酒

使用改良的蒸馏甑蒸酒。每甑装 250kg 大米的发酵醪。蒸取的酒头及酒尾，在下一锅进行复蒸。中馏段酒的酒精体积分数为 31%～32%，俗称斋酒。

5. 肉埕贮存

将上述中馏段酒装入肉埕，每埕 20kg，并加入用酒浸洗过的肥猪肉 2kg，浸泡 3 个月，使脂肪缓慢地溶解，吸附杂质，并起酯化作用，提高老熟度，使酒变得香醇可口，具有独特的豉味。

6. 压滤、包装

将陈酿后的酒倒入大缸或大池中，自然沉淀 20 天以上。肥猪肉仍留在坛中，可再次浸泡新酒。待缸或池中的酒液澄清后，取样化验、勾兑。在认定合格后，除去液面油脂，将澄清酒液泵入压滤机过滤、包装、出厂。

（三）产品风格及成分特点

1. 产品感官特征

外观澄清透明，无色或略带黄色，具有独特的豉香味，入口醇滑，无苦杂味。其规范化的评语为玉洁冰清、豉香独特、醇和甘滑、余味爽净。玉洁冰清是指酒液无色透明。在低度的斋酒中，存在因高级脂肪酸乙酯析出而使酒液呈混浊的状况，经肥猪肉浸泡过程中的反应及吸附作用，遂使酒液无色透明。豉香独特是指酒中原有的基础香成分，与浸泡肥猪肉的后熟香相结合而形成的特殊香味。醇和甘滑、余味爽净是指保留了发酵过程中所产生的香味成分，又经浸肉过程的复杂反应生成了低级脂肪酸、二元酸及其酯和甘油等物质，并排除了杂味，因而使酒体甜醇爽净。

2. 产品成分特点

（1）酒精含量较低 酒精体积分数为 30% 左右，这在白酒产品中是少有的，略高于我国台湾省产的谷酒。

（2）其他成分 定性组成与其他白酒相似，但在含量比例上有较大差异，例如，确认其特征性香味成分的 β-苯乙醇含量最高，达 20～127mg/L（平均 66mg/L）。该酒含有庚二酸二乙酯、辛二酸二乙酯、壬二酸二乙酯等微量成分；并定性确认有 α-萜品醇、3-乙氧基-1-丙醇、3-甲硫基-1-丙醇及苯甲醇等存在。

第三节　固态发酵法生产小曲白酒

固态发酵法生产小曲白酒，因为使用整粒原料生产，它的工艺有独特之处，常在发酵前进行"润、泡、煮、焖、蒸"等操作。由于地区不同，工艺也都不一样，如四川永川糯高粱小曲酒、粳高粱小曲酒、玉米酒等都有其工艺特殊性。现以贵州生产的玉米小曲酒为代表进行介绍。

一、贵州玉米小曲酒的生产工艺

(一)工艺流程

贵州玉米小曲酒的生产工艺流程见图7-3。

玉米 ⟶ 浸泡 ⟶ 初蒸 ⟶ 焖粮 ⟶ 复蒸 ⟶ 摊凉 ⟶ 加曲 ⟶ 入箱培菌 ⟶ 配糟 ⟶

发酵 ⟶ 蒸馏 ⟶ 成品

图7-3 贵州玉米小曲酒生产工艺流程图

(二)工艺流程说明

1. 泡粮

整粒玉米在池中用90℃以上的热水浸泡，夏季泡5～6h，春冬泡7～8h，泡好后即放水。泡粮要求水温上下一致，吸水均匀，热水淹过粮面30～35cm。放水后让粮滴干，次日再以冷水浸透，除去酸水，滴干初蒸。

2. 初蒸

又称干蒸。泡粮后的玉米放入甑内铺好扒平，大汽蒸料2～2.5h。干蒸时先以大汽干蒸，使玉米柔熟、不粘手。如汽小，外皮含水过重，以致焖水时发生淀粉流失。装甑时也应轻倒匀撒，以利上汽均匀。

干蒸是促使玉米颗粒及淀粉受热膨胀，增强吸水性，缩短煮粮时间和减少淀粉流失。干蒸好的玉米，外皮有0.5mm左右的裂口。

3. 煮粮焖水

干蒸后加入40～60℃的蒸馏冷却水，水面淹过粮面35～50cm，先用小汽将水煮至微沸，待玉米有95％以上裂口，手捏内层已全部透心为止，即可放出热水，作为下次泡粮用。待其滴干后，将甑内玉米扒平，装入2～3cm糠壳，以防蒸汽冷凝水回滴在粮面上，引起玉米大开花，同时除去糠壳的邪杂味，有利于提高酒质。

煮焖粮时，要适当进行搅拌，焖粮时严禁大汽大火，从而防止淀粉流失。要求玉米透心不粘手，冷天稍软，热天稍硬。

4. 复蒸

煮焖好的玉米，停数小时，再围边上盖，小汽小火，达到圆汽，再大火大汽蒸煮，快出甑时，用大火大汽蒸煮，排阳水。共蒸料3～4h，蒸好的玉米，手捏柔熟、起沙、不粘手，水气干为好。蒸料时要防止小火、小汽长蒸，这样会使玉米外皮含水过重，影响培菌糖化。

5. 出甑、摊凉、下曲

出甑、摊凉的温度因地区气候而不同，以纯种根霉曲为例，不同季节的下曲、摊凉条件如表 7-2 所示。

表 7-2 不同季节的下曲、摊凉条件

季节	第一次下曲/℃	第二次下曲/℃	培菌温度/℃	用曲量/%	保箱温度/℃
春、冬季	38～40	34～35	30～32	0.35～0.40	30～32
夏、秋季	27～28	25～26	25～26	0.30～0.33	25～26

6. 培菌糖化

在凉渣机（凉渣机与麸曲通风培养箱结构相似）上倒入热糟 6～16cm 厚，摊平吹冷，撒上 2～3cm 厚的糠壳，再将熟粮倒入，摊平吹冷，分两次下曲，拌匀后按要求温度保温培养，用酒糟做保温材料。不同季节的糖化条件和质量要求见表 7-3。

表 7-3 不同季节的糖化条件和质量要求

季节	培菌糖化时间/h	出箱温度/℃	出箱老嫩	配糟比例
春、冬季	24	38～39	香甜、颗粒清糊	1：（3～3.5）
夏、秋季	22～24	34～35	微甜、微酸	1：（4～4.5）

7. 发酵

熟粮经培菌糖化后，可吹冷配糟，入池（桶）发酵。预先在池底铺一定厚度的底糟，再将醅子倒入池内，拍紧或适当踩紧，在表面盖 10cm 左右厚的配糟，再以塑料薄膜封池，四周以糠壳封边，或用泥封边。发酵 7 天左右，即可蒸酒。发酵温度与时间要求见表 7-4。

发酵分水池和旱池。水池一般配糟较少，当发酵温度升到 38～39℃时，投水、稀释降温，是代替配糟的方法之一。旱池配的糟，其配糟用量大，代替了投水作用。

表 7-4 发酵温度与时间要求

季节	入池温度/℃	最高发酵温度/℃	发酵周期/天
春、冬季	30～32	38	7
夏、秋季	25～28	36	7

8. 蒸酒

蒸酒前先将发酵酒醅的黄水滴干，再拌入一定量的清蒸过的糠壳，将黄水倒入底锅，边上汽边装甑，先装盖糟再装红糟，上盖蒸酒。蒸酒时，先小火小汽、再中火中汽，最后大火大汽追尾，分段摘酒，掐头去尾。

二、四川永川糯高粱小曲白酒生产工艺

本操作法是在 1957 年四川糯高粱小曲白酒操作法和 1965 年修改试点的基础上，结合最近的技术和措施总结而成。

（一）工艺流程

四川糯高粱小曲白酒生产工艺流程见图 7-4。

图 7-4　四川糯高粱小曲白酒生产工艺流程图

（二）工艺流程说明

1. 高粱浸泡、糊化

在泡粮时，高粱吸收水分，淀粉粒间的空隙被水充满，淀粉粒逐渐膨胀，使蒸煮过程中易蒸透心，糊化良好。高粱原料中，含有较多的单宁，在泡粮过程中，单宁大部分可溶于水中被除去，有利于糖化和发酵。同时，高粱中的灰砂杂物经泡粮后可除去，使原料更加干净。

（1）浸泡　将一定量的泡粮用水放入底锅内煮沸后，将水转入缸内，并倒入整粒的高粱，即先水后粮，这样可使泡粮池内上下水温一致，使粮食受热、吸水均匀。泡水温度在 90℃以上。原料倒入泡粮池后，用木锨或铁铲沿池边至池心将高粱翻拌一次，刮平粮面。水位要高出粮面 20～25cm。浸泡高粱的水温保持在 75～80℃，比稻谷或小麦的浸泡温度高约 10℃。再加盖并用草帘将缸围住保温。静置泡粮 10～14h，期间不宜搅动，以免氧气进入泡粮水，微生物发酵产酸。

在蒸粮前 30min 进行液面检查，水应高出粮面 8～12cm，水温为 48～53℃，品温约 60℃。高粱经过浸泡后其含水量在 48%左右，透心率在 98%以上，单宁浸出率约为 85%。泡粮后将缸底阀门打开，排尽泡粮水及杂物。再用清水冲洗、

沥干。

（2）初蒸　先在甑箅上撒一层糠壳，再在上述高粱中拌入原料高粱量 2％～3％的糠壳。待底锅水烧开后将上述物料装甑，要见汽撒料、轻撒匀铺、逐层装甑，这样蒸汽均匀上升。装料后刮平粮面，使全甑穿汽均匀。待圆汽后 5～10min，加盖用竹篾编的尖顶盖或不锈钢锅盖。用大汽初蒸 15～20min，品温维持在 100℃，以促使高粱颗粒骤然膨胀和淀粉细胞破裂，有利于下一步闷水时高粱吸足水分。要求经初蒸后的高粱透心率为 93％～95％。

（3）闷水　将冷凝器中的热水放入盛水容器，水温调至 40～45℃，将水从甑底通入初蒸后的物料，加水量约为投料量的 2 倍，水位高过物料 20～25cm，要求在 4～5min 进水完毕。上层物料品温为 95℃，下层为 65～70℃。闷水时间约 12min，也有闷水时间为 20～40min 的，有人总结的经验是"长蒸短闷"，即初蒸时间长，闷水时间就短。

经闷水后的高粱，含水量约为 60％，要求用手捏时不顶手，用手轻按即破裂、吐涎。所谓吐涎，是指高粱经闷水后，遇冷收缩而裂开，水从裂口处流出。闷水结束后放掉水，再在物料表面撒上一层清蒸后的糠壳。

（4）复蒸　经闷水后的物料，可放置至次日凌晨再复蒸，俗称"冷吊"。也可开大蒸汽立即复蒸，待圆汽后蒸 60～70min。敞口再蒸 10min，使粮面的"阳水"不断蒸发而收汗。在复蒸时，也可将铁铲等工具置于粮面进行杀菌。复蒸期间，甑盖顶部温度为 100℃，甑内物料温度为 101℃。

经过复蒸后，100kg 高粱可增重至 227kg。其色泽由原来的黄红色变为乌红色，熟粮要柔熟、泫轻、收汗、水分适当，全甑均匀。出甑时化验水分：糯高粱含水量为 59％～61％，粳高粱为 60％～61％。粮粒裂口率为 89％以上。未裂口的高粱颗粒，因其不利于酶的糖化作用而影响出酒率，所以应尽量避免未裂口的高粱存在。

2. 摊凉、加曲、收箱、培菌

（1）摊凉　摊凉品温均匀，撒曲均匀，摊凉场地、工具须清洁，箱要疏松、面要平。物料出甑前，将晾堂打扫干净，铺上已灭菌的摊席，并在上面撒一层清蒸过的糠壳。用铁铲及撮箕将上述熟料转至摊席上，为使物料接触空气及迅速冷却，物料应成行铺置，其厚度为 6～7cm，要注意低撒、快速铺匀，按后出先翻的顺序翻第一次粮，用铁铲依次将熟粮翻面、刮平。冬天待品温降至 44～45℃（夏天降至 37～38℃），按先倒先翻的次序进行第二次翻粮，同时用 4 支温度计测量品温。

（2）加曲　用曲量根据曲药质量和酿酒原料而定，一般地，纯种培养的根霉酒曲用量为原粮量的 0.3%～0.5%，传统小曲为原粮量的 0.8%～1.0%。小曲酒生产时，夏季用曲量少，冬季用曲量稍多。

先预留用曲量的 5% 作箱上底面曲药，其余分 3 次进行加曲。通常采用高温下曲法，此时熟粮裂口未闭合，霉菌菌丝易深入粮心。在熟粮温度为 40～45℃时，进行第 1 次下曲，用曲量为总量的 1/3。第 2 次下曲时，熟粮温度为 37～40℃，用曲量也为总量的 1/3，用手翻匀刮平，厚度应基本一致。当熟粮冷至 33～35℃时，将余下的酒曲进行第 3 次下曲，然后即可入箱培菌。要求摊凉和入箱在 2h 内完成。其间要防止杂菌感染，以免影响培菌。

（3）入箱培菌　培菌糖化的目的是使根霉菌、酵母菌等有益微生物在熟粮上生长繁殖，以提供淀粉变糖、糖转化为酒所必要的酶量。"谷从秧上起，酒从箱上起"，箱上培菌效果的好坏，直接影响到酒的产量和质量。

为了有利于各生产工序间的协调进行，培菌要做到"定时定温"。所谓"定时定温"，即在一定的时间内，箱内保持一定的温度变化，做到培菌良好。如室温高，进箱温度过高，料层厚，则不易散热，升温就快。为了避免在箱中培养时间过长，就必须使料层厚度适宜和适当缩短出箱时间。一般入箱温度为 24～25℃，出箱温度为 32～34℃；培菌时间视季节冷热而定，在 22～26h 较为适当。这样恰好使上下工序衔接，使生产得以正常进行。保持箱内一定的培菌温度，有利于根霉菌与酵母菌的繁殖，不利于杂菌的生长。根据天气的变化，确定相应的入箱温度和保持一定时间内的箱温变化，可达到定时定温的目的。总之，要求培菌完成后出甜糟箱，冬季出泡子箱或点子箱；夏季出转甜箱，不能出培菌时间过长的老箱。要做到"定时定温"必须注意下列几点。

① 入箱温度　入箱温度的高低，会影响箱温上升的快慢和出箱时间，这只能用摊凉的方法来控制入箱温度。摊凉要做到熟粮温度基本均匀，保证适宜的入箱温度。

② 保好箱温　入箱后的培菌糟应及时加盖竹席或谷草垫。必须保证入箱温度为 25℃，才能按时出箱。加盖草垫有利于控制箱内温度变化，做到在入箱 10～12h 后箱温上升 1～2℃，在夏季可盖竹席，以保持培菌糟的水分，并适当减少箱底下的谷壳，调节料层厚度。如果室温为 25℃ 及以上时，当箱温高于 25℃时，可只在箱上盖少许配糟。

③ 注意清洁卫生　为防止杂菌侵入，晾堂应保持干净，摊凉簸箕、箱底面席及工具需经清洗晒干后使用。

④ 控制用曲量　曲药虽好，如用量过多或过少，也会直接影响箱温上升速度和出箱时间，需要按季节（气温高低）掌握用曲量。在室温 23℃，入箱温度25℃，出箱温度 32～33℃，培菌时间 24～26h 的条件下，箱内甜糟用手捏出浆液成小泡沫为宜。

⑤ 出箱酒糟的感官指标和理化指标　培菌糟的好坏可从糟的老嫩程度等来判别。感官指标以出小花、培菌糟刚转甜为佳，清香扑鼻，略带甜味而均匀一致，无酸味、臭味、酒味。理化指标为糖分 3.5%～5.0%，水分 58%～59%，酸度 0.17 左右，pH 值 6.7 左右，酵母数（0.8～1.5）×10^8 个/g。

严格控制出箱时机是保证下一步发酵的关键。若出箱过早，则糟醅酶活力低、含糖量不足，会导致发酵速度缓慢，淀粉发酵不彻底，影响出酒率；若出箱太迟，则霉菌生长过度，消耗淀粉太多，造成发酵时升温过猛。

3. 配糟

（1）配糟比　配糟的作用是调节入池发酵醅的温度、酸度、淀粉含量和酒精浓度，以利于糖化发酵的正常进行，保证酒质并提高出酒率。配糟用量视具体情况而异，其基本原则是：夏季淀粉易生酸、产热，配糟用量宜多些，一般为粮糟的 4～5 倍；冬季配糟用量可少些，一般为粮糟的 3.5～4 倍。

（2）配糟操作　配糟质量的好坏及温度高低对入池温度有很大影响，要注意配糟的管理。冬季和热季配糟均要堆着放，这样冬季有利于保持配糟的温度，夏季有利于保持配糟的水分。在夏季应选早上 5 点钟左右当天室温最低的时间进行作业，因配糟水分足，散热快，故在短时间内就可将配糟冷到比室温高 1～2℃。

在培菌糖化醅出箱前约 15min，将蒸馏所得的、已冷却到 26℃ 左右的配糟置于洁净的晾堂上，与培菌糖化醅混合入池发酵。可将箱周边的培菌糖化醅撒在晾堂中央的配糟表面，箱中心的培菌糖化醅撒在晾堂周边的配糟上。通常在冬季，培菌糖化醅的品温比配糟高 2～4℃，夏季高 1～2℃ 为宜。再将培菌糖化醅用木锨犁成行，以利于散热降温。待培菌糖化醅品温降至 26℃ 左右时，与配糟拌匀，收拢成堆，准备入池。操作要迅速，并注意不要用脚踩物料。

4. 入池发酵

（1）入池温度　由于温度对糖化发酵快慢影响很大，故要准确掌握好入池温度并注意控制发酵速度，以达到“定时定温”的要求。一般入池温度为 23～26℃，冬季取高值，夏季入池温度应尽量与室温持平。过老的甜糟，发酵会提前结束；出箱过嫩，则发酵速度缓慢。若培菌糖化醅较老，则入池物料品温比使用正常培菌糖化醅时要低 2～3℃；若培菌糖化醅较嫩，则入池物料品温应比使用正常培菌糖化醅时高 1～2℃。

(2) 入池物料理化指标　各厂有所不同，视原料、环境条件等具体情况而定。一般指标为：水分 62%～64%，淀粉含量 11%～15%，酸度 0.8～1.0，糖分 1.5%～3.5%。

(3) 发酵温度　发酵时的升温情况，需在整个发酵过程中加以控制。一般入池发酵 24h 后（为前期发酵），升温缓慢，为 2～4℃；发酵 48h 后（为主发酵期），升温猛，为 5～6℃；发酵 72h 后（为后发酵期），升温慢，为 1～2℃；发酵 96h 后，温度稳定，不升不降；发酵 120h 后，温度下降 1～2℃；发酵 144h 后，降温 3℃。这样的发酵温度变化规律，可视为正常，出酒率高。发酵期间的最高品温以 38～39℃ 为最好，发酵温度过高，可通过缩短培菌糖化时间、加大配糟比、降低配糟温度等进行调节；反之，发酵温度过低，则可采取适当延长培菌糖化时间、减少配糟比、提高配糟温度等措施。

(4) 发酵时间　在正常情况下，高粱、小麦冬季发酵 6 天，夏季发酵 5 天；玉米冬季发酵 7 天，夏季发酵 6 天。若由于条件控制不当，发现升温过猛或升温缓慢，则应适当调整发酵时间。

5. 蒸馏

蒸馏，是生产小曲白酒的最后一道工序，与出酒率、产品质量的关系十分密切，前面几道工序是如何把酒做好、做多，蒸馏则是如何把酒醅中的酒提取出来，而且使产品保持其固有的风格。

(1) 基本要求　蒸馏时要求截头去尾，摘取酒精含量在 63% 以上的酒，应不跑汽，不吊尾，损失少。操作中要将黄水早放，底锅水要净，装甑要探汽上甑，均匀疏松，不能装得过满，火力要均匀，摘酒温度要控制在 30℃ 左右。

(2) 蒸馏操作　先放出发酵窖池内的黄水，次日再将发酵糟出池蒸酒。装甑前先洗净底锅，盛水量要合适，水离甑箅 17～20cm，在甑箅上撒一层熟糠。同时揭去封窖泥，刮去面糟留着最后与底糟一并蒸馏，蒸后作丢糟处理，挖出发酵糟 2～3 撮箕，待底锅水煮开后即可上甑，边取酒醅边上甑，要轻撒匀铺，探汽上甑，始终保持疏松均匀和上汽平稳。待装满甑时，用木刀刮至四周略高于中间，垫好围边，盖好云盘，安好过汽筒，准备接酒。应时刻检查是否漏气跑酒，并掌握好冷凝水温度和注意火力均匀，截头去尾，控制好酒精度，以吊净酒尾。

蒸馏后将出甑的糟子堆放在晾堂上，用作下排配糟，囤撮个数和堆放形式可视室温变化而定。

（三）固态法小曲酒生产操作的注意事项

（1）泡粮要用开水，并必须保温，促进粮食吸水。同时，温度高可以杀灭原料中的杂菌并使酶钝化，减少淀粉变糖的损失。

（2）泡粮的用水量每天要基本固定，使泡粮搅拌后温度达到73～74℃，不能过高或过低。如出现高低差可调节水温和水量。如水温超过74℃，则粮粒中的部分淀粉破裂糊化，容易生泫结块。

（3）泡粮开始时要翻动一次，使粮食和水混合均匀，避免产生灰包。但不宜翻动过多，更不宜中途翻动，以免造成淀粉损失。

（4）泡粮时间要基本固定，不能过长或过短。若泡粮时间过长，温度下降，杂菌感染，会造成淀粉和糖分损失；泡粮时间过短，粮粒吸水不透，蒸煮时粮食不易糊化彻底。

（5）蒸粮时应防止踢甑和溢甑。踢甑是指穿汽不均匀或部分不穿汽，这是由于装甑时火力太小、粮食装甑不均匀或甑箅未清洗干净。溢甑是指底锅水沸腾后冲到甑箅上面，这是由于底锅水加得太多或底锅水不清洁。此种现象发生时，甑底粮食因吸水过多而结成团块，致使蒸汽上升困难，影响上部粮食的糊化。

（6）粮食入甑和放闷水后的圆汽时间段，火力要大，穿汽要快（要求上甑时间不超过30min，初蒸时间不超过15min），使全甑粮食的受热时间差别小，吸水均匀，其他时间可用中等火力。

（7）闷水要从闷水筒中自下而上加入，利用温度之差造成挤压力，促使粮粒裂口。为使熟粮裂口率高，闷水时要求粮粒多数在70～80℃温水内浸泡。实际上，甑内上层粮食温度高于下层，为了缩小温差，闷水时不开蒸汽，加闷水要快。闷水温度一般为40～45℃，不宜过高。

（8）底锅水以闷水刚接触甑箅时水温在70～75℃为宜，可在固定闷水温度后确定底锅水的水位。但底锅水离甑箅的距离不能少于17～20cm，以防溢甑，当底锅水量调节恰当后，每天应掌握准确，以免影响水温变化。

（9）熟粮水分对培菌发酵有很大影响，不能过多或过少，操作条件固定（如泡粮的水温和时间、初蒸时间、闷水温度等），闷水时间长短会影响熟粮的水分含量。据经验，大约延长闷水时间2min，可增加熟粮水分1%，实际操作要同时用感官掌握（手捏粮食软硬度），最后用化验数据或称重结果来校正感官的判断。

（10）如果发现甑的上、下部位的粮粒水分不匀时，可用放闷水的快慢来调节，如果放闷水后发现粮粒偏软、偏硬，可适当缩短或延长复蒸时间。熟粮含水量多少应视季节和配糟酸度不同稍加调节，冬天发酵温度较低时，熟粮含水量在 $60\%\sim61\%$；夏天发酵温度高时应为 $59\%\sim60\%$，以减缓发酵速度，少生酸。当配糟酸度正常时，熟粮含水量为 $60\%\sim61\%$ 合适；如果配糟酸度偏高，熟粮含水量可减少至 $59\%\sim60\%$，严重时可以再降 1%，以减少发酵过程中的生酸量。

熟粮中糠壳用量的多少对培菌有影响，糠壳用量一般为粮食原料的 2%（包括甑底、甑面、出甑、摊凉所用的全部糠壳）。有时曲药性能不同，箱温上升缓急不符合要求，培菌不好时，可适当增减糠壳用量来调节。箱内使用的糠壳和蒸馏时酒糟中拌入的糠壳，必须使用清蒸 30min、摊凉的熟糠。

（四）固态法小曲酒的风格与质量改进

四川小曲酒中醇、醛、酸、酯比例为 3.07∶0.73∶1∶1.07，与其他酒种截然不同。从成分组成上看属小曲清香型，但又与大曲清香、麸曲清香有所不同，具有明显的幽雅"糟香"，形成了自身独特的风格，所以被确定为小曲清香型，其风格可概括为：无色透明，醇香清雅，酒体柔和，回甜爽口，纯净怡然。从组分上看，川法小曲酒中含有种类多、含量高的乙酸乙酯、乳酸乙酯及高级醇，含有一定量的乙醛、乙缩醛以及乙酸、丙酸、异丁酸、戊酸、异戊酸等较多的有机酸，还含有微量的庚醇、β-苯乙醇、苯乙酸乙酯等成分，有其自身的香味成分组成和量比关系。

为推进四川小曲酒的技术进步，可从以下几个方面改进其工艺和质量。

（1）适当提高小曲酒中的乙酸乙酯、乳酸乙酯的含量，可提高酒的醇和度及香味。其办法有适当延长发酵期，以利于增香；加入生香酵母增香；改进蒸馏方式，如按质摘酒，用香醅和酒醅串蒸等。

（2）重视小曲酒的勾兑和调味。在了解香味成分的组成上，如何进一步研制更有实用价值的调味酒，摸索勾调规律，是一项很有意义的工作。

（3）严格控制酒中高级醇的含量。目前酒中异丁醇、异戊醇的含量偏高，要研究并确定其在酒中的浓度范围，以突出酒的优良风格。

第四节　小曲白酒生产操作技术总结

小曲白酒的生产，以一定的理论为指导，有科学定量（温度、水分、时间、根霉曲用量等）作依据，是实践经验的总结，易学、易懂、易做。

传统小曲白酒的生产工艺操作，从原料到成品，要经过泡粮、蒸粮、培菌糖化、发酵、蒸馏、贮存、勾兑等。小曲白酒的生产同时受自然气候、生产技术和生产设备等的影响，涉及面广，技术性较强，现将生产关键环节的技术操作要点总结如下。

一、粮食糊化

粮食糊化要做到"三要"。一要水分合适；二要火力好；三要定时定温。粮食糊化首先抓好泡粮泡透心，然后采用初蒸、闷水、复蒸几个步骤，其中闷水、复蒸是操作的关键。玉米初蒸20～25min，闷水淹过粮面15～25cm，盖上尖盖，尖盖与甑子边缝隙处，插温度计1支，入甑二分之一，大火升温95～98℃即闭火后闷90～160min，敞盖检查粮食透心率在85％～90％以上，在甑内粮面上撒谷壳（以保水分与温度），放去闷水，冷吊在甑内（不扣尖盖），次日凌晨2～3点起床开汽复蒸100～120min，红粮、糯红粮初蒸15min，复蒸60min。黏红粮初蒸20～25min，闷水30～45min，复蒸60～80min。小麦初蒸20min，闷水35～45min（敞盖检查粮面水温70℃左右），粮食透心率85％以上，放去闷水。撒谷壳于甑内粮面，即放去闷水，撒谷壳的目的保持甑内粮面的水分与温度，冷吊于甑内，复蒸粮食，要求蒸汽足，压力大，才能把粮食糊化成干板（无浮水），柔熟。

（一）泡粮

玉米用闷粮水泡，闷粮水水温高，促进粮食吸足水分，不另烧开水，节约燃料，这样泡的粮食，复蒸后大翻花少，淀粉流失少；红粮以冷凝器池60～70℃的水泡，减少红粮的单宁含量，泡粮池泡粮一次应清洗一次，防止杂菌生长，粮食入泡粮池，渗足水后，搅拌均匀，水要淹过粮面20cm；小麦以冷凝器50～60℃水泡4h，或用冷水泡粮6h以上，放水干发。

要求各种粮食必须泡透心，冷天泡粮池加盖保温，入甑初蒸前，用水冲洗，除去粮食中的杂质、灰沙和部分酸性物质等。

（二）初蒸

每天蒸酒结束后，将锅内甑脚水冲洗干净，用冷凝器池水渗足底锅水，安好甑箅，底锅水离甑箅17～20cm，撒上一层谷壳将甑箅铺满，以不漏粮食为准，将泡粮池中的粮食装入甑内初蒸。圆汽后，盖上甑盖，开始计时，初蒸15～20min，使粮食膨胀，为粮食吸足水分打下基础。但玉米自初蒸圆汽起，用木刀将甑内粮食拌匀，粮食无白心，加盖初蒸20min。

（三）闷粮

由于闷水时间短，要使粮食吸足水分，粮食柔熟，糊化彻底，定时定温闷粮和感官检验相结合。

放闷水的感官要求：玉米 98％要消灭白心，裂口率 90％以上。

糯红粮眼看开始吐泫，手捏软如棉花状。

黏红粮眼看裂口率为 90％以上，手捏不抵手，内部吸足水分。

小麦眼看已裂小口，手捏不抵手，内部吸足水分。

（四）复蒸

蒸圆汽后，加盖大火复蒸，按粮食品种复蒸时间为糯红粮、小麦复蒸60min，黏红粮复蒸 70～80min，玉米复蒸 90～120min，敞盖蒸 10min 使粮食表面上的阳水挥发，出甑粮食要干板柔熟一致。

熟粮感官要求：

玉米：干板柔熟、泡气、翻沙，大翻花少。

糯红粮：柔熟、泫轻、裂口小，收汗有回力。

黏红粮：全部柔熟，无生心，无阳水，大翻花少。

小麦：透心 98％以上，手捏软绵。

二、培菌操作

"谷从秧上起，酒从箱上起"，箱上培菌好坏，直接影响出酒率和酒质。培菌的作用是对发酵过程中所需的霉菌和酵母菌进行扩大培养。

（一）根霉菌和酵母菌的生长温度

曲药中的根霉菌、酵母菌是有生命活力的，在合适的温度、湿度（水分）、酸度、空气、养料、环境和卫生条件下生长繁殖。培菌使根霉与酵母增多，但根霉与酵母菌的生长是不一致的。根霉在淀粉上能生长好，而在发酵池内不生长，但根霉产生的糖化酶能在发酵池内起糖化作用，因此箱上看根霉对熟粮淀粉糖化的好坏。酵母喜欢 12～14.5°Bx 的糖液（糖度过高或过低不利于酵母菌的繁殖，说明箱上不能出老箱和过嫩箱，要求出 30～32℃的箱），在培菌后期繁殖快，进入发酵池后还要繁殖（它将糖转变成酒），生产中曲药含酵母菌过多，也是发酵快的一个因素。根霉在 25～40℃生长，最适温度 30～35℃，酵母生长温度 23～37℃，最适温度是 25～30℃。

（二）曲药质量及用量对出酒率的影响

老工人说"一曲、二火、三操作、四设备、五原料与辅料，五位一体"，他们把生产用的曲药放在首位，曲药中84％～90％是根霉菌，10％～16％是酵母菌，按不同季节、不同比例配制而成。在发酵过程中，根霉菌将淀粉变成糖、酵母菌将糖变成酒。因此要求数量多而健壮的根霉菌、酵母菌，才能保证提高出酒率，不同原料的用曲量与下曲温度参考表7-5。

表7-5　不同原料的用曲量与下曲温度

粮食品种	用曲数量/%		下曲温度/℃			入箱厚度/cm	
	热季	冷季	第1次	第2次	第3次	热季	冷季
糯高粱	0.5	0.6	50～60	40～50	35	8～10	12～15
粳高粱	0.6	0.7	50～60	40～50	35	8～10	12～15
玉米	0.6	0.8	50～60	40～50	35	8～10	12～15
小麦	0.5	0.6	50～60	40～50	35	8～10	12～13
稻谷	0.6	0.7	50～60	40～50	35	8～10	12～16

注：下曲温度以熟料入囤摄，刮平，插温度表于料中间，用手背擦料面不烫手为宜下一次曲，降温到45℃用一空囤摄放好，将料倒入，下2次曲药，用手拌平下3次曲药。

（三）注意清洁卫生，防止杂菌感染

主要防止对小曲酒生产有害的微生物的繁殖，确保根霉、酵母菌为优势菌，才有利于糖化发酵的正常进行。酒类生产中，危害根霉和酵母菌生长的，有醋酸菌（它能把生成的酒变成醋酸）、乳酸菌（它能把生成的糖类变成乳酸）、酪酸菌（它消耗淀粉并产生酿酒不需要的酪酸），注意防止这些杂菌的感染，引起酸箱倒池的损失。

（四）培菌不好的原因及补救的办法

1. 烧箱

箱上温度上升过高过快，出箱不绒籽（粮食颗粒上不长菌丝），无糖化现象，还有怪味，主要是收箱温度过高，配糟加盖过急，配糟温度过高，加盖草垫过急、过早、过多，使有害菌繁殖加速，抑制了根霉菌与酵母菌的生长繁殖。补救办法：箱上及时降温，揭去箱上的草垫，刮去箱上的盖糟，进池时加曲药（视箱上情况确定添加量）。进池后加尾子酒15～20kg。

2. 闷箱

主要是室温高、收箱温高，收箱厚，箱底谷壳过厚，加盖配糟和草垫过急，使微生物繁殖加快，培菌时间短，箱上有闷气、怪味。根霉和酵母菌生长不够，发酵不良。补救办法：使箱内迅速散热（但不可翻拌，及时揭去盖箱草垫和刮盖箱糟，出箱摊凉以散发闷气）。

3. 酸箱

由于摊凉时间过长，熟粮阳水过重，工用具不清洁等，杂菌感染过多，由于杂菌的严重危害，酸箱在热季比较常见。补救方法：日常做好清洁卫生，热季改在早上 5～6 点出粮进箱，采用高温薄箱的经验，缩短摊粮时间，减少杂菌感染。对酸箱可以采取以下措施：提前出嫩箱；进池发酵前，加曲药收堆进池；装池完毕，泼入适量尾酒。

4. 箱面底面冷边冷角冷籽

这些都是根霉菌与酵母菌生长繁殖不良，糖化不好的反映，以上情况由于收箱温度过高、摊粮过久、箱上水分蒸发过多，收箱后未时盖谷壳、搭竹席。还有糟子盖箱不当，草垫盖得不当，箱底谷壳潮湿太多、草垫过湿、粮食未糊化好、不透心、不均匀，箱盖得不恰当等。根据箱上反映的问题，补救办法：加强蒸粮和箱上的管理，将糖化不好的培菌糟集中起来，再添加少量曲药，拌均匀装入池心。装池完毕，再将尾酒与热水（冷凝器水）调成 35～37℃加入池内，促进池内升温发酵。

5. 加强箱上培菌管理

管理方法做到"三勤、两定、二不、三一致"的要求。三勤：勤换箱底谷壳、勤洗箱底、勤检查箱内温度变化。两定：定时、定温。二不：不出急箱、不出老箱（出箱温度以 32～34℃为好）。三一致：箱厚薄一致，温度基本一致，老嫩一致。要做到这些才使培菌良好，掌握温度，协调一致，才能做到不出花箱。入箱出箱温度与培菌时间见表 7-6。

表 7-6　入箱出箱温度与培菌时间

粮食品种	培菌糖化时间/h		入箱温度/℃	出箱温度/℃	
	热季	冷季		热季	冷季
糯高粱	22～24	24～27	24～25	31～32	32～34
粳高粱	22～24	24～27	24～25	31～32	32～34
玉米	22～24	24～27	24～26	31～32	32～34
小麦	22～24	24～27	22～24	31～32	32～34
稻谷	22～24	24～27	25～26	31～32	32～34

三、发酵操作

入池发酵是小曲酒生产过程中产酒的关键环节，需悉心操作，严格控制工艺条件。主要注意以下几个方面。

（一）做好甜糟与配糟的配合

1. 配糟的作用

配糟可调节温度、湿度（水分）、酸度，利用残余淀粉，供给养料，促进发酵完全，根据季节温度变化、室温高低和进池时的需要，冷天、热天配糟堆着放，热天保持水分，由于配糟水分足，使用时温度降得快，冷天主要保持合适的温度，不冷不热用囤撮 18 个两排放。一囤撮入 50kg。

2. 配糟管理

进池要做好甜糟与配糟的配合，它是发酵良好、提高酒质和出酒率的重要环节。根据箱的老嫩、室温高低来决定进池温度：箱老（甜箱出箱已达 34～37℃），配糟温度略低点。箱嫩（甜糟出箱为 30～31℃），配糟温度略高点（22～23℃）、团烧温度 23～25℃，高低要合适，结合上排入池配糟质量，也要将配糟用量考虑进去。配糟保持 20～23℃，室温高于 23℃，配糟跟室温相同或略高于室温 1～2℃，甜糟比配糟高 2～4℃，进行传堆混合入池发酵。冷天采取进窝子箱的办法来解决配糟温度不足的问题，办法是：室温 2～7℃时，底面糟配糟混合一堆放，靠近墙壁放，箱上甜糟 32～34℃时，揭去盖箱草垫，撒上一层谷壳，再将堆着的配糟 3～4 倍，撒在箱上刮平，用两把锨，将甜糟与配糟依次传到晾堂上一堆（配糟撒在箱上后，留底面糟，温度也达到 32℃左右了），在堆糟上插 4 支温度计，测温度为 25～27℃时，可撮入池内发酵。如堆的混合糟温度高于 28℃时，再将混合糟翻拌一次，促进达到适宜温度进池。堆的配糟除去用于甜糟混合外，留下的底面糟也达到了 30～33℃，采用这样的办法进池，克服冷天温度保不足的矛盾。

（二）注意发酵阶段的温度控制

1. 发酵池内温度产生来源

发酵池内酒醅品温升高的原因有：①微生物生长繁殖的呼吸作用；②可发酵性糖转变为酒的化学变化；③受外界的自然气候的影响。

2. 发酵温度调控

池内发酵有 3 个阶段，进池 1 吹 24h 后，升温 2～4℃为前期发酵。2 吹 48h

后升温5～7℃为主发酵期。3吹72h后升温1～2℃，为后期发酵。4吹96h后温度稳定。5吹96～120h后温度降1～2℃。配糟用量与发酵升温情况见表7-7、表7-8。

表7-7　配糟用量与温度

粮食品种	配糟比例		甜配糟的混合温度/℃		
	热季	冷季	配糟温	甜糟温	团烧温
糯高粱	1∶（4～5）	1∶（3.5～4）	20～23	25～27	23～25
粳高粱	1∶（4～5）	1∶（3.5～4）	20～23	25～27	23～25
玉米	1∶（4～5）	1∶（3.5～4）	20～23	25～27	23～25
小麦	1∶（4～5）	1∶（3.5～4）	20～23	25～27	23～25
稻谷	1∶（4～5）	1∶（3.5～4）	20～23	25～27	23～25

表7-8　发酵过程中窖内升温情况

粮食品种	池内发酵升温/℃			
	1吹（24h）	2吹（48h）	3吹（72h）	4吹（96h）
糯高粱	2～4	5～7	1～2	稳
粳高粱	2～4	5～7	1～2	稳
玉米	2～4	5～7	1～2	稳
小麦	2～4	5～7	1～2	稳
稻谷	2～4	5～7	1～2	稳

3. 发酵池内温度不正常的原因

（1）池内不升温或升温不够　由于熟粮糊化不好，糖化发酵力弱；小曲质量不好，糖化发酵力弱；此外配糟温度低，配糟用量过少，冬季池底糟未保持28～32℃（热季池底糟25～28℃），进池团烧温度过低，甜糟温度未高于配糟2～4℃，所以发酵缓慢。如果出箱过老，提前发酵完毕，池内升温过快，降温过快和降温幅度3～5℃。

（2）池内只升温没有吹　是由于配糟摊凉时间过长，染上杂菌，应采取灌入热水补救，同时改进下排入池配糟的摊凉办法。但有的发酵池内漏气也看不到吹口，出酒率则不正常。

（3）1吹猛，升温快；2吹弱；3吹温度下降。是由于出箱过老、发酵快，发酵期提前结束，酒生酸损失了。发现此种现象，应提前烤酒。

（4）嫩箱进池出的糊水不多，出酒率高，视为正常。糊水过多，由于粮食水分重，配糟水分重，发酵不好，出酒率低。

（5）池内四吹降2～3℃，主要是粮软水分重，出箱过老，用配糟量过大。

（6）发酵糟的颜色、气味说明糟醅质量

① 发酵糟的正常颜色　高粱糟为红色，玉米糟为白色，小麦糟为红褐色。发酵糟干燥、疏松，能挤出水，带涩味或带微酸味。

② 黑色　发酵糟挤出的水带苦味，是用曲药量过多，在热天，箱老发酵时间长。

③ 红白色　发酵糟挤出的水带甜酸味，是用曲量少。如果挤出的水很酸、很黏，是装池温度过高的现象。

小曲酒黄水质量鉴别见表7-9。

表7-9　小曲酒黄水质量鉴别

黄水颜色鉴别	发酵产生原因
茶黄色，樱桃色，手捏有肉头	视为发酵正常，甜糟配糟配合得好
带黑色，很稀，发黏	入池凉了（团烧温度太低）
白色，似米汤	装池热了（甜糟温度高配糟8℃）
带灰白色，很黏	甜糟、配糟缺水分
红褐色或黑色，黄水多	发酵糟水分重，不出酒

（三）发酵池的新建

发酵池建于地面，可以克服春季之后地温上升，发酵池内发酵糟温度猛升，故建方形或长方形发酵池，发酵池全高100cm，池体入地下16～17cm，用砖块轮砌，池体内加冷拔丝一根、三道钢筋，池体做搓沙，池内底以水泥、沙、石子调混凝土填底，池底面略倾斜，便于发酵产生的黄水自然流入池内的黄水坑中，这称为地上池，适用于小曲白酒6～7天发酵，投粮300kg的池，长、宽各170cm，深100cm，按投粮量建池。

四、蒸酒操作

蒸酒主要通过物理、化学变化过程，控制不同阶段的工艺参数，从而得到不同质量的酒。

蒸酒时不吊尾，底锅水冲洗后，渗底锅甑脚水，离甑箅 17～20cm 高，发酵糟上甑，要轻倒匀撒，逐层探汽上甑，如发酵糟过腻，加谷壳调节。

蒸酒前，先检查蒸馏工具设备是否完整、冷凝器、过汽筒是否漏气，操作时不能离开蒸馏甑桶和接酒缸，做好看花接酒。

缓火蒸酒，大火追尾，才能烤尽残酒，又可冲去配糟中的部分酸性物质，以便于下排入池作配糟，接酒要截头去尾，接出的酒色清、味正，为好酒。

总之，坚持行之有效的"平头追尾""慢摆花"的接酒经验。

五、小曲酒生产的注意事项

以前传授酿酒科技知识的方法是师徒"口授相传"，现发展为师徒以一定理论为指导，有科学定量（温度、水分、时间等）作依据来传授，学习很快，应注意以下几点。

（一）曲药在使用前的测试

曲药是小曲白酒发酵的动力，它是以根霉菌、酵母菌分别培养，按比例配制而成的曲药，而曲药受温度、湿度、杂菌的影响，购回的曲药应保存好，先要了解所购曲药的质量，方法是：取一小铝饭盒，装入大米饭 50g，加曲药少许拌匀、用纸封口，放入箱内一起培菌糖化，出箱取出试饭盒，用筷子压饭，如饭绒籽、糖液清亮，不白似米汤，味道香甜视为优质曲药。

（二）设备材质选择

酒甑必须由杉木、柏木做成木甑（铝皮甑），不跑汽，经得起高温。用砖砌成的水泥甑不耐高温，易破裂，导致粮食糊化不好，烤酒跑汽。现多采用不锈钢制作的甑桶。

（三）夏停秋复注意事项

各小曲白酒厂家，在借鉴他厂烤酒经验之时，须做好因地制宜、实事求是来提高酒质和出酒率。小曲白酒厂须控制好每个环节的温度。

夏季停产、秋季复产，用干配糟，不减产，酒味好。在停产时，将糟子晒干，不霉变。在秋季复产时，将晒干的酒糟 100kg 加 53kg 热水（水温 80℃左右），搅拌均匀，1～2h 后撮入甑内，通入蒸汽，蒸煮灭菌。圆汽起计时，扣盖蒸 30min，撮出盖箱，其余糟子作次日配糟、底面糟用。按投粮 100kg 加晒干酒糟 120kg 来计算。

（四）小曲酒热季生产注意事项

热季小曲白酒生产为了稳产、高产，必须做好"三减一嫩四配合"，内容如下。

（1）三减　减少初蒸时间、熟粮水分和用曲量。

（2）一嫩　出偏嫩箱（即培菌甜糟在出箱时应偏嫩些，当培菌甜糟升温至30～32℃，达甜味箱或大转箱时即可结束培菌、配糟入池发酵）。

（3）四配合　原糖量（箱嫩含糖量低，箱老含糖量高）、配糟酸度（为 pH 值 4.5～5.5，酸度合适，能促进发酵，抑制杂菌生长，酸度过高，阻止淀粉变糖变酒，混合糟酸度高了，阻碍发酵的进行）、温度（培菌甜糟温度高，配糟温度高，是发酵快的因素，反之是发酵慢的因素）、进池团烧温度（甜糟与配糟温差要合适，热季甜糟比配糟高 2～3℃，冷季甜糟比配糟高 3～4℃，收堆入池，2h 后，检查池内的团烧温度为 23～25℃为宜）。

第八章

白酒的贮存老熟与勾调品评

第一节　白酒的贮存与老熟

一、白酒老熟

白酒的自然老熟主要通过陈酿（贮存）来实现。新蒸出的白酒口味冲、燥辣、不醇和，需要贮存 1～3 年，使其陈酿老熟，然后才能勾兑调味，再贮存一段时间后，方可出厂。

（一）白酒的老熟机理

1. 挥发作用

新酒含有某些刺激性大、挥发性强的化学成分，如硫化氢、硫醇、二乙基硫醚等挥发性的硫化物，以及少量的丙烯醛、丙烯醇、丁烯醛、游离氨等刺激性较强的杂味物质，这些物质在贮存过程中能自然挥发，经约 1 年时间的贮存，这些物质基本上挥发干净，因而使酒的品质得到显著提升。

2. 氢键缔合作用

白酒贮存过程中最主要的变化是乙醇与水的缔合。乙醇和水都是极性分子，分子间存在着较强的缔合力，可通过氢键缔合作用形成乙醇-水的大分子结构，如图 8-1 所示。

这种缔合作用导致乙醇分子重新排列，并加强了对乙醇分子的束缚力，降

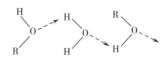

图 8-1　乙醇分子和水分子缔合成大分子

低了乙醇分子的活跃度。随着新酒贮存时间的延长，酒中受到约束的乙醇分子越来越多，分子排列更加整齐有序，从而大大改变了酒液的黏度、折光率等物理性质，由于自由的乙醇分子越来越少，导致酒对味觉和嗅觉的感官刺激也越来越温和，酒的口感也就变得更加醇和绵柔。

白酒中乙醇分子和水分子之间的缔合作用还表现在无水乙醇与水混合时会发生体积收缩，当 53.94mL 的无水酒精与 49.83mL 的水相混合，混合液的体积不是 103.77mL，而是 100mL，这一配比表现出最大的体积收缩率，酒的口感也更加醇和。这也是我国传统名优酒的酒度大多控制在 52％～55％（体积分数）的原因，在这个酒度范围，乙醇与水分子缔合作用最强，酒的口感更加醇和绵柔。

3. 化学变化

白酒贮存过程中，进行着氧化还原、酯化、缩合等化学反应，使酒液中的醇、酸、醛、酯达到更好的平衡。

醇氧化成醛：$\qquad RCH_2OH \xrightarrow{[O]} RCHO$

醛氧化成酸：$\qquad RCHO \xrightarrow{[O]} RCOOH$

酸、醇酯化成酯：$RCOOH + R'CHO \xrightarrow{-H_2O} RCOOR'$

醇醛缩合成缩醛：$R'OH + R''OH + RCHO \xrightarrow{-H_2O} R''O—RCH—OR'$

白酒在贮存过程中发生的化学反应及其反应平衡受容器材质和大小、贮酒温度、时间、酒度等多种因素的影响。一般来讲，白酒贮存过程中醇氧化成酸比较容易，而酸醇之间发生酯化反应却缓慢、困难，大部分酯类物质反而会在贮存期间发生水解反应而减少，同时导致醇类物质的量有所增加；酸类物质通常会因贮酒容器的不同而呈现不同的变化规律；低级醛类物质的含量会因为醇醛缩合反应而降低。

（二）白酒的人工老熟

白酒贮于陶坛中自然老熟可以产生优雅的陈香，香气自然、口感舒适协调、酒体醇厚圆润，是最理想的白酒老熟方法，但白酒自然老熟的时间较长。为了缩短酒的贮存周期、降低成本，可以人工利用物理方法或化学方法促进白酒老熟，这些方法被称之为白酒的人工老熟法。一般酒质略差的酒采用人工老熟的方法效果相对明显，质量好的酒，处理效果反而不明显。人工老熟与自然老熟相比，人工老熟可使酒体变得更加醇和，能够减少新酒味，但不能产生陈香，所以，人工老熟法主要用于加快普通白酒的老熟。

生产中通常用到的和正在研究的人工老熟方法有以下几种。

1. 高频振荡法

（1）微波处理 选用波长为 1～10nm 或频率为 300～3000MHz 范围的电磁波作用于酒，微波自身的高频振荡会使酒的分子也产生同样的运动，从而加速了酒精分子和水分子的重新排列，增强了它们间的缔合作用，还有利于加快酒的氧化反应、缩合反应、酯化反应，改善口感、增强酒香，从而加速白酒的老熟。

（2）磁场处理 频率为 10 MHz 的电磁波，频率比微波低，但作用原理类似微波处理。酒液在该频率的磁场作用下，分子定向排列、同时产生微量的 H_2O_2，放出 $[O]$，有利于促进酒的氧化还原反应，从而加快白酒的老熟。

（3）高频电场处理 利用高频电场，可加速酒精和水分子之间的缔合，有利于白酒的老熟。某酒厂采用工作频率为 14.8MHz、功率为 1000W 的种子处理机，在两极之间卧放瓶装酒进行高频处理，结果表明以 15A、10min 处理的效果最好，处理后的酒入口香、味醇正。

（4）超声波处理 频率为 $8×10^5$ MHz 的超声波处理白酒，能使白酒内部分子产生高频震荡，促进极性分子整齐排列，发生缔合作用，同时还能增强白酒成分发生氧化反应、缩合反应，从而使白酒老熟。

2. 冷热交替处理法

该法模拟酒的自然老熟过程中环境温度的变化规律，对酒进行冷热交替处理，以促进酒的成熟。某酒厂先在 40℃ 下连续贮酒一段时间，然后在 40℃ 和25℃ 下交替循环处理，最后在 60℃ 和零下 60℃ 两种条件下交替处理，取得了一定效果。

3. 光线照射处理法

白酒中的醇、醛、酸、酯存在相互转化的动态平衡，光催陈的作用主要是光氧化作用。当白酒受到光线照射时，酒体获得能量，分子被激化，当酒体中含氧时，就会产生激化态氧。

紫外线（Ultraviolet，UV）是电磁波谱中频率为 750THz～30PHz、对应真空中波长为 400～10nm 射线的总称，不能引起人的视觉。它是频率比蓝紫光高的不可见光。紫外线作用于白酒，可产生少量初生态氧，促进白酒中某些成分的氧化。某酒厂实验表明：253.7nm 的紫外线对酒直接照射，16℃ 处理 5min 效果最好，随着处理时间延长至 20min 后，酒会出现氧化气味。通过对不同处理样品中的乙醇、总酯、总醛、总酸等物质含量进行检测发现：随着处理温度的升高、照射时间的延长，酒的成分变化幅度会增大。针对具体处理对象，处理参数需要先进行优化试验。

此外，有试验表明各种可见光、红外线、激光等均对白酒具有一定的催陈效果，514.5nm、530nm 的光催陈效果较好。波长过长的光不宜用于白酒催陈。

催陈光源常用具有很宽连续光谱的普通强光源，如氙灯、碘钨灯等，高压汞灯等强紫外线输出光源不宜用作白酒催陈。

4. 高能射线处理法

(1) 激光催陈　该法借助于激光辐射物的光子以高能量对物质分子中的某些化学键进行有力的撞击，致使这些化学键出现断裂或部分断裂，某些大分子基团被裂解成小分子，或形成活化络合物，进一步络合成新的分子。激光的特性是能在常温下为白酒中乙醇与水之间的相互渗透提供活化能，使水分子不断解离成游离的—OH，更有利于与乙醇分子缔合。有试验表明，经激光处理的酒口感变得更加醇和，杂味减少，新酒味变轻，酒质改善效果与经过一段时间贮存的酒相当。

(2) ^{60}Co 射线处理　早在 20 世纪 50 年代国外已有人研究过将高能 γ 射线用于对葡萄酒和白兰地的人工催陈，近年来，用此法进行白酒人工催陈的研究也取得一些进展。试验表明，酒在留有 1/5 容量空隙的密闭容器中或流动状态下，用 ^{60}Co 射线照射一定时间，酒中酯和过氧化氢含量会达到最大值，酒的酸度略有下降，乙醛含量稍有上升。该试验说明 ^{60}Co 射线照射能改变白酒成分，但要达到人工催陈，显著提升白酒品质。这一催陈方法还有待继续研究。

5. 催化剂催陈法

(1) 酸性催化剂　有实验表明，在己酸和乙醇的混合体系中加入酸性催化剂，可将生成己酸乙酯的速度提升至原来的 10 倍以上。

(2) 金属离子催化剂　微量金属离子对白酒老熟有明显的催化作用，并且对不同档次的白酒催陈效果略有差异，对好酒的效果优于差酒，对经过一定时间贮存的酒处理效果优于刚蒸馏出来的新酒。

铁、铜、锌等金属离子的催陈效果明显，钾、钙离子的效果稍差。微量金属离子的催陈效果还与容器特性有关，在透气性良好的容器中的催陈效果比非透气性容器中好。

6. 超滤法

该法是采用截留分子量为 20 万的超滤膜，对白酒进行过滤，去除酒中浑浊成分、除去引起酸败的因素，以提高白酒透明度和保存性能的方法。实践证明，通过超滤，可以赋予白酒老熟风味，使之成为胶体物含量降低且基本不带颜色的白酒，其口感和饮用舒适度都有明显的提升。

以上六类方法并非只能单独使用，可以多种催陈方法结合使用。例如有人采用机械振荡、热处理、超声波低温处理、磁场处理相结合的办法，使酒的杂味减弱，香甜味增加。随着科技的不断发展和对人工催陈机理进行更加深入的研究，人工催陈的新技术、新设备会不断出现，人工催陈的效果也会逐步提高，从而进一步缩短白酒贮存时间，加快资金周转，提高企业的经济效益。

二、白酒的贮存与管理

白酒酿造车间蒸馏所得的新酒须经一定时间陈酿后才能进入勾调程序，进入酒库贮存的新酒被称为原酒。原酒需分等级入库。各个酒厂有自己的分级方法和标准，例如汾酒和茅台酒按照发酵轮次分级，汾酒两轮次发酵的大渣酒、二渣酒全部入库，茅台酒第一轮产的生沙酒和最后一轮产的枯糟酒则不入库，只有中间的糙沙酒、回沙酒、大回酒、小回酒四个等级入库。浓香型酒厂多数将所有新酒按照流酒顺序分为酒头、一等、二等、酒尾一、酒尾二、酒尾三6个类别，外加双轮底酒、丢糟黄水酒共8个类别，其中丢糟黄水酒多用于润粮、养窖或回窖发酵，一般不入库。

（一）新酒入库

1. 入库准则

（1）制定明确的原酒验收标准，标准内容主要包括酒的色、香、味、风格等感官指标要求和酒度、总酸、总酯等理化指标要求。

（2）原酒须经品评小组成员评定等级后入库贮存，同时做好评级记录。

（3）酒库应建立详细库存档案，每个贮酒容器应配置标签，标签内容包括坛号、生产日期、窖号、生产车间和生产班组号、毛重、净重、酒度、风格特点、色谱分析数据等详细信息，并做到账物相符。

（4）原酒需分等级入库，同等级不同风味的酒应分别贮存，不可随意合并，贮存期间需定期品评复查，复查情况需记录在案，复查有变化的需根据复查情况调整级别。

（5）用作调味酒的酒头酒尾和双轮底酒应单独贮存，不能随意合并。

2. 入库程序

（1）器具准备：收酒前需将酒度计、温度计、量筒等计量用具准备妥当。

（2）将车间交酒库的酒搅拌均匀，取样、测酒度、称毛重、算净重，并将数据填入原始记录单和入库单，入库单一式两份，酒库和酿造车间各持一份。

（3）取酒样交评酒小组品评，进行等级评定，同时送样到检验部门进行理化指标分析，结果出来后，按理化指标和感官评定结果分等级入库并做好标记。

（4）收酒完成后，清理干净泵中残酒，关闭电源，打扫卫生。

（5）对所收原酒取样闻香，按糟香、窖香、香浓、香淡、放香好、放香小进行区分，并口尝其味，再次判定其符合的等级。

（6）根据判定结果将新入库原酒并入同车间、同班组、同等级的酒中，两三个月后再进行二次鉴别，对酒的品质进行进一步确认。

（7）在等级鉴别过程中发现的有特殊香气或口味的酒，需交上一级评酒人员进行鉴别，结果出来之前应单独盛装，结果出来后再决定是否合并，同时应做好记录和标记。

（二）贮酒容器

白酒的贮存容器种类较多，不同地区、不同酒种、不同档次的白酒，所用容器不同。小型容器主要有陶坛（缸）和血料酒海，大型容器主要是金属大罐和钢筋水泥池。常用的主要有以下几类。

1. 陶瓷容器

陶瓷容器小口为坛，大口为缸，传统的白酒贮存多在陶瓷容器中进行，因它具有毛细孔，透气性好，烧制过程中吸收了远红外线能量，特别有利于酒的老熟，所以名优酒多用陶器贮存。用于白酒陈酿的陶坛要求上釉精良、无裂纹、无沙眼，新的陶坛在使用前需洗净后用清水浸泡几天，使用时坛口用食品包装级的塑料薄膜密封，可以减少贮酒期间的酒损。但是，尽管已经采取防止酒损的必要措施，陶器贮酒的平均年损耗依然高达 6.4% 左右，比大容器 1.5% 的年损耗高出许多，且陶坛贮酒占地面积大，管理不方便，各坛间的酒质也不易保持一致。另外，使用陶器贮酒，还需密切注意容器釉料的安全性。

2. 金属容器

金属材料的贮酒容器有碳钢板容器、铝制容器、锡制容器和不锈钢容器。前三种都有可能因为器材或焊药中有害成分的溶解导致酒中铅、铝等污染物超标，故近年来，白酒厂多采用不锈钢罐贮酒，由于其耐腐蚀性好，内壁无需防腐涂层或衬里，可以减少有害物污染，但使用时仍需密切注意焊接加工工艺，如果焊接不良，会导致板材局部质变，导致重金属溶出。不锈钢大罐贮酒，既节约资金、场地，老熟效果也很好，酒的损耗也可降低。

3. 钢筋水泥池

钢筋水泥池用于贮酒，需在内壁涂上或衬上如下材料。

（1）桑皮纸猪血贴面　将猪血、石灰和水按一定比例混匀，作为黏合剂，将5 张桑皮纸粘成一贴，再交叉贴于水泥池内壁。顶部贴 40 层，四壁贴 60 层，底部贴 80 层，然后在池内烧木炭，用文火烤干，表面再涂上蜂蜡，即可使用。

（2）陶板　用江苏宜兴陶瓷厂生产的陶板衬于池的内壁，用环氧树脂勾缝后再用猪血料勾缝，贮酒效果与陶坛相当。

（3）瓷砖或玻璃　用瓷砖或玻璃衬于水泥池内壁，勾缝方法同陶板内衬。

（4）环氧树脂或过氯乙烯涂料　这两种材料对施工要求高。若施工不当，容易起泡或脱落。环氧树脂内衬若用二胺类做固化剂，多余的二胺类会与酒中的糠醛反应生成席夫碱，使酒呈现红褐色或棕色，且酒味淡薄，故环氧树脂内衬不宜用于贮存糠醛含量高的酱香型白酒。这两种材料对酒质的影响还有待进一步试验研究。

4. 血料容器

血料是指用猪血和石灰调制成的一种蛋白质胶性薄膜，该膜对酒精含量在30％以上的白酒具有较好的防渗漏作用。但可能会溶出钙离子和小分子含氮物，使酒呈现黄色，故不宜用于清香型白酒的贮存。

血料容器是用竹篾或荆条编制成篓，或者用木材箍制成木池、木箱，内壁糊上猪血料纸，制作成酒海。这种贮存容器的特点是造价成本低，贮存量大，酒耗少，有利于酒的老熟，防渗漏性能强，适于长期贮存。

制作酒海的材料通常因地制宜。例如西凤酒的传统容器就是用当地荆条编成的大篓，内壁糊以麻纸，涂上猪血等物，然后用蛋清、蜂蜡、熟菜籽油等物以一定的比例，配成涂料涂擦，晾干，制作成酒海。四川则用竹篓酒海，东北用木箱酒海。酒海的容量大小各异，小的 50kg，大的 5～8 吨。随着大容器的推广，酒海的编制容量也在逐步增大，现已有 50 吨的大容量酒海。

（三）酒库管理

白酒厂的原酒贮存和成品酒暂存均需要场地，一般金属大罐和钢筋水泥池可以露天安装或设置在棚室厂房内，陶坛贮酒通常需要相对独立的室内空间。因此，广义的酒库是指酒厂用于存放原酒和成品酒的厂房。酒库必须有防火、防爆、防尘设施，库内应阴凉干燥。白酒库、白酒储罐区应与办公、科研、生活区及其他生产区分开布局，并设置安全防火隔离带。以下重点介绍原酒酒库。

1. 酒库的种类

（1）平房酒库　平房酒库库高 7m，面积按每坛 1.5m² 设计。梁柱不得采用钢木结构。

（2）楼房酒库

① 楼板要求　楼房酒库的楼板承重按每平方米承受 200～300kg 计。楼板的耐火极限须达到 1 级建筑耐火等级以上，采用现浇筑的整体楼板，其厚度为 12cm 以上，保护层厚度为 2cm，且不能开设孔、洞。

② 层高和面积　各楼层通过坡道相连，每层净高不得低于 3.5m，每层面积不得超过 750m²，且每层需划分三个防火分区。

③ 梁柱结构　酒库不得采用木柱或者钢柱，钢筋混凝土柱的截面积不小于 40cm×60cm，砖柱的截面积不得小于 37cm×36cm。梁也不应采用木或钢为材料，而应使用非预应力钢筋混凝土梁，其保护层厚度不得小于 5cm。

④ 门窗走道　窗户应设计成窄长方形，面积不大于 1m²，窗户上方用阻燃材料制作遮阳檐板，且各楼层的窗户应尽量保持较大距离；每层酒库应设外廊式走道。

⑤ 楼梯　楼层酒库需设两个疏散楼梯；三层的酒库应设封闭的楼梯间，超过 5 层的酒库应设防烟楼梯间，超过 6 层的应设一部消防电梯。

⑥ 事故散酒排放设施　需在每个防火分区设置带阀门的排酒口，并通过混凝土管道连接排酒道，通往距酒库一定距离的事故贮酒池，用于酒缸意外破裂时散酒的排放与收集。

⑦ 电气设备　酒库内不应设置电气设备，如因实际需要，确需设置照明或其他用电装置，均须采用防爆型号，且开关箱必须设置于酒库外。

⑧ 消防设施　含消防给水、报警系统和灭火系统、消防控制室几个部分。

⑨ 给水　楼房酒库内的消防供水能力应不小于 20 L/s，若因生产生活用水影响导致顶层消防栓不足 10m 水柱、流量不足 7 L/s 时，应设消防水泵和房顶水箱；每层楼应设 3 个消防栓、2 台水泵接合器，并配备开花喷雾水枪；室内管网形成环状。

总面积超过 2500m²、层数超过 3 层的酒库应设自动喷雾灭火系统，每个防火分区设火灾自动报警系统、可燃气体探测器和紫外线探测器，每幢楼库设置一个集中报警器；白酒厂应设立消防总控制室，且酒库报警信号能在消防总控室同时显示。

（3）地下酒库　地下酒库通常有人防工程、天然溶洞和专门建造的地下贮酒库。通常，由于地下酒库出口少、洞身长、面积大，一旦发生火灾很难扑灭。若通风不良，洞内空气中乙醇浓度比地面酒库更易达到爆炸极限 3.3%～19%，引起火灾事故，故地下酒库建设应注意以下几个方面。

① 酒库结构　地下洞库的安全出口应不少于 3 个，天然溶洞酒库出口不少于 2 个；每 $400m^2$ 用防锈防腐的甲级防火门进行防火分区，门上装有自动释放开关，具有库内自动释放、库外控制释放的功能，正常情况下防火门开启以利于通风，有火情时洞外控制迅速关闭防火门。

② 每个防火分区的贮酒量应适当加以限制。

③ 洞库内设室内消火栓水源，并在洞的进出口两端设水泵房，洞内管网设计成环状；库内所有灭火系统的管路均应采取防锈防腐措施。

④ 其他电气设备、消防设施的要求与楼房酒库相同。

2. 酒库日常管理

（1）白酒生产企业的白酒库、白酒储罐区等重点防火部位应设置醒目的防火标志，消防设施、消防器材应设置明显标识。

（2）白酒库采用陶坛储酒时，应分组存放，每组总储量不宜超过 $250m^3$，组与组之间设置不燃烧体隔堤，隔堤高度不小于 0.5m，隔堤上不应开设孔洞。

（3）原酒入罐、搅拌或组合作业时应有人现场监护，酒罐的白酒输酒管入口边缘距酒罐底部的高度不超过 0.15m。

（4）白酒储罐应设置液位计量装置和高液位报警装置，酒库应设置应急储罐，其容量不应小于库内单个最大储罐的容量。

（5）输出、输入酒液时应设置流量计监控流速，其流速不应大于 3m/s，并应有良好的接地措施；输酒泵运行时应有人现场监护。

（6）白酒库应通风良好，并设置温湿度计、酒精浓度监测仪；库内温度大于 30℃时应采取降温措施，库内温度大于 35℃时应停止作业；库内乙醇浓度大于 2% 时不得作业。

（7）在具有爆炸和火灾危险环境区域的厂房、仓库、储罐区等场所，员工应穿着防静电劳保服装、鞋。

（8）自动消防系统消防控制室应 24h 有人员值守，值守人员不少于 2 人。

（9）白酒生产企业抗溶性泡沫液的储备量，应为本企业单体最大仓库或最大储罐一次灭火所需用量的 2 倍。当两者计算值不一致时，应按两者中较大值确定。

第二节　酒体设计与勾兑调味

一、酒体设计

（一）酒体设计的概念

酒体设计是指对本企业产品或者同香型酒中已知微量成分的调整，或者是在保持香型不变的基础上对微量成分的调整，以克服原产品的不足或缺陷，或者改变原产品的风格创造新的流派。所以，有的企业把勾调车间或勾兑室更名为酒体设计中心或酒体设计室。酒体设计与新产品开发不同，后者是进行新产品设计，是在已知微量成分的基础上有新的香气成分加入，设计出具有独立特征和典型风格的新产品。二者既有区别又有联系。

酒体设计的目的是针对消费者反馈的产品缺陷和对口味的新需求完善已有产品质量、丰富产品内涵，提高产品知名度，争夺消费者，扩大销量，从而提高企业的经济效益。

（二）酒体设计的原则

1. 酒体设计应有计划性

我国地广人多，各个地区的消费者对白酒产品的口味要求不一致，有的地区的消费者喜爱香气浓郁的产品，有的地区的消费者喜欢香气淡而优雅、口感醇和的产品，有的地区的消费者喜欢入口醇甜或后味带甜的产品。所以应有计划地在不同地区针对同一产品开展市场调查，同一个产品应该有多个酒体设计方案，来适应不同地区、不同市场的需求，这样才能开拓市场，扩大销量，提高产品的市场占有率。所以企业销售部门应与酒体设计部门密切合作，共同制订调研计划和调研方案，有计划地开展酒体设计工作。

2. 酒体设计应有针对性

酒体设计应针对市场反馈的产品缺陷进行。酒厂销售部门要有计划地征求消费者意见，或以组织品评会的形式了解产品存在的具体问题，例如香气不够或香气过头、味不净、微苦、醇甜差等，然后组织企业品评人员认真品尝研讨，确认问题，再针对问题提出调整酒中微量成分量比关系的方案，开展试验，达到克服产品缺陷，改善酒质的目的。

3. 酒体设计应有开创性

由于社会在不断进步，人们的生活水平不断提高，对白酒质量和口感的要求会发生较大的变化。例如 20 世纪 80 年代以前，市场需求量大的是酒度在 50 度以上的高度酒，人们喜欢的风格多为香气滋味浓烈的白酒；20 世纪 90 年代市场需求量大的是香气优雅、口感细腻净爽、不刺激、带陈味的白酒产品。现在以及将来一段时期，市场需要什么样的产品，企业应该组织力量主动去调研、分析预测并设计出能跟上时代潮流的白酒风格，甚至引导消费者，主动开辟、占领市场，只有这样，白酒生产企业才能一直处于领先地位，并具有可持续发展的能力。

（三）酒体设计的方向

1. 低酒度的白酒酒体设计

白酒低度化无论是从提升经济效益还是健康饮酒及其他社会效益的角度考虑，都是一个白酒产品的重要发展方向。但实践已经证明，单靠加浆降低乙醇含量来实现白酒降度是不可行的。单纯加浆不仅会导致白酒浑浊，而且会导致白酒香气大减、口味淡薄。多年来，白酒专业技术人员通过调整微量香气成分量比关系和添加调味物质，在提升 40%～50%（体积分数）降度酒品质方面取得了明显的进展。但 28%～39%（体积分数）低度酒的品质提升还有待继续研究，这是今后低度酒酒体设计的重要课题。

2. 降低白酒中有害物含量的白酒酒体设计

"基本无甲醇，极少杂醇油，畅饮此类酒，保证不上头"，这是白酒专家周恒刚先生写给某白酒厂的题词。导致白酒饮后上头的甲醇、高级醇、醛类等物质是白酒正常发酵的产物，同时也是白酒风味的组成成分。为了实现健康饮酒，改善饮酒后的体验（饮后不上头、不口干、醒得快），尽可能降低白酒中这些有害物质的含量，也是白酒酒体设计的方向之一。我国科研人员正在试验用其他有益物质替代高级醇和醛类物质在白酒风味中的作用，以减少白酒中高级醇和醛类的含量，已取得了一定进展。

3. 醇爽型白酒酒体设计

有人预测，21 世纪流行的白酒产品，其风味特征是香气丰满优雅、口感醇厚细腻、尾子净爽。20 世纪流行的香浓、味大、燥辣、回味悠长的白酒销量将会越来越少。现在，有的白酒企业已经开展了这项酒体设计，成功生产出了新风格白酒，投放到市场，取得了较好的经济效益。但这仅仅是开始，在这个方向还有很大的发展空间，要更好地实现这一目标，需要把浓香、酱香、米香、药香等香型共同纳入酒体设计，充分利用各种香型白酒的特点进行组合设计，发挥空间很大，成果也将丰富多彩，因此，这个方向将会成为酒体设计的主攻方向。

4. 具有一定营养保健功能的白酒酒体设计

从具有营养价值和保健功能的原料中提取出白酒风味物质或类似白酒风味物质的有益成分，制成调味液或调味酒，供酒体设计选用，不仅可以减少白酒中的有害成分，增加有益成分，还能提高白酒的科技含量，提升饮用价值，因而受到消费者青睐。

（四）酒体设计的程序

酒体设计包括：酒体设计前的调查、酒体设计方案的来源和筛选、酒体设计的决策、酒体设计方案的内容、产品标样的试制和鉴定，共五个步骤。

1. 酒体设计前的调查

（1）市场调查　通过市场调查，了解国内外市场对酒的品种、规格、数量、质量等的要求，以及市场细分，分得越细，对产品的酒体风味设计越有利。

（2）技术调查　调查有关产品的生产技术现状与发展趋势，预测未来酿酒行业可能出现的新情况，为制定产品的酒体风味设计方案准备第一手资料。

（3）设计构想　通过对本厂基酒进行感官和理化分析，并根据本厂的生产设备、技术力量、工艺特点、产品质量等实际情况进行产品构思。

2. 酒体设计方案的来源和筛选

首先要通过各种渠道掌握不同地区消费者的需求，了解消费者对原有产品有哪些看法，广泛征求消费者对改进产品质量的建议。同时要鼓励职工提出新的设计方案的创意，尤其是要认真听取销售人员和技术人员的意见。

通过对本厂基酒进行感官和理化分析，并根据本厂的生产设备、技术力量、工艺特点、产品质量等情况，对方案进行对比、分析，筛选合适的方案。

3. 酒体设计的决策

为了保证产品设计方案成功，需要把初步入选的设计创意，同时形成几个设计方案，然后再进行产品设计方案的决策，主要标准是看它是否有实用价值。

4. 酒体设计方案的内容

设计方案的内容就是在新的酒体风味设计方案中，酒体要达到的目标或者质量标准及生产产品所需的技术条件和管理法规等一系列工作。其中包括：

（1）产品的结构形式，也就是产品品种的等级标准的划分。

（2）主要理化参数，即产品理化指标的含量范围。

（3）生产条件。

5. 产品标样的试制和鉴定

采用本厂的勾兑调味程序和方法，按照设计方案试制小样，进行感官品评和理化分析，小样勾调方案确定后，还必须从技术、经济上作出全面评价，再决定是否进行批量生产。

（五）酒体设计师的职业化与职业教育

1. 酒体设计师的职业化

2021 年 3 月 18 日，人社部会同国家市场监督管理总局和国家统计局向社会正式发布了 18 个新职业，酒体设计师名列其中。由此，酒体设计师正式成为一个由业界和国家认可的职业名称。酒体设计师含义是：以消费市场为导向、应用感官鉴评技能与科学分析结果，对原酒与调味酒的组合特性进行分析与综合评判，给出产品配比方案并生产特定风格酒类产品的人员。其主要任务如下。

（1）对市场销售的酒类产品进行信息收集与分析。

（2）对企业自产原酒和调味酒的风格特征进行测试和分析。

（3）给出新产品的调配方案。

（4）能够按照调配方案生产出特定风格的产品。

2. 酒体设计师职业培训

酒体设计师不完全等同于酒类勾调师。后者重在通过感官鉴评判断酒的品质并勾调出好喝的酒，而前者在具备勾调师技能的基础上增加了了解市场需求、分析白酒成分并进行定向设计的能力。事实上，在酒体设计师被正式纳入职业名录之前，在各大酒厂，尤其是名白酒厂早已应运而生，且为白酒行业做出了重要贡献。为了壮大酒体设计师队伍，社会上一些行业协会和专业机构在几年前已经启动了酒体设计师的培训工作，有的白酒企业内部也早已启动该项工作。例如中国食品药品企业质量安全促进会、发酵食品专业委员会就组织了酒体设计系列公益讲座和行业培训，为了促进相关工作的规范化和权威性，以及便于相关人员的持续学习和能力提升，还邀请了行业知名专家作为编委会成员，于 2020 年完成了《白酒酒体设计师职业技能培训教材》的编写和审核工作，构建起了一个比较完善的酒体设计师应该具备的知识和技能体系。为了促进酒体设计师职业的清晰化，让职业培训更加专业化，中国酒业协会于 2021 年 12 月组织召开了《酒体设计师》国家职业教材编写研讨会，邀请行业顶级专家对教材框架进行精心设计和研讨。

人才是产业发展的基础，是开拓创新的动力，酒体设计师人才培养的规范化、专业化将会对白酒业新型人才培养起到重要的推动作用。

二、白酒的勾兑与调味

（一）白酒勾兑和调味的概念

勾调又称组合，主要是将酒中各种微量成分以不同的比例兑加在一起，使分子间重新排布和结合，通过相互补充、平衡，烘托出主体香气和形成独自的风格特点。

1. 勾兑

生香靠发酵，提香靠蒸馏，成型靠勾兑。勾兑所要解决的主要问题，是把与组合用酒所固有的性质和风味相对不同、内部组成差异大、风貌不一的情况予以清除，得到有全新面貌的酒，使组合而成的酒完全脱离窖池发酵蒸馏所得酒的原貌。勾兑就是"画龙身"。

2. 调味

调味是对基础酒进行最后一道精加工或艺术加工，它用极少量的精华酒，弥补基础酒在香气和口味上的缺陷，使其优雅丰满，完全没有组合时"伤筋动骨"的剧烈过程，而是在保持组合酒的基本风貌不变、基本格调不变、酒中几百种成分组成情况基本不变的情况下的一项非常精细而微妙的工作，它要求认真、细致，用调味酒要少，效果显著。准确地说，调味就是一个使产品质量更加完美的精加工过程，调味就是"点龙睛"。

（二）白酒勾兑调味的原理和原则

勾兑是一种新技术，也是一门特殊的艺术，是白酒工业的重要组成部分，可以说是产品质量控制中的关键一步，是将同一类型不同特征的酒，按统一的标准进行综合平衡的工艺技术。使酒与酒之间进行相互掺兑调配。起到补充、衬托、制约和缓冲的作用。通过勾兑可统一酒质，统一标准，为调味工序打下基础。

好酒和差酒之间勾兑，可以使酒变好；差酒与差酒勾兑，有时也会变成好酒；好酒和好酒勾兑，有时却反而变差。

1. 勾兑调味的原理

（1）添加微量成分（或称添加作用）　在基础酒中添加微量芳香物质，引起酒的变化，使之达到平衡，形成固有的风格，以提高基础酒的质量。添加微量芳香物质又可分两种情况：一是基础酒中根本没有这种物质，而调味酒中含量较高，这些芳香物质的放香阈值又都很低，例如己酸乙酯的阈值为 0.076mg/kg，4-乙基愈创木酚的阈值为 0.01mg/kg。有的微量成分，在低浓度的情况下，香味好，多了还会发涩和发苦。这些物质在调味酒中的含量较高，香味反而不好；但当它们在基础酒中稀释后，相反会放出愉快的香味，从而改进了基础酒的风格，提高了基础酒的质量。二是基础酒中某种芳香物质的含量较少，没有达到放香阈值，香味未能显现出来，而调味酒中这种芳香物质的含量又较高。若在基础酒中添加了这种调味酒后，则增加了这种芳香物质的含量，从而使之达到或超过它的放香阈值，显现出它的香味，提高了基础酒的质量。

（2）化学反应（或称加成反应，缩合反应） 调味酒中所含微量成分物质与基础酒中所含微量成分物质的一部分起化学反应，从而产生酒中的呈香呈味物质，引起酒质的变化。例如调味酒中的乙醛与基础酒中的乙醇进行缩合，可产生乙缩醛这种酒中的呈香呈味物质。

（3）分子重排 有人认为酒质可能与酒中分子间的排列有一定的关系，名优酒主要是由水和酒精以及 2% 左右的酸、酯、酮、醇、芳香族化合物等微量成分组成，这些极性各不相同的成分之间通过复杂的分子间相互作用而呈现一定规律的排列。当在基础酒中添加微量的调味酒后，微量成分引起量比关系的改变或增加了新的分子成分，因而改变（或打乱）了各分子间原来的排列，致使酒中各分子间重新排列，使平衡向需要的方向移动。

普遍认为调味酒的这三种作用多数时候是同时进行的。因为调味酒中所含的芳香物质比较多，绝大部分都多于基础酒，所以调味酒中所含有的芳香物质一部分在起化学反应，另一部分则参与酒中各分子间的重新排列，添加作用在通常情况下普遍存在，被人们所公认。

2. 勾兑组合的一般原则

以浓香型酒为例，介绍白酒的一般勾兑原则。

（1）根据酒的色谱分析数据进行勾兑组合 目前有条件的工厂在勾兑调味前要先对酒的风味成分进行色谱分析，例如己酸乙酯、乳酸乙酯、乙酸乙酯等的含量以及主要酯的比例等，再根据醇、甜、爽、净以及香气的口感评定等级，按标准进行人工或微机的平衡组合。

（2）各种糟酒之间的搭配 为了使酒体丰满或达到某一档次标准，通常采用不同糟别酒的不同配比，如泸州特曲酒：双轮底酒占 10%、粮糟酒占 65%、红糟酒占 20%、丢糟黄水酒占 5%。

（3）老酒和一般酒的搭配 一般贮存 1 年以上酒称为老酒。具有醇、甜、爽、陈味好的特点，但香味不浓。一般酒香味较浓，带燥辣。因此勾兑基础酒中一般要添加 20% 的老酒，其余为贮存 3 个月以上的合格酒，其比例多少恰当，需要在摸索中掌握。

（4）老窖酒和新窖酒搭配 窖龄长所生产的酒质量好，新建窖池也能生产出部分优质酒。在勾兑时可适当搭配相同等级的老窖酒，其比例可占 20% 左右。

（5）不同季节产的酒之间的搭配 由于入窖温度不一致，发酵条件不同，产出的酒有差异，尤以夏季和冬季所生产的酒各有其特点和缺陷。勾兑时一般夏季、冬季所生产的酒的比例为 1：3。

（6）不同发酵期所产酒之间进行搭配 发酵期长短与酒质有着密切的关系，发酵 60～90 天的酒，浓香味醇厚，但放香欠佳；发酵 30～40 天的酒，闻香较好，挥发性香味物质多，一般在基础酒中勾兑 5%～10%。发酵期短的酒可提高酒的香气和喷头。

（三）白酒勾兑调味的物质基础

将白酒香味成分分为色谱骨架成分、协调成分、复杂成分三部分进行研究是较为合理的，并在实践中得到了验证。色谱骨架成分是指色谱分析中含量大于 2～3mg/100mL 的成分。色谱骨架成分的总重量仅次于乙醇和水，它们是构成中国白酒的基本骨架和构成中国白酒的香和味的主要因素，是中国白酒的"构成要素"。香型不同、风格不同，其色谱骨架成分的构成情况也可能不同。

1. 酸类

在发酵过程中，尤其是在固态法自然菌种的发酵过程中，必然会产生各种酸类。它们伴随乙醇而生成，主要来源于微生物的代谢产物。酸类是形成酯类的前体物质，没有酸一般就不会有酯，酸类是形成香味的主要物质。

2. 酯类

酯类是具有芳香气味的挥发性化合物，是名优曲酒中的主要组成部分，是形成各种香的典型性的重要物质。酯类的风味特征是大多数具有水果香味，是构成白酒香味的主要成分。

3. 醇类

在酒的发酵过程中，除产生较大量的乙醇外，还同时生成其他醇类。高级醇的生成多是由氨基酸转变而来。醇类在名优曲酒中占有重要地位，它是酒中醇甜和助香的主要物质。同时醇类也是酒中主要香味成分的前体物质。醇与酸可以生成酯。

4. 醛类

醛在名酒中也是很重要的，有许多醛具有特殊的香味。醛类易和水结合生成水合物，醛和醇可以缩合生成缩醛，形成柔和的香味。

（四）勾兑调味的方法和步骤

勾兑组合是在将酒区分出不同档次、不同风格特征的各类酒的基础上进行，这一工序的完成是在蒸馏时的按质摘酒，根据酒的口感与色谱分析结果，库存时，按不同等级分质并坛储存的基础上进行。

1. 选酒

根据各原酒的感官、理化检验结果，先挑选若干具有优异感官特征的酒，编为一组，称"带酒"，再在该等级酒中挑选能够互相补偿彼此缺陷的普通酒，也编为一组，称"大宗酒"，然后在下一等级的酒中挑选若干有一定优点的次等级酒，作为"搭酒"。选酒应考虑组合时需要达到的理化指标，并尽可能照顾到不同贮存期、发酵期的酒，新窖酒和老窖酒，热季酒和冬季酒，各种糟醅酒的合理搭配。（带酒：选具有某种特殊香味的酒，主要是双轮底、老酒，一般约占15%。大宗酒：酒质一般，无独特香味。主要指尾子干净，具有醇、甜、香、爽风格，综合起来欠协调，此种酒约占80%。搭酒：指有一定特点，尾子欠净或香气不正。此酒一般不超过5%）

2. 小样勾兑

这是勾兑的核心环节，其程序为根据口感和酯、酸含量数据组成大宗酒，品评合格后试添加搭酒，品尝合格后按1%比例逐步加入带酒，试添加带酒合格后鉴评、降度、检验理化指标。若小样与降度前有明显变化，应分析原因，重新进行小样组合，直到合格为止。然后，再根据合格小样比例，进行大批量组合。

（1）确定合格酒　班组生产的原酒不是一致的，差距很大，因此必须对基础酒按照本厂质量标准进行合格判定。验收合格酒的质量标准应该是以香气正、味净为基础。在这个基础上，还应具备浓、香、爽、甜等特点，另外有的原酒味不净，略带杂味，但某一方面特点突出，也可以作合格酒验收。在对产品总设计时，应包括感官、理化、卫生标准、酸、酯、醇、醛、酮等的含量及量比关系。要求勾兑人员牢记本厂产品的特点和固有风格，感官鉴评同微量成分分析紧密结合起来，控制和掌握好主体香味成分的含量范围，在这个基础上进行微调，使产品既保持固有风格，同时又有好的口感，确保酒质的稳定和一致。

（2）基础酒的设计　基础酒的设计是根据总体设计来的。基础酒是由各种合格酒组成的，不是所有的合格酒都能达到基础酒的质量标准，而是由各种合格酒经过合理组合后才能达到基础酒的质量标准。因此必须考虑合格酒的设计问题，这是提高合格率的关键。为了实现总体设计的质量标准，就必须设计基础酒是由哪些合格酒组成的以及这些合格酒的质量标准。根据合格酒主要微量成分的量比关系，可大致分成 7 个范畴。

① 己酸乙酯＞乳酸乙酯＞乙酸乙酯，这种酒的浓香好，味醇甜，典型性强。

② 己酸乙酯＞乙酸乙酯＞乳酸乙酯，这种酒喷香好，清爽醇净，舒畅。

③ 乳酸乙酯＞乙酸乙酯＞己酸乙酯，这种酒会出现闷甜，味香短淡，只要用量恰当，则可使酒味醇和净甜。

④ 乙缩醛＞乙醛（乙缩醛超过 100mg/100mL），这种酒异香突出，带馊香味。

⑤ 丁酸乙酯＞戊酸乙酯（含量达到 25～50mg/100mL），这种酒有陈味，类似中药味。

⑥ 丁酸＞己酸＞乙酸＞乳酸。

⑦ 己酸＞乙酸＞乳酸。

3. 调味

首先应通过品评，弄清基础酒的优点和不足之处，明确主攻方向，再确定选用什么调味酒。调味酒的性质要与基础酒符合，并弥补基础酒的不足。

怎样选用调味酒：第一，要了解各种调味酒的特性和功能，每种调味酒在基础酒中所能起到的作用。第二，要准确掌握基础酒的各种情况，做到对症下药。第三，积累自身丰富的调味经验，从实践中摸索调味技巧。

在浓香型白酒调味中，总结的要点为：浓香可带短淡单，微涩微燥醇和掩，苦涩与酸三相适，味新味闷陈酒添，放香不足调酒头，回味不足加香绵，香型气味须符合，增减平衡仔细研。这些要点还可以应用于其他香型酒的调味。

4. 正式勾兑调味

根据酒厂的酒量、容器大小和所需批量，一般在不锈钢池内进行，将小样勾兑确定的大宗酒用泵打入不锈钢池，搅拌均匀后，取样品评，再在取出的少量酒样中，按小样勾兑确定的比例，加入搭酒和带酒，混合均匀后品评，若无大的变化，即按小样勾兑比例将带酒和搭酒打入不锈钢池。再加浆到 60 度进行搅拌即为待调味酒的基础酒。如香味发生变化可作必要的调整，直到符合要求为准，经过小样实验，一般是比较可靠的。

（五）勾调环境及用具

1. 勾兑调味室

勾兑调味是一项细致的工作，必须有清净卫生的环境。勾兑调味工作切忌在尘埃满室、人声嘈杂的房间进行。有的名酒厂的勾兑调味室环境较好。远离烟叶、厨房及车间，室内窗明几净，用具及酒样安放有序，标签文字清晰、内容具体而准确。

　　2. 调酒用具

　　50mL、100mL、200mL 具塞量筒各 1 个，50mL 高脚杯 20 个，2mL 注射器 5～10 支，带盖玻璃瓶 5～10 个，容量为 10 L 的白搪瓷缸 1 个。

（六）计算机勾兑技术

　　1. 计算机勾兑技术的缘起和意义

　　20 世纪 70 年代，内蒙古轻工研究所成功研制 DNP 混合柱分析白酒香味成分，至此，气相色谱用于中国白酒研究取得了实质性进展。由于色谱分析技术的开发与应用，发现了白酒的香气成分多而复杂，2008 年茅台酒测出 963 个色谱峰，能够定性的有 873 种。目前，采用气相色谱法（毛细管柱、FID 检测器），大多数规模化白酒厂能够定量分析白酒的有机成分，酱香型白酒与浓香型白酒差不多，一般在 50 种左右，清香型白酒所含风味成分少些，只有 25 种左右。但含量微、阈值低的其他成分（尤其是浓香型白酒和酱香型白酒），至今不能全部确定，由此可见中国传统白酒的复杂性，这种复杂性也增加了中国传统白酒的神秘感。

　　白酒勾兑技术是白酒生产的核心技术之一。人工勾兑技术水平的高低虽然与基酒质量关系密切，但很大程度上还取决于评酒员评酒水平的高低以及经验的积累。这些技术在企业中只被少数人掌握，其主要的原因是该技术对人的生理素质要求较高，例如人的视觉、嗅觉、味觉的灵敏度和重复性，以及人的语言表达能力、综合感觉和体会能力等。另外，由于人的生理感觉有时是无法用语言表达的，只能意会而不能言传，因而在评酒技术的交流方面也存在一定的局限性。人工勾兑技术在企业中只被少数人掌握，有利于企业保守技术秘密，但人走技术走，极易使这一核心技术流失，给企业造成不可估量的损失。

　　人工勾兑技术的留存完全依附于核心技术人员，给企业保持长久的技术竞争优势带来隐患。另外，传统的人工勾兑，只利用色谱分析的 2～5 个理化数据，不仅组合计算十分复杂、费时、费力、可靠性低，而且不能通过对更多理化指标的控制来实现对感官质量的控制，造成了资源浪费（大量的分析数据闲置）。因此，科研人员、白酒专家和企业有关技术人员将色谱分析技术和计算机技术相结合，成功开发了计算机模拟勾兑技术，并在企业中得到了广泛应用。

计算机勾兑技术是白酒行业的一大技术革命，其重大意义主要体现在以下几个方面。

第一，从初期的人、机结合的计算机模拟勾兑，到逐步实现完全的计算机模拟勾兑过程，是勾兑技术由个人拥有向企业拥有的过渡过程。这一核心技术的转移，对于企业保持长久的技术竞争优势有着重要意义。

第二，在比较完善的色谱分析基础上，计算机可根据控制要求轻松计算各成分含量形成配方，使更多的成分控制成为可能，增加了质量控制的内涵，有利于提高并稳定产品质量。

第三，规范了过程管理，减少了工作随意性，培养了技术骨干。

第四，计算机软件简明的操作界面，使过程简单化和形象化，提高了工作效率，减轻了劳动强度。

第五，提高了一次成功率，并使成本控制变得轻而易举。

随着分析技术的不断发展，白酒香、味成分的专业化生产和计算机模拟勾兑技术的应用将会带来白酒生产方式的变革。新型白酒的诞生和越来越被认识、接受，就是一大进步，因此，计算机模拟勾兑技术的应用前景是广阔的。

2. 计算机模拟勾兑的基本原理

计算机模拟勾兑系统充分利用了色谱分析所得的 50 多种风味成分的数据，采用了白酒行业最具创新性的计算机模拟勾兑理论与人工神经智能网络技术和高性能计算机相结合，对这些数据进行科学计算，实现了对基础酒的勾兑组合。该系统可将多种基酒、多种成分同时纳入计算，实现了以前无法实现的功能，快速、准确地形成产品配方。

具体来讲，计算机勾兑就是将基础酒中的代表本产品特点的主要微量成分含量输入电脑，微机再按照指定坛号的基础酒中各类微量成分含量的不同，进行优化组合，使各类微量成分含量控制在规定的范围内，达到协调配比的要求。按照计算机系统给出的勾兑方案进行勾兑调味，再品尝、分析，若感官指标和理化指标均与标准基本吻合，则说明方案可行，结果可靠，否则应该重新勾兑。

3. 计算机模拟勾兑的功能特点

（1）稳定提高产品质量　计算机模拟勾兑系统可以分析处理 50 多种成分的数据，甚至十几种酒同时参与计算，在保证感官质量符合标准要求，具备本企业产品风格特点的前提下，分析处理理化指标数据，使产品符合标准要求，达到提高质量的目的。

（2）经验知识数据库的管理　计算机模拟勾兑系统的经验知识数据库的建

立，分别使用同规格、感官质量稳定的每批产品数据进行分析处理，得到某产品的理化指标数据和感官要求的知识经验，形成经验知识数据库。而且随着生产的进行，更多的产品理化数据和感官模拟数据被存放到经验知识数据库中，从而使数据库得到不断完善，为其后的生产提供宝贵的、可快速利用的资源。调酒工作时可以多人共用一批数据，不仅减少了劳动力，提高了工作效率，还使勾兑工作更加系统化、科学化。

（3）人工神经智能网络技术的应用　人工神经智能网络技术可以把几种甚至十几种基酒的理化指标全分析数据、感官指标与经验知识数据库中的经验配方进行拟合计算，形成理化指标和感官指标均符合要求的最佳配方，快速而准确，提高了工作效率和一次配酒成功率。提高优质品率（可勾兑率），克服了人的感官不足，达到最优化的组合方案，增加了经济效益。

（4）产品成本的有效控制　在稳定提高产品质量（感官、理化）的前提下，通过设定各种基酒的成本和目标产品成本并参与计算机的运算，从而确定各种基酒的最佳使用比例，使目标产品成本得到有效控制，达到降低产品成本的目的。

（5）酒库管理形象化　酒库所有容器、存量、出入库时间、质量指标（感官和理化指标）以及质量等级等能在计算机上快速浏览，一目了然。即时的刷新功能，可以清晰地了解各种酒的库存现状。小样勾兑管理子系统可同步浏览以上信息，使勾兑用基酒的选择更加方便快捷。

（6）对快速培养勾兑员起到促进作用　在计算机勾兑过程中，各种量比关系和平衡关系，大大加快对勾兑技术与白酒复杂关系的认识，可在短时间内学会和掌握计算机勾兑技术。采用计算机勾兑，可帮助勾兑人员认识酒中香味成分和感官特征的关系，加速提高勾兑员的品评能力。但应指出，计算机勾兑仍离不开品评，因此要利用好计算机勾兑，还需苦练品评技术。

4. 计算机模拟勾兑的基本流程

白酒中醇类物质和水约占99％，醛、酸、酚、酯等微量风味成分约占1％，色谱仪可分析出白酒中近百种微量成分，但影响酒的色香味的主要风味成分仅是其中的二十余种，例如：浓香型白酒的主要香味物质是己酸乙酯和适量的丁酸乙酯、乳酸乙酯。我们将厂家提供的样品酒的主要成分用色谱仪测量出后贮存在计算机中，以作勾兑的目标参数。勾兑时将每一批蒸馏出的原酒测出的成分提供给计算机，计算机根据目标参数计算出其最佳配比，按该配比进行小样勾兑，然后由勾兑师结合白酒的窖香、浓香、陈香、醇香等感官稍加调整，检验合格后，再由计算机控制系统进行大样勾兑。大样勾兑时，原酒、水等掺兑成分通过装有流量计、电磁阀的管道流入贮酒容器，流量计的读数受计算机监测，当读数达到预先设定的量时，计算机发出一个信号，电磁阀门将自动关闭，从而严格按所规定的配比勾兑成品酒。勾兑过程如下。

（1）对色谱原始数据进行分析，认清酒中重要的微量成分及其配比对酒的影响，得出若干种名优酒中微量成分含量的标准区间值，从而将勾兑调味归结为数学模型。再通过一系列措施，将这一数学模型转化为软件系统 JNCMS，利用计算机进行勾兑调味，则可得到质量高，风味独特而稳定，数量大的基础酒和成品酒。

（2）有了半成品酒微量组分数据后，勾兑系统还要求获得合格基础酒的微量组分的标准数据。这些数据是对勾兑人员人工勾兑出的合格基础酒进行色谱分析所得到的。通过对大量人工勾兑出的合格基础酒进行色谱分析，得到多套勾兑指标数据，利用计算机系统，分别按照这些不同的勾兑指标数据进行勾兑，并加以比较，选择出与人工勾兑出的基础酒口感接近的由计算机系统勾兑出的基础酒。其对应的勾兑指标，就是计算机系统勾兑的标准指标。将这一指标数据保存于计算机系统后，就可以随时进行勾兑工作了。

（3）在计算机勾兑系统进行勾兑时，勾兑人员可以根据实际需要并结合经验，通过人机对话，对指标数据进行修改与纠正，经反复修改完善直至满意。简言之，对勾兑系统的控制，就是对勾兑指标的控制。

计算机勾兑软件力求操作简便，并附有回答指示，有较强的纠错和修改功能，便于掌握软件进行操作。要求控制组分多，以增加半成品酒用量，并提高基础酒的合格率。库房号、楼层号、行列号、酒坛号及半成品酒用途等数据库的建立，更加方便勾调环节与酒库之间的联系，使稍差一点的酒有更多机会得到充分利用，有利于提高成品酒的出品率。

5. 计算机模拟勾兑系统的技术要求

计算机模拟勾兑系统包含组合勾兑与调味两个步骤：组合勾兑就是把质量参差不齐的酒按照数学模型计算出的比例混合在一起，相互取长补短，形成初具风格的基础酒；调味是根据基础酒的质量情况按照数学模型计算出的比例，把基础酒和调味酒混合，克服基础酒的不足，使其达到自身香型的各种特点。要达到这样的要求，需要对计算机勾兑系统提出一些主要的技术指标和要求，以保证勾兑组合计算的效果。

（1）通过计算机应用线性规划或混合整数规划程序计算出最优勾兑组合方案，保持酒的质量和风格的统一。

（2）应用线性单纯形法或混合整数分支定界法来完成酒中若干种主要芳香成分最优勾兑组合计算，得出最佳勾兑方案，并计算出达到勾兑标准时各主要芳香成分的数值以及基础酒的用量。

（3）该系统应既能完成勾兑组合计算，又能完成调味组合计算，还能同时完成勾兑调味组合计算，要求它是一个多用途多功能的勾兑组合计算系统。

（4）建立能定量描述酒的风味和酒质状况的数学模型，即线性规划数学模型和混合整数规划数学模型。数学模型中参加勾兑计算的决策变量个数和约束条件数，由操作人员根据需要人为调控。

（5）酒库管理的技术要求：一般曲酒入库需存放半年到 1 年才能进行勾兑。利用计算软件进行勾兑组合计算时，须调入相应数据记录，建立起适合计算机计算的勾兑数学模型。因此，要建立相应数据库对酒库进行有效管理。具体要求如下。

① 要求所设的各数据库能对酒库详细数据、勾兑标准及各名酒最优数值库进行有效的管理。

② 要求数据记录能完成以下数据项的记录：每坛酒的坛号；评分值、质量和相对密度；每坛酒的主要芳香成分数据。

③ 要求所设计出来的计算软件，在计算过程中能以中文形式在荧光屏上或是在打印机上显示或打印出计算结果和其他有关结果。

④ 要求人机对话功能比较强，程序在运算过程中，操作人员根据计算结果来控制程序进行相应运算，以便得到最优解。

⑤ 要求所设计出来的计算软件功能比较齐全，计算结果准确。

第三节　白酒的感官品评

一、白酒感官品评的意义和作用

（一）白酒感官品评的意义

白酒感官品评是利用人的感觉器官，按照各类白酒的质量标准来鉴别白酒质量优劣的一门检测技术。它既是判别酒质优劣的依据，又是决定勾兑调味成败的关键。其特点如下。

1. 它具有快速而又准确的特点

不需要仪器和试剂，只需简单的工具，在适当环境下很短时间内就能完成。

2. 它具有不可替代性

白酒的感官指标是衡量白酒内在质量的重要指标，而理化卫生指标目前还不能完全作为质量优劣的依据，即使两种理化卫生指标完全一致的白酒，在感官上亦可能有较明显的差异。白酒的风格取决于酒中香味成分的量比及相互平衡、缓冲、抵消等效应的影响，人的感官可以区分这种相互作用、错综复杂的结果，这是任何分析仪器无法取代和实现的。

3. 感官品评具有局限性

由于感官品评是通过人的感官来实现的，因此反映出的结果与人的因素密切相关，它受人的性别、年龄、地区、习惯、个人爱好、情绪、灵敏度等因素的影响容易发生偏差。

（二）白酒感官品评的作用

1. 感官品评是确定质量等级和评选优质产品的重要依据

通过品评，可以快速进行半成品检验，加强过程控制，及时确定产品等级，便于分级、分质、分库贮存，把好进出产品质量关，确保产品质量的稳定和不断提高。各级机关和管理部门通过评酒会、质量检评、评优等活动对推动白酒行业的发展和产品质量的提高起到了很大的作用。

2. 感官品评是指导生产的有力手段

通过品评，可及时发现生产中的问题，总结经验和教训，为进一步改革工艺和提高产品质量提供科学依据，还可以掌握白酒在贮存中的变化规律。

3. 感官品评是勾兑调味的先决条件

是检验勾兑调味效果的比较快速和灵敏的好方法，利于节省时间，节约检测成本，及时改进勾兑调味方案，使产品质量稳定。

4. 感官品评是一种鉴别假冒伪劣产品的有效手段

在流通领域，感官品评是识别假冒伪劣白酒最简便最有效的方法。

二、感官品评的基本方法

品评时一定要按照一看、二闻、三尝的顺序进行。

（一）眼观色

将盛有酒样的品酒杯放在白纸上，举杯对光，正观和侧观酒有无颜色或颜色深浅，然后轻轻摇动酒杯，立即观察其透明度及有无悬浮物和沉淀等，我国白酒一般为无色透明，而有些名优白酒、某些香型（酱香型、兼香型、芝麻香型等）由于生产工艺、发酵期、贮存期的原因可以允许微黄透明。如果酒色发暗或色泽过深，失光浑浊或有悬浮物、沉淀物，则酒色不正常。色一般用无色（清澈）透明、无悬浮物、无沉淀物、微黄透明、浅黄、微浑、浑浊、较透明、失光浑浊或有悬浮物、沉淀物等术语来表示，评酒员应进行色泽的感觉练习，找出各类酒在色泽上的差异。

（二）鼻闻香

名优白酒的感观质量标准是香气协调、有愉快感、主体香突出而无其他邪杂气味，同时应考虑是否有溢香（酒一倒出，香气四溢，芳香扑鼻）、喷香（酒一入口，香气即充满口腔，大有冲喷之势）、留香（酒咽下后口仍留余香，酒后作嗝，还有一种特殊的令人舒适的香气）。

在闻香气时，要特别注意。

① 各杯中酒量多少要一致。

② 鼻子与杯的距离要一致（一般 1~3cm）。

③ 吸气量不要忽大忽小，也不要过猛。

④ 只能对酒吸气不要呼气。

⑤ 闻完一杯，稍微休息后再闻下一杯。如果酒样较多，可按 1、2、3、4、5 顺次辨别酒的香气和异香，做好记录，然后再反顺次进行嗅闻，选出最好和最次的，或大致排个优劣顺序，然后将香气很接近的酒样反复比较，最终确定其质量优劣。

对于某些酒要作细致的辨别或难于确定名次的极微差异时，可以用一小块滤纸吸入适量酒样放鼻孔处细闻，或者在手心或手背上滴几滴酒样，然后两手相搓，借体温使酒挥发，及时嗅其气味。也可以将酒倒掉，留出空杯，放置一段时间或放置过夜，以检查留香的持久性。酒香评语一般用：芳香、芳香悦人、浓郁、幽雅、窖香浓郁、窖香、浓香、糟香、曲香、酯香、香气纯正、突出、固有（特有）的香气、香短香淡、放香小、冲鼻、不纯正、有焦煳气味、腐败臭、有杂醇油臭及其他臭气味等。

（三）口尝味

白酒的味是靠舌的味蕾来感受，味蕾主要分布在舌面上，不同区域对某些味觉的敏感度有很大的差异。酸、甜、苦、咸是四种基本味觉。舌尖对甜最敏感，舌的两侧对酸最敏感，舌根对苦最敏感，接近舌尖的两侧对咸最敏感。

通过闻香确定酒样浓淡和酒度的高低后，再采用从淡到浓或从低度到高度的顺序进行口尝，把暴香和异香、异杂味的放到最后尝，以防止对味觉刺激过大而影响品评结果。按品评酒样多少一般又分初评、中评、总评。初评：从香气小的开始，入口酒样布满舌面，并能咽下少量酒为宜，酒咽下后同时吸入少量空气，立即闭嘴，向外呼气，可辨别酒的回味以及是否刺鼻，排出初评的口味顺序。中评：重点对初评的口味相近似的酒样进行认真品评比较，确定中间酒样的口味顺序。总评：在中评基础上加大入口量，一方面确定酒的余味，另一方面对暴香和异香、邪杂味大的酒进行品评，以便从总的品尝中排出本轮次酒的顺序。

品尝时要注意：

① 每次进口量应保持一致，一般控制在 0.5～2mL，在口中停留的时间也应保持一致，时间在 5～10s。

② 酒样要布满舌面，仔细辨别其味道。

③ 酒样下咽后，立即张口吸气，闭口呼气，辨别酒的后味。

④ 品尝次数不宜过多，一般不超过 3 次。每次品尝后用水漱口，防止味觉疲劳。

（四）综合起来看风格

格即风格，也称酒体，是酒的色、香、味的综合印象。一般用独特、固有风格、典型风格、风格突出、一般风格、风格不突出、偏格、错格等术语来表示。

（五）白酒感官品评的注意事项

（1）一般通过两次的看、闻、尝就要得出结果，反复次数不能过多，否则易于疲劳、迟钝，影响品评结果。品评完一轮后，保持足够的休息时间，一般要休息 15～30min，让味觉充分休息和恢复。

（2）注意抓准各个酒的特征。不同香型酒的特征容易认识，其共性可用自己的语言描述把它记牢。较难的是同香型白酒之间的认识和辨别，这就必须抓住共性中的个性，每个酒都有独特的风格，有与众不同的香气和味道。

（3）品评时精力要集中，以增强记忆力，不要紧张，不要有先入为主的看法，也不要轻易否定第一次的判断结果。

（4）在尝酒时，应以嗅觉为主，视觉和味觉为辅地进行认识和判断，因为嗅觉比味觉要灵敏，而且不易疲劳，疲劳了恢复得快，几分钟就恢复了，而味觉一旦疲劳就难以恢复，多用鼻闻减少酒对舌头味觉器官的刺激，对保护味觉有很重要的作用；另外白酒中的微量成分大多数都是既呈香也呈味，只有味觉没有嗅觉的成分很少，高级脂肪酸乙酯、丁二醇等多元醇主要呈甜味和醇厚感，香气较微小，其他的都能在嗅觉上有所反映。所以，嗅觉训练好了，能起到 80% 的作用。

（5）空杯留香的判断。要区别质量差时，除了正常的一看、二闻、三尝外，还可以在初步判断出质量的优劣后，通过闻每个酒的空杯留香进一步判断出酒样的质量优劣。好的酒空杯留香持久、香气舒适、细腻，差的酒空杯留香较短，异杂味明显，如泥腥味、泥臭味等。

（6）认真地总结每轮酒的经验和教训，保持稳定的情绪，做好记录，不断提高。

三、品酒训练内容

作为一名合格的品酒师，需要进行准确性、重复性、再现性和质量差的反复训练，以提高自身对酒的判别能力。

1. 区分各种香型的准确性

能准确描述各种白酒的香型和风格特征。目前中国白酒香型有浓香型、清香型、米香型、酱香型、凤香型、豉香型、芝麻香型、特香型、兼香型和董型等。在训练时，要注意用白酒的色、香、味来确定香型和风格。

2. 同轮次重复性

在同一轮次中，有两个相同的酒样，经品评后，它的香型、评语及打分应该相同。

3. 再现性

取同一酒样分别倒入两个相近轮次的酒杯中，密码编号，进行品评。要求准确打分，写出评语和香型。同一酒样，其香型、评语和分数应相同。

4. 质量差

在同一香型酒样的轮次中，根据不同酒质进行品评，准确打分和写评语，酒质好的分数高、评语表达好；酒质差的分数低，评语表达差。最后根据分数和评语排列顺序，说明其质量差异。

四、品酒人员应具备的专业技能

努力提高品评专业能力，实现"四力"。

1. 检出力

品酒师应具有灵敏的视觉、嗅觉和味觉，应对色、香、味有很强的辨别能力——检出力。这是品酒师应具备的基本条件。

2. 识别力

在提高检出力的基础上，品酒师应能识别各种香型白酒及其优缺点。

3. 记忆力

通过不断训练和实践，广泛接触各种类型的白酒，在感官品评过程中不断提高自己的记忆力，如重复性和再现性等。

4. 表现力

品酒师应在识别力和记忆力中找到问题的所在，并进行恰当描述。不仅以合理的打分来评判酒的色、香、味和风格，而且能把抽象的东西，用简练的语言描述出来，这种能力称为表现力。

5. 努力达到"一专多能"

做到"四懂"，即懂工艺、懂分析、懂勾调、懂贮存。

第 九 章

白酒副产物的综合利用与清洁生产

中国白酒是世界著名的六大蒸馏酒之一，随着近年来人民生活水平的不断提高，产业发展势头迅猛。2019年我国白酒产量为785.9万千升，在白酒酿造过程中需要排放大量的污水、丢糟、废气等废弃物，酿酒副产物资源化、效益化利用关系到酿酒产业的持续健康发展。酿酒废弃物的效益化利用经历了不同的阶段，第一阶段为简单利用和达标排放；第二阶段体现为酿酒企业的无害化、效益化链式处理酿酒废弃物，企业从源头统筹考虑"三废"的效益化利用问题；第三阶段随着国家对环保要求的不断提高，企业加大研发投入，让酿酒废弃物的处理向深度效益化迈进，进入高质量利用阶段。

第一节　黄水与底锅水的综合利用

一、黄水的综合利用

黄水是浓香型大曲酒和清香型大曲白酒发酵过程中的必然产物。其成分相当复杂，除酒精外还含有酸类、酯类、醇类、醛类、还原糖、蛋白质等含氮化合物，另外还含有大量经过长期驯化的梭状芽孢杆菌，它是产生己酸和己酸乙酯不可缺少的有益菌种。若将黄水直接排放，对环境将造成严重污染。如采取适当的措施，使黄水中的有效成分得到利用，则可变废为宝。不仅可减轻环境污染，同时对提高曲酒质量、增加曲酒香气、改善曲酒风味具有重要作用。

（一）酒精成分的利用

将黄水倒入底锅中，在蒸丢糟酒时一起将其酒精成分蒸馏出来，称为"丢糟黄水酒"，这种酒一般只作回酒发酵用。这种利用黄浆水的方法只是将黄水中的酒精成分利用，而其他成分并未得到利用。

（二）酯化液的制备与应用

1. 酯化液的制备

将黄水中的醇类、酸类等物质通过酯化作用，转化为酯类，制备成酯化液，对提高曲酒质量有重要作用，尤其可以增加浓香型大曲酒中己酸乙酯的含量。用黄水制备酯化液的方法各厂不同，现举例如下。

例1：取黄水、酒尾、大曲粉、窖泥培养液按一定比例混合，搅匀，于大缸内密封酯化。具体操作如下。

（1）配方　黄水25%，酒尾（酒精含量10%～15%）70%，大曲粉2%，窖泥培养液1.5%，香醅2%。

（2）酯化条件　pH值3.5～5.5（视黄水的pH值而定，一般不必调节），温度32～34℃，时间30～35天。

例2：采用添加HUT溶液制备黄水酯化液，HUT溶液的主要成分是泛酸和生物素，泛酸在生物体内以CoA形式参加代谢，而CoA是酰基的载体，在糖、酯和蛋白质代谢中均起重要作用。生物素是多种羧化酶的辅酶，也是多种微生物所需的重要物质。

（1）HUT溶液　取25%赤霉酸，35%生物素，用食用酒精溶解；取40%的泛酸用蒸馏水溶解。将上述两种溶液混合，稀释至3%～7%，即得HUT液。

（2）酯化液制备　黄水35%，酒尾（酒精含量20%）55%，大曲粉5%，酒醅2.5%，新窖泥2.5%，HUT液0.01%～0.05%。保温28～32℃，封闭发酵30天。

例3：利用己酸菌产生的己酸，增加黄水中己酸的含量，促使酯化液中己酸乙酯含量增加。菌种10%，己酸菌液8kg，用黄水调pH值至4.2，酒尾调酒精含量为8%。保温30～33℃，发酵30天。

2. 酯化液的应用

黄水酯化液主要应用在以下几个方面。

（1）灌窖　选发酵正常，产量、质量一般的窖池，在主发酵期过后，将酯化液与低度酒尾按一定比例配合灌入窖内，把窖封严，所产酒的己酸乙酯含量将有较大提高。

（2）串蒸　在蒸馏丢糟酒前将一定量的黄水酯化液倒入底锅内串蒸，或将酯化液拌入丢糟内装甑蒸馏（丢糟水分大的不可用此法），其优质品率平均可提高14％以上。

（3）调酒 将黄水酯化液进行脱色处理后，可直接用作低档白酒的调味。

二、底锅水的利用

（一）制备酯化液

大曲酒生产中每天都有一定数量的底锅水，气相色谱分析结果表明底锅水中含有乙酸、乙酸乙酯、乳酸乙酯、己酸乙酯以及正丙醇、异丁醇、异戊醇等成分。酒厂将底锅水自然沉淀后取上清液，加入酒尾等原料在高温下酯化可制得酯化液，用于串蒸与调酒。

串蒸方法与黄水酯化液相同，据报道，其曲酒的优质品率平均可提高12.5％以上。

用于调酒时，先将底锅水酯化液过滤，再用粉末活性炭脱色处理，处理后的酯化液杂味明显减少，然后加入到配制好的低档白酒中搅拌均匀，存放一周，可明显改善白酒的风味。

（二）用于生产饲料酵母

某浓香型酒厂将浓底锅水（加黄水串蒸后的底锅水）按 1：2 用水稀释，添加一定量无机盐和微量元素，接种酵母菌，30℃培养 24h，离心、烘干即得饲料酵母。用此法每吨浓底锅水可得绝干菌体 45kg，这样年产 6000 吨大曲酒的工厂每年可生产干酵母粉 200 吨以上。

第二节 固态酒糟的综合利用

一、酿酒废弃资源的传统利用处理方式

（一）丢糟的处理利用

1. 丢糟的饲料利用

丢糟是传统白酒生产主要的固态副产物。中国传统白酒是以大米、小麦、高粱以及玉米等粮食作为原料，采用大曲、小曲、麸曲等为糖化发酵剂，经一定周期发酵、固态蒸馏而得的蒸馏酒。在固态白酒生产中一般生产 1 吨白酒产生丢糟约 3 吨。2019 年我国白酒产量约 785.9 万千升，产生的丢糟数量庞大，由于丢糟本身水分含量高（60％左右）、发酵后气味较重、运输过程易霉变，这些特点极大地限制了丢糟的应用，且极易造成环境污染，带来负面影响。另一方面，丢

糟中含有 10% 左右的淀粉（不同香型的丢糟可能存在差异）、粗纤维、蛋白质以及微量元素等营养物质，不进行有效利用将会造成资源浪费。

白酒酿造产生的丢糟最为广泛的应用就是作为饲料。传统的利用方式简单粗放，由于丢糟的水分高（约 60%）、粗蛋白含量较高（约 13%）、粗纤维含量高（约 20%），消化能、代谢能都不高，丢糟作为饲料直接用于家畜饲喂效价非常低，必须运用现代生物技术和手段提高丢糟饲料的利用效率。现在行业内已经有多项成熟有效的利用方式，例如以丢糟为主要原料，通过微生物发酵，提高蛋白质含量同时促进氨基酸平衡，将丢糟变废为宝。该技术生产成本低，相较于传统粗放的利用方式经济效益大大提升。目前已有多个企业联合高校、科研院所在该领域取得了多项研究成果，其中有研究表明利用丢糟研制的 SCP（单细胞蛋白）饲料粗蛋白含量可达 39.73%，可使丢糟的饲料效价大大提高。

2. 生产复糟酒

复糟酒是以传统白酒丢糟作为主要原料，通过添加酒曲或糖化发酵剂（例如糖化酶、活性干酵母等），然后在窖池内发酵一定时间后，再经蒸馏而得的白酒。酿酒行业每年产生的丢糟数量庞大，一次丢糟中淀粉含量一般在 10%~15%，还有大量的呈香呈味物质，将丢糟中的淀粉有效利用能产生巨大的经济效益，因此一次丢糟生产复糟酒在行业内推广较多。

3. 其他利用方式

除上述两种主要利用方式外，行业内对于丢糟的其他利用规模都偏小，没有成熟的模式。丢糟中氮磷含量高，还含有丰富的 B 族维生素和生长因子，对于部分食用菌的种植是很好的基料，利用丢糟种植食用菌操作较简单，如利用石灰水调节鲜丢糟的 pH 值，或加入少量营养物质就能达到栽培使用的条件。白酒丢糟栽培食用菌的方法是成熟可行的，但是其固态物质总量在栽培过程中变化不明显，所以还需要做进一步的无害化处理。

（二）稻壳的回收与利用

1. 稻壳的回收

将白酒酒糟直接输送至酒糟分离机内与水充分混合、搅拌后，稻壳与粮渣分离，然后进入稻壳脱水机脱水分离。其工艺流程见图 9-1。

湿法分离可回收大部分的稻壳，但离心分离后的滤液中含有大量的营养物质，直接排放将造成环境污染。也有采用干法回收稻壳的，白酒糟经干燥后用挤压、摩擦、风选等机械方法分离稻壳。分离稻壳后的干酒糟中还含有大部分的稻

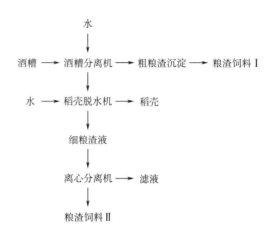

图 9-1　酒糟湿法分离稻壳工艺流程

壳，经粉碎后可用作各种饲料，其营养价值比全酒糟干燥饲料有所提高。

2. 稻壳的利用

回收的稻壳与新鲜稻壳以 1∶1 的比例搭配，按传统工艺酿酒，产品质量与全部使用新稻壳酿制的酒比较，质量有一定的提高。这样既节约了稻壳又提高了产品质量。

二、香醅培养

将正常发酵窖池的新鲜丢糟分别摊凉入床，加适量糖化酶、干酵母、大曲粉及打量水，一定温度入池发酵至第 9 天，将酯化液与低度酒尾的混合液泼入窖内，封窖发酵可得质量较高的香醅。所得香醅可用作串香蒸馏，也可单独蒸馏得调味酒，用于低档白酒的调味。

三、菌体蛋白的生产

利用酒糟，生产菌体蛋白饲料，是解决蛋白质饲料短缺的重要途径。近年来少数名酒厂，如泸州老窖酒厂在小型试验的基础上，进行了生产性的试验，并取得了一定成绩。重庆某酒厂用曲酒糟接种白地霉生产单细胞蛋白（SCP），粗蛋白含量达到 25.8%。目前用于生产菌体蛋白的微生物主要有曲霉菌、根霉菌、假丝酵母菌、乳酸杆菌、乳酸链球菌、枯草芽孢杆菌、赖氨酸产生菌、拟内孢霉、白地霉等。以菌种混合培养者效果较为明显。利用酒糟生产菌体蛋白的一般工艺流程见图 9-2。

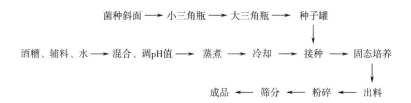

图9-2 酒糟生产菌体蛋白的工艺流程

泸州老窖生物工程公司生产的多酶菌体蛋白饲料，其营养成分为粗蛋白≥30％，赖氨酸≥2％，18种氨基酸总量≥20％，粗灰分≤13％，水分≤12％，纤维素≤18％。

根据四川养猪研究所试验，用多酶菌体蛋白饲料取代豆粕养猪，其添加量为10％～15％。饲养结果表明，添加多酶菌体蛋白后，改善了饲料的适口性，增加了采食量，降低了饲料成本，提高了养猪的经济效益。

四、酒糟干粉加工

酒糟干粉加工由于所用热源不同，干燥温度不同，干燥后加工工艺不同（粉碎或稻壳分离），再加上鲜糟质量的差异，因此加工成的干糟粉质量差别较大，饲喂效果也不相同。

1. 热风直接干燥法

皮带输送机将鲜酒糟通过喂料器送入滚筒式干燥机，同时加热炉将650～800℃的热风源源不断地送入干燥机，湿酒糟与热风在干燥机内进行热交换，将水分不断排出，干燥尾温为110～120℃，烘干后的酒糟从卸料器排出，去杂后粉碎、过筛、计量、装袋、封口、入库。该工艺设备简单，处理量大；其干粉成品一般含水分≤12％，但由于干燥温度高，易出现稻壳焦煳现象，引起营养物质的破坏。其工艺流程见图9-3。

图9-3 酒糟热风直接干燥工艺流程

2. 蒸汽间接干燥法

湿酒糟经喂料机送入振动干燥床的同时，鼓风机将干热蒸汽通过干热蒸汽缓冲槽把 160～180℃的干热空气分别送入两台振动干燥床，进行连续干燥，干燥后的酒糟由自动卸料器排出，除杂后再粉碎、计量、装袋、封口、入库。该工艺干燥温度低，产品色泽好，营养物质破坏较少，含水量＜10％，产品质量优于直接热风干燥，但能耗大，设备处理能力不如直接热风干燥。其工艺流程见图 9-4。

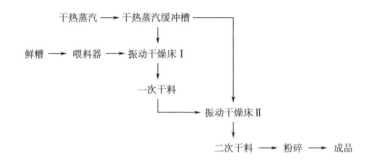

图 9-4 酒糟蒸汽间接干燥流程

3. 晾晒自然干燥法

将鲜酒糟直接摊凉于晒场，并不断扬翻以加速干燥，这种方法投资少、见效快、节能且营养物质及各种生物活性物质不易被破坏。但晒场占地面积大，受自然条件约束，不宜工业化大生产，较适合于中小酒厂使用。

第三节 液态酒糟的综合利用

一、固液分离技术

液态酒糟是液态法白酒厂或酒精厂排出的蒸馏废液，各生产厂家的工艺条件不同，每生产 1 吨酒精排出 10～15 吨酒糟液。一般酒糟中含 3％～7％的固形物和丰富的营养成分，应予以充分利用。目前酒糟液的处理方法有多种，但不论采取哪一种方法都需要将粗馏塔底排出的酒糟进行固液分离，分为滤渣和清液，主要的分离方法有沉淀法、离心分离法、吸滤法。

沉淀法一般是在地下挖几个大池，人工捞取，劳动强度大，固相回收率较低，一般为 40％左右。

离心分离法是采用高速离心机将滤渣和清液分离开来，常用的离心机是卧式螺旋分离机。设备简单易于安装，但由于设备的高速旋转再加上运行温度高，设备事故较多。

吸滤法是近几年在酒精行业兴起的新工艺。主要采用吸滤设备，设备庞大，固相回收率不及离心分离，但运转连续平衡，设备运行事故较少。

二、废液利用技术

酒糟经固液分离后，得到的清液用于拌料有利于酒精生产，另外还可用于菌体蛋白的生产和沼气发酵。

（一）废液回用

粗馏塔底排出的酒糟进行固液分离后，得到的清液中不溶性固形物含量在0.5％左右，总干物质含量为3.0％～3.5％。由于清液中有些物质可作为发酵原料，有些则可促进发酵，有利于酒精生产，所以过滤清液可部分用于拌料。这样不仅节约了多效蒸发浓缩工序的蒸汽用量，减轻了多效蒸发负荷，而且可以替代部分拌料水，节约生产用水。

（二）菌体蛋白的生产

对固液分离得到的废液进行组分及pH值的调整后可用于菌体蛋白的生产，其工艺流程见图9-5。经此工艺处理可得到含水分为10％左右的饲料干酵母，蛋白含量为45％左右，COD_{Cr}去除率为40％～50％。

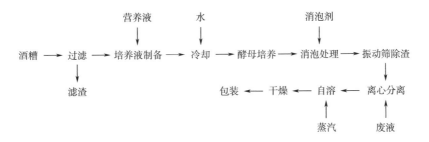

图9-5　滤液菌体蛋白生产工艺流程

（三）沼气发酵

沼气发酵多用于营养成分相对较差的薯干酒精废液的处理。已有成熟的工艺和设备，1吨薯干酒精糟废液（不分离）可产沼气约280m³，COD_{Cr}去除率可达86.6％；BOD_5去除率89.6％；1吨木薯酒精糟废液可产沼气约220m³，1m³分离滤液可产沼气12～14m³，COD_{Cr}去除率可达90％。

（四） DDG 生产技术

以玉米为原料的酒精糟营养丰富，干糟粗蛋白含量一般在 30％ 左右，是极好的饲料资源，固液分离后的湿酒糟可直接作为鲜饲料喂养畜禽，也可以经干燥后制成 DDG 干饲料。酒精糟经离心分离后，分成滤渣和清液两部分。其中滤渣水分≤73％，经干燥后即得成品 DDG。

（五） DDGS 生产技术

DDGS 是以玉米为原料，对经粉碎、蒸煮、液化、糖化、发酵、蒸馏提取酒精后的糟液，进行离心分离，并将分离出的滤液进行蒸发浓缩，然后与糟渣混合、干燥、造粒，所制成的玉米酒精干饲料。其生产工艺流程见图 9-6。

图 9-6　DDGS 生产工艺流程

离心分离后酒糟分成滤渣和清液两部分，其中滤渣水分≤73％，滤液含悬浮物 0.5％ 左右。滤液经多效蒸发成为固形物含量 45％～60％ 的浓浆后，与滤渣混合，然后干燥、过筛、造粒、包装，即得 DDGS 成品。

DDGS 属于国际畅销饲料，它不仅代替了部分饲料，而且避免了废糟、废水对环境的污染。缺点是滤液蒸发能耗高、投资大，适用于大规模生产。

第四节　白酒生产的废水处理

白酒生产过程的"三废"治理主要在废水处理方面。现在的酒厂用的锅炉大部分是天然气锅炉，即使是燃煤锅炉也能达到废气排放标准，所以废气不需要单独处理。固体废弃物主要集中在酒糟和煤渣上。小曲固态发酵法白酒生产的酒糟富含酵母蛋白和残余淀粉，是优质的动物饲料，各厂的酒糟都提前被养殖企业订购。煤渣也同样有制砖厂收购，所以小曲白酒厂基本上没有固态废料排放，唯一需要处理的是白酒厂的废水，即污水处理。

一、污水来源

小曲白酒的污水排放来源主要分以下两部分。

（一）生产废水

主要有高粱等粮食原料经浸泡、蒸煮、发酵、蒸馏过程产生的废水，以及包装清洗酒瓶用水、清洗工用具用水等。高粱酿酒糟液的污染物浓度很高，COD（化学需氧量）值高达 8000mg/L 以上，BOD 浓度在 4000mg/L 以上，悬浮物的浓度也在 3000mg/L 以上。废水中悬浮物颗粒细小，糟液中还含有一定量的泥沙。废水排放时的温度一般比较高，废水中含有大量的余热，具有间断排放、排放不均匀、污染物成分复杂等特点。

（二）生活污水

主要来自于职工生活区的生活用水。污水污染物负荷低、可生化性较强。

目前，各酒厂都采取了一些措施减少污水排放：使用免闷水新设备蒸粮，不用闷粮水，不排闷粮水和泡粮水，减轻投粮量 3 倍多的污水处理压力；蒸馏酒时冷却器上部热水，回收作泡粮水，既节水，又省能，不直接排放，也减轻了污水处理压力；合理使用冲洗瓶水，将其回收稍加处理后，继续用作泡洗瓶用水。

二、污水处理方式的选择

酒厂污水处理工艺流程是将酒厂生产过程中产生的废水和生活污水处理的工艺方法的组合。通常根据污水的水质和水量，回收的经济价值，排放标准及其社会效益和经济效益，通过分析和比较，决定所采用的处理工艺流程。一般原则是：工艺简单、减少污染、回收利用、综合防治、技术先进、经济合理等。

污水的污染程度取决于它们的物理化学和生物化学性质——色泽、透明度、气味、固形物含量、pH 值、生物需氧量（BOD）、化学需氧量（COD）和其他指标。

生物需氧量（BOD）表示在 20℃下，生物氧化 1L 污水中有机物所需氧的毫克数。五天后测定的需氧量用 BOD_5 表示，20 天后测定的需氧量用 BOD_{20} 表示（20 天认为是氧化基本完全了）。一般情况下 BOD_5 是 BOD_{20} 的 70%～80%。

由于 BOD 测定时间太长，工厂里又采用另一个指标，即化学需氧量 COD，它表示用重铬酸钾或高锰酸钾溶液来氧化污水中有机物时，每一升污水中有机物所需的氧的毫克数。它的数值通常都比 BOD 值大，但测定所需的时间短。

酿酒工业生产废水中的污染物比一般工业废水污染物浓度高得多，采用简单的一级处理无法达到《发酵酒精和白酒工业水污染物排放标准》（GB 27631—

2011）的直接排放标准。一般的厌氧工艺，无论是普通厌氧消化还是采用 UASB（上流式厌氧污泥床反应器）、AF（升流式厌氧生物滤池）等工艺设备处理，其处理效率一般也只有 75%～80%。而好氧处理对污染物（COD_{Cr}）最高也只能达到 85%～90% 的去除率。因此，无论是采取何种工艺，若废水不经过预处理，对污染物浓度 COD 高达 8000mg/L 的酿酒工业废水来说，是无法达到排放标准的（排放标准为 COD 浓度＜100mg/L）。

同时由于废水中悬浮物浓度一般都在 1000mg/L 以上，废水具有一定的黏度，而且废水中悬浮物沉淀性能极差，采用简单的沉淀工艺进行预处理无法奏效。所以，在预处理环节只能采用效率较高的固液分离设备。尽可能地减少废水中的悬浮物，降低废水中的有机物含量，减轻后续处理工序的负担。

酿酒废水中有机物浓度高，污水中 BOD（生化需氧量）/COD（化学需氧量）比值较大，生化性强，一般采用生物化学方法处理。

（一）厌氧生物处理工艺

在自然界的厌氧环境里，生长着大量以有机物作为营养源的厌氧微生物，其将有机物分解转化为自身生长所需的物质和能量。废水的厌氧处理工艺正是基于这样一种自然分解原理，有针对性地驯化厌氧微生物，达到去除污染物的目的，这是一种能耗低、效率高的生物处理技术，近年来广泛应用于各种废水的治理。

厌氧生物处理根据微生物分解产物类型分为水解酸化阶段、产乙酸阶段、甲烷化阶段，其中产乙酸阶段包括同型产乙酸阶段和产氢产乙酸阶段。在整个厌氧反应里，这几个反应阶段同时进行着，只是各阶段微生物营养源数量的多少决定了其主导反应。一般来说，有机物的分解首先是经过水解酸化阶段将有机物的高分子聚合结构分解为小分子化合物和低分子聚合物，然后再经过产酸产甲烷阶段将这些低分子聚合物分解成 CH_4、CO_2、H_2O 等可以直接进入自然界的低分子化合物。通常，水解酸化阶段的停留时间较短，根据水质的不同在 2～15h，产酸产甲烷阶段的停留时间较长，达 24h 以上。

在废水的厌氧生物处理中，废水中的有机物经大量微生物的共同作用，被最终转化为 CH_4、CO_2、H_2O、H_2S、NH_3。在此过程中，不同微生物的代谢过程相互影响，相互制约，形成了复杂的生态系统。

厌氧的降解过程可分为以下四个阶段。

1. 水解阶段

高分子有机物因相对分子量巨大，不能透过细胞膜，故不能为细菌直接利用，因此它们在第一阶段被细菌胞外酶分解为小分子，这些小分子的水解产物能够溶解于水并透过细胞膜为细菌所利用。

2. 发酵（或酸化）阶段

在这一阶段，上述小分子的化合物在发酵细菌（即酸化菌）的细胞内转化为更为简单的化合物并分泌到细胞外。这一阶段的主产物有挥发性脂肪酸、醇类、乳酸、二氧化碳、氢气、氨、硫化氢等。与此同时，酸化菌也利用部分物质合成新的细胞物质。

3. 产乙酸阶段

在此阶段，上一阶段的产物被进一步转化为乙酸、氢气、碳酸以及新的细胞物质。

4. 产甲烷阶段

在此阶段，乙酸、氢气、碳酸、甲酸和甲醇等被转化为甲烷、二氧化碳和新的细胞物质。

一般污水处理使用的厌氧反应器包括高负荷厌氧生物滤池（AF）、厌氧接触反应器、上流式厌氧污泥床反应器（UASB）、分段厌氧消化反应器、厌氧流化床等。

所有厌氧反应器的本质是一样的，只是处理效果和处理能力上有差别，在此情况下，反应器内部都存在一个沼气发酵对有机物消化的过程。

高负荷厌氧生物滤池又称厌氧固定膜反应器，池内装放组合式填料，池底和池顶密封。厌氧微生物附着于填料的表面生长，当废水通过填料层时，在填料表面的厌氧生物膜的作用下，废水中的有机物被降解，并产生沼气，沼气从池顶部排出。滤池中的生物膜不断地进行新陈代谢，脱落的生物膜随水流出池外。

高负荷厌氧生物滤池具有如下特点。

（1）污泥停留时间长，平均停留时间长达 100 天左右，因此可承受的有机容积负荷高，COD 容积负荷为 $2\sim16\mathrm{kg\ COD}/(\mathrm{m^3 \cdot d})$、且耐冲击负荷能力强。

（2）废水与生物膜两相接触面大，强化了传质过程，因而有机物去除速度快。

（3）微生物固着生长为主，不易流失，因此不需污泥回流和搅拌设备。

（4）启动或停止运行后再启动速度快。

（二）好氧生物处理工艺

好氧生物处理方法在近几年以新发展起来的活性污泥法、生物接触氧化法、氧化沟、SBR（序批式活性污泥）应用最广。

生物接触氧化法是生物膜法的一种形式，它是在生物滤池的基础上，由生物曝气法改良演化而来。该法的主要特点是，在曝气池中放置比表面积很大的填料，微生物附着在填料上并以生物膜的形式存在，以废水中的有机物作为养料，并依靠外界曝气获得所需的溶解氧。该技术早已被用来处理各种不同浓度的有机废水，近年来更是开发出结构和性能很好的新型填料，其对 COD 的去除率达90％以上，对 BOD 也有较高的去除效果。

（三）有机颗粒及悬浮物去除工艺

常用于去除不可溶性有机颗粒及悬浮物的物理化学方法有：混凝沉淀法、气浮法、过滤法、吸附法。

气浮法是以微小气泡作为载体，吸附水中的杂质颗粒，使其密度小于水，然后颗粒被气泡夹带上升至水面与水分离去除的方法。气浮法主要适用于污水中固体颗粒粒度很细小且颗粒本身及其形成的絮体密度接近或低于水，很难利用沉淀法实现固液分离的各种污水。常用在给水净化，生活污水、工业废水处理。可取代给水和废水深度处理的预处理。

按产生气泡的方式气浮法还可分为溶气气浮、充气气浮、电解气浮等。

根据综合污水的特殊性，以及一次性投资、运行费用、操作管理、占地面积等几个因素综合考虑，在污水处理中对几个工艺进行评估选择：厌氧生物处理工艺选择高负荷 AF 厌氧生物滤池；好氧生物处理工艺选择生物接触氧化法；去除有机颗粒及悬浮物工艺采用栅格、调节池＋高效溶气气浮系统。

第五节　白酒工厂清洁生产工艺

白酒酿造作为一项民族传统技艺，历史悠久。在激烈的市场竞争中，行业要求进一步提高，生产企业需要进一步提升生产技术，才能够有效地提高市场竞争力，获得长久发展。白酒酿造企业必须走可持续发展道路，清洁化生产必将是整个企业改革和发展中的一个至关重要的创新点。

一、研究背景和意义

当今全球环境面临前所未有的挑战：污染问题亟待解决，环境问题突出；传统的末端治理效果不理想；在生产的过程中会产生大量消耗及污染，已成为工业污染中的主要产源。正因如此，选择走可持续发展的道路，成为了各个企业的必然选择，而实践证明清洁化生产是实施企业可持续发展战略的最佳路线。

一些发达国家通过多年来对污染的治理以及长期的实践已经认识到，想要从根本上解决生产中的污染问题，一定得把"预防为主、防治相结合"的理念充分重视，最大化地治理生产过程中产生的污染，对生产过程中的每一个环节进行全面有效的管控治理。从1970年起，在国际上一些先进的企业就开始了探究、研发并采用生产环节中的清洁工艺，针对企业污染控制这一课题，开创了全新的污染预防及治理的办法，企业生产清洁化，对于企业乃至整个国家来说，都是经济和环境和谐发展的最佳措施，有着极大的战略意义。在发达国家中，他们已经通过技术手段和立法推广宣传等众多举措，推动了本国清洁化生产的深度和广度。

2021年，国务院印发《关于加快建立健全绿色低碳循环发展经济体系的指导意见》，提出要统筹推进高质量发展和高水平保护，建立健全绿色低碳循环发展的经济体系，确保实现碳达峰、碳中和目标，推动我国绿色发展迈上新台阶。我国将"节能减排"作为调节经济结构、改变经济发展模式、促进科学发展的重要手段。近年来，清洁生产工艺取得了显著的成效，同时使国内企业提升了市场竞争力，提高了资源、能源的转换率和利用率，提高了经济、环境和社会效益。

二、清洁生产发展历程

一九八九年，联合国开始逐步推进清洁化生产的发展，全球有八个国家成立了清洁化生产中心，推动着其他国家清洁化生产的开展。

同年五月，联合国环境署工业和环境规划活动中心，联合制定了《清洁生产计划》。

一九九二年六月，在里约热内卢召开"联合国环境与发展大会"，会议上，《21世纪议程》全票通过，呼吁所有企业提高生产能效，开发新型的清洁生产技术，以促进企业生产可持续发展的实现。美国、澳大利亚以及荷兰、丹麦等发达国家对清洁化生产进行立法，并建立了相关的机构部门，在科研、信息交流、项目示范和大众推广等相关领域取得了不菲的成绩。

一九九四年，中国政府作出履行联合国所通过的《中国21世纪议程》的承诺，并把清洁化生产列入"重点项目"中。并于一九九五年将清洁生产写入国家环保法。一九九七年，我国环境保护局颁布了《关于推进清洁生产的若干意见的通知》。进入21世纪后我国先后制定并实施了HJ/T 402—2007《清洁生产标准白酒制造业》等70多项清洁生产相关标准。

《清洁生产标准白酒制造业》中指出：清洁化生产主要是指不断对设计进行改进以达到清洁生产的目的；原材料使用清洁能源，从源头进行控制；采用先进的工艺及设备做到各个环节全面清洁，提高资源的利用效率；以及规范管理、综合利用等多种措施进行清洁生产，减少或避免在生产、服务和产品使用中产生和排出污染物，减轻直到消除对人类及环境的危害。

三、白酒企业清洁化生产的现状

以汾酒为代表阐述白酒酿造的传统工艺流程，剖析其中可能产生清洁生产问题的环节，并进行清洁生产潜力分析。

1. 汾酒酿造工艺

汾酒酿造工艺采用传统的"清蒸清渣二次清"和地缸固态分离发酵法，有其独特的工艺特征，原料和酒醅都是单独清蒸，缸内发酵，不接触泥土。所有操作上突出一个"清"字，即"清字当头、一清到底"。茬次清、糁醅清，红糁、大茬、二茬不得混淆。设备工具日日清、工完料尽场地清、环境卫生时时清，工艺操作中处处体现了清洁化生产。

2. 汾酒清洁生产水平

通过汾酒酿造工艺流程图与清洁生产潜力分析表（如表9-1所示）可以得出，汾酒为了保护一方得天独厚的酿造环境，把环境保护工作摆在重要议事日程，生产过程和产品周期过程中的重要环节清洁生产都走在了前列：固体废弃物（如酒糟）供给周边农业及畜牧业发展；废水通过污水处理站处理为中水，进行灌溉、冲厕所，循环再利用；酿酒车间水冷改进为风冷，一年节约清水约30万吨，初步实现了汾酒废物"减量化、资源化、无害化"；煤改气的工作彻底消除了以往煤炭带来的粉尘及空气污染；原辅料来自绿色生产基地，从源头杜绝了污染；自动化酿造、成品包装设备不断建立和完善，生产效率逐步提高；从食品安全角度分析汾酒产品是世界上最干净的白酒之一，绿色汾酒已走在国际前沿水平。

表9-1 汾酒清洁生产潜力分析表

环节	潜力	原因
酿造工艺	不大	酒体品质与酿造特色有关，细微改动都需严密论证
产品	不大	绿色汾酒已处于国际前沿水平
原辅料	不大	正在打造绿色原粮基地
能源	具有进一步发展潜力	已在使用清洁能源，天然气锅炉等设备可以进一步升级改造，能耗还可以降低

续表

环节	潜力	原因
机械设备	巨大	自动化酿酒及成品包装设备正在稳步推行中
生产过程	巨大	机械化设备改造，生产效率、效益逐步提升
废弃物	不大	固体废弃物（酒糟）直接供给周边农业发展，绿色养殖废水处理为中水，实现废水的循环利用
企业管理	较大	清洁化生产的管理、标准有待进一步完善和健全
员工素质	巨大	清洁化生产意识不够，缺少相关的培训

汾酒清洁生产依然存在不足与需要改进的地方：使用清洁能源会加大成本，因此应当从节约使用能源方面入手进行改进；电耗是企业发展中容易忽略的问题；粮食粉尘这个影响环境的问题对于固态发酵是始终存在的问题，是部分生产工序中都会遇到的棘手问题；企业员工人数较多，涉及岗位也较多，管理及员工素质方面提升潜力巨大。

汾酒在生产工艺、产品、原辅料、能源等方面清洁生产工作已经取得了积极的成果，主要污染物废水和固体废弃物已经得到良好的处置，在节约能源、环境影响、管理及员工素质等方面还有较大改进空间。

四、改进方案

针对上述清洁生产潜力分析表中能源消耗、环境影响、管理及员工素质等有较大改进空间方面提出改进方案。

1. 能源

生产中使用到的能源主要是天然气和电，节能减耗、提高能源效率成为新的清洁生产课题。

（1）天然气　企业煤改气以后，彻底消除了煤炭带来粉尘及空气污染，实现了清洁化生产，并且每年减少耗煤 8 万吨以上，烟、尘、硫化物、氮氧化物等各种有害排放物向零排放靠近，但燃气的锅炉效率还是较低，导致了供热的成本相对偏高。

对燃气锅炉系统进行整体优化，增加新型二级冷凝器，通过加热补水完成烟气热量的深度回收；加装水泵建立锅炉连排水循环，通过三级空气预热器对连排、定排水热量进行回收，提前对进入锅炉的空气加热，提高了锅炉的效能。

改造后，燃气锅炉额定工况下的运行效率可以由原来的 92% 提升到 100%，投资回收周期小于 1 年，具有较好的经济、社会效益。

（2）电　对落后的设备、仪表、仪器等进行淘汰或改造，减少设备的空转时间与空转概率，做好设备的维护维修工作，确保设备的完好率，严格操作规程，规范操作行为，采用电耗指标管理。

在减少线损、铁损、铜损、振动、噪声、摩擦、发热、发烫和变压器损耗方面，尽可能选择可以改善和提高电能质量的节能节电技术和节能节电产品。

2. 粉尘

酿酒生产中使用的原辅料都是粮食作物，粮食在出入仓库车间的过程中，生产中对粮食的翻动，为达到粉碎度要求对粮食进行的粉碎、辅料搅拌均匀等相关生产工艺操作中会产生大量的混合粉尘，例如粮食的外壳、皮、毛刺、糠、麸皮等，这些粉尘如果飘落在车间设备的传动部件上，能够造成机械设备一定程度的磨损和腐蚀，从而缩短机械寿命，甚至会出现故障。同时，这些粉尘又是易燃粉尘，当粉尘浓度达到临界浓度并具备燃烧条件时，很有可能引发粉尘爆炸，危及厂房设备和在岗员工的生命安全。

酿酒车间占地面积较大，员工劳动强度大，对产生粉尘的重点工序进行特别处理，结合选用高效反吹式除尘器，制定严格的管理制度，在作业场所保持五轻工作方式：轻搬、轻倒、轻筛、轻拌、轻扫，同时完善防爆措施，全方位治理。

3. 清洁生产标准

在清洁生产标准方面，企业制定了《环境区域自治管理办法》《环境保护工作条例实施细则》《环境保护违规行为处罚管理办法》《环境管理制度汇编》《废水排放标准》等一系列标准化文件，结合环保行业的标准 HJ/T 402—2007《清洁生产标准白酒制造业》及国家标准 GB/T 24001—2016《环境管理体系要求及使用指南》等共同形成了企业清洁生产的标准体系，但在实施过程中还有一些细节的地方需要完善，清洁生产标准体系的覆盖面还需扩大，使企业的清洁生产工作在管理方面和技术方面全方位走上规范化、标准化道路。

4. 员工素质

传统酿酒生产员工熟悉生产操作，但对清洁生产等当下的企业发展新理念了解较少，参与环保意识不强，与之相关的技术水平、职业道德等方面的素质也有待进一步提高。对此，针对新的企业发展理念，增强对员工节能减耗等环境保护知识、相关设备操作技能等的培训，建立员工在这些方面的责任心，为企业树立良好的社会形象，提升公众对其产品的支持度有极大的社会效益。

通过上述几项措施的实施，清洁生产将贯穿酿造生产全过程，技术方面与实施方面都具有切实的可行性，对公司实现"节能、减耗、降污、增效"的目标可以起到重要的促进作用。

以汾酒为代表的，对白酒酿造工艺整个生产过程的清洁化生产水平进行了分析，发现其能源消耗（天然气和电）、环境影响（粉尘）、管理（标准）及员工素质等方面清洁生产潜力较大，并提出了创新型的改进方案，对于进一步提高企业循环经济发展水平，不断优化企业生态环境起到至关重要的作用。在白酒市场竞争激烈的今天，清洁化生产是未来的一个趋势，势必会成为企业提升市场竞争力的又一重要手段。经济、社会和环境效益三者的统一，将提高企业的市场竞争力，也必将是企业改革发展中的一个里程碑和转折点。白酒行业继续坚持推行清洁化生产，提高能效、降低消耗、降低投入、减少排放，将走出一条改革发展新路子，最终实现企业的经济、社会和环境效益相统一。

第六节　酿酒工厂清洁生产及环保技术实例

一、实例1

新疆伊力特实业股份有限公司是一家采用固态法传统工艺生产浓香型白酒的上市公司，2014年公司实现营业收入16.5亿元，实现营业利润4亿元。公司采用固态发酵法生产浓香型白酒，同时会产生许多发酵副产物及废水，污染治理困难。为此，公司坚持走资源节约型和环境友好型的可持续发展之路，在建设发展中重视环境保护及节能减排工作，不断完善公司环保管理机构，切实落实节能减排目标责任制。现结合公司清洁生产及环保工作，简要介绍白酒酿造的清洁生产。

（一）伊力特白酒工艺流程及产污环节

伊力特白酒酿造的清洁生产工艺流程与常规生产相同。经过原料粉碎、蒸酒和蒸粮等过程，最后原酒根据需要可勾兑成各种档次和规格品种的成品酒。从生产的工艺来看，伊力特采用传统的固态发酵白酒酿造工艺生产，工艺用水少，水分基本包含于原料颗粒中，不造成流失，造成污染的主要是甑底水（又称底锅水）、黄水、酒尾、冷却水、清洗场地用水、洗瓶用水等。其中甑底水、黄水、酒尾、清洗场地水中混有大量天然有机物，使废水中的COD、BOD、SS含量增高。固态法蒸馏时，要使用大量的冷却水，其中冷却水与其他废水一同排掉，使废水中COD、SS浓度降低，同时增加了废水的处理量和处理难度，也浪费了大量的水资源。

（二）清洁生产审计

伊力特白酒酿造排放的废水均无毒性。生产废水排放量大，污染物 COD 浓度高，且生化性较差、较难降解。即使采用目前较为成熟、经济的"生化＋物化"处理方法，酿造废水治理也比较困难。如何使废水排放量减少且可生化性提高，是伊力特公司实施清洁生产的重要内容。清洁生产措施很多，但清洁生产是一个相对的概念，伊力特白酒酿造实施清洁生产的措施贯穿于整个生产过程之中。

1. 甑底水

伊力特固态法白酒生产所产生的甑底水，主要来源于蒸酒工艺过程中。在蒸粮、蒸酒过程中有一部分配料从甑箅漏入底锅，致使底锅废水中 COD 浓度高达 120000mg/L；固体悬浮物（SS）浓度高达 8000mg/L，它们是酿造生产过程中的主要污染源。底锅水中含有大量的有机成分，国内一些名酒企业从底锅水中提取乳酸制品获得了较好的经济效益和环境效益。底锅水中可以提取到乳酸和乳酸钙，而乳酸及乳酸钙是食品、医药、香料、饮料、烟草等加工业的重要原料和添加剂，应用前景十分广阔。一个日处理高浓度（COD 120000mg/L）有机污水 180 吨的工厂，可以年产高质量乳酸 1800 吨、乳酸钙 300 吨，年产值可达 1700 多万元，经济效益十分可观，同时还可大大降低底锅水中的 COD 浓度，环境效益也很显著。

另外，加大甑箅网孔密度，减少醅料落入底锅，也可以降低底锅水中的 COD 浓度。

2. 酒尾

酒尾是固态发酵酒醅分段摘酒的末段酒体，随着蒸馏过程的进行，酒花逐渐变小变细：摘酒时先有"大清花"和"小清花"出现，在"小清花"以后的一瞬间就没有酒花，称为"过花"，此后所摘的酒均为酒尾。"过花"以后的酒尾，先呈现大泡沫的"水花"，酒度为 28％～35％（体积分数），并很快出现"小水花"或称"二次绒花"，这时酒度仍有 5％～8％（体积分数），直至看不到小水花而酒液表面布满油珠，即可停止摘取酒尾，一般每甑可摘酒尾 50kg 左右，酒尾的酒精度一般为 10％～20％（体积分数）。

对酒尾的处理，最简单的方法是将酒尾倒入底锅水中进行蒸馏，提取其中的酒精分及香味物质，剩余的部分则变成底锅水的一部分，随处理底锅水的方法进行处理。

同时，伊力特公司还开展了尾酒调味液的研究项目，利用酒尾中所含有的丰富的天然复杂成分，通过大分子水解技术，使酒尾中含有的高沸点香味物质如有机酸和酯类、杂醇油等水解，变成小分子的复杂成分，制成的尾酒调味液，可增强酒体的后味和浓厚感。特别是能解决低度酒的口味短淡问题，对降低酒中苦味有明显效果；还能掩盖新型白酒中的酒精气味。

3. 黄水

酒醅在发酵过程中必然产生一些废水——黄水。黄水在窖池养护、窖泥制作、底锅水回收等方面有一定的作用，但许多企业黄水的利用率不高。一方面由于黄水的 COD 和 BOD 含量高，给环境带来很大污染，另一方面黄水中大量有益成分如酸、酯、醇等物质未得到很好的开发和利用。为此，伊力特公司与四川酒类研究所产学研联合，开展生物酶法制备白酒调味液的研究项目，采用生物酯化酶对黄水进行酯化，生成酯化液及高酯调味酒，取得了很好的效果。白酒调味酯化液就是利用现代微生物技术与发酵工程技术将有机酸等成分转化为酯类等白酒香味成分的混合液，其中富含以己酸乙酯为主要成分的多种香味成分。由酯化酶催化合成的香酯液其己酸乙酯含量大大超过高酯调味酒，且具备"窖香""糟香"特点。用该产品在底锅串蒸，可使原酒质量提高而不受发酵周期的限制，与串香工艺的新型白酒相比，利用酯化液生产的高酯调味酒可使产品质量更稳定，风格更典型，还可解决外加香料所产生的"浮香"及可能出现的危及人身安全的问题。在当前酒类市场竞争十分激烈的形势下，可以大幅度降低白酒生产的成本，对巩固白酒市场、提高质量、降低环境污染、实现资源的综合利用具有十分重要的意义。

采用生物酶酯化技术后，可以取得以下效果。

（1）实现原酒质量突破性提高。

（2）应用于串蒸、提取高酯调味酒，实现新型白酒勾兑技术的突破。

（3）实现对酿酒副产物资源的再利用，使黄水中的 COD、BOD 含量在原有基础上下降 80%；

（4）每吨黄水可产 60%（体积分数）的原酒 20～30kg，价值 600～1050 元。酯化后的黄水不用稀释，可直接进行"生化＋物化"处理，每吨黄水降低污水处理费用 21.6 元（不包括水资源费和排污费），经济效益十分可观。

4. 冷却水

冷却水为蒸酒过程中作为酒蒸气间接冷却用水，酒蒸气通过水冷式冷凝器从气态转变成液态成为原酒。常规的生产过程中冷却水从冷凝器中带走一部分热能，就被当作废水随同甑底水及其他杂物一同排入地沟，浪费了大量的水资源和能源，给企业效益造成很大损失。清洁生产将冷却水循环使用，节约水资源，降低生产成本，减少废水排放量。

在一个酿酒分厂建立了冷却水循环系统，在冷却水回收上采用全封闭回收管网，将各车间冷却水汇入厂区中央集水池做成一个中心喷泉，既对冷却水进行了降温，同时又作为一个景观。降温处理后的水分配给浴室和包装车间洗瓶使用，浴室用水和洗瓶水经污水处理后，作为消防、冲洗场地、冲洗厕所、绿化（浇洒草地）、锅炉除尘和冲灰，以及炉排大轴的冷却用水。另一部分冷却水经处理后作为锅炉的补充水，富余部分的冷却水经地下水网回流和上塔循环时将热能释放，重新进入供水管网，再次用于冷却。冷却水用于其他工序取代新鲜水，可节约水资源并降低污水排放量。另外，通过加强车间管理，增强职工节能降耗和环境意识，定期对冷凝器除垢，可节水 30％左右。

5. 清洗场地水

通常清洗酿酒操作场地是用新鲜水，而伊力特清洁生产则用冷却水或洗瓶后的水作为清洗场地用水，这样既可节约水资源，又为伊力特公司创造经济效益。清洗场地水中混有大量天然有机物，使废水中 COD、SS 含量升高，增加了废水处理的难度。

伊力特从清洁生产角度出发，在车间排污口处设置了沉淀池，将车间排出的醅料和其他悬浮物及时清捞出去，减少对废水的进一步污染，降低污水处理成本；同时加强车间管理，减少醅料抛洒，可以减少 COD 负荷 20％左右。

6. 洗瓶水

对洗瓶机增加水循环利用装置，用冷却水洗瓶，由于具有一定的温度，洗瓶效果显著，可节约其用水量的 60％以上。

传统白酒酿造实施清洁生产后，甑底水和黄水不用稀释，采用"生化＋物化"方法可直接处理，与常规生产相比，废水排放量大大减少，废水可生化性得到显著提高，废水易于治理，从而减轻了水体环境污染负荷，环境效益十分显著。同时，清洁生产还可降低能耗、物耗，提高产品档次，经济效益非常可观。

在采用清洁生产技术的同时，为了更好地实现环保，伊力特公司在生产中还采取了如下措施。

（1）围绕水质达标排放开展各项检测工作，每天对进出站的水进行一次 COD 和 pH 检测，同时还对各酿酒分厂的废水不定时地进行抽检，掌握伊力特公司废水水质的状况。

（2）持续规范环保设备设施的维护保养，做到每个班次对设备进行一次巡检，每周两次对设备进行清理和维护，发现问题及时采取妥善措施或通过工艺调整解决，切实提高了设备运行质量，防范风险隐患，保证了生产运行和出水水质。

（3）保证在线检测设备的正常运行，每个月对 COD 在线监测仪检测的数据与手工检测的数据进行两次以上对比，确保数据的准确性和有效性。

总之，清洁生产是现代化企业发展的必由之路，伊力特公司开展清洁生产是一项长期的工作，企业只有持续进行清洁生产，才能真正做到节能、降耗、减污、增效，清洁生产工作任重道远。伊力特公司坚持推行清洁生产，促进企业的技术水平提升，提高产品质量和经济效益，提高企业竞争力，深化节能降耗，走出一条高效率、低投入、低消耗、低排放的发展新路子，最终实现企业和社会双赢，从而优化社会和自然的关系，最终促进了经济、社会、环境的可持续发展。

二、实例 2

下面以某浓香型酒厂为例介绍其清洁生产工艺。

（一）废水处理工艺流程描述

该厂的生产废水和生活污水经收集后进入调节池进行水质水量均衡调节，然后经提升泵提升到格栅池去除大颗粒物、杂质等，过滤后固体经过简单处理即可以作为花草种植肥料。清液自流进入水解酸化池进行生化反应，水解酸化池能大幅度减轻厌氧生物滤池负荷，为生化处理做好准备。经过水解酸化池的废水自流入厌氧生物滤池进一步进行水解酸化深度厌氧处理，其反应过程和水解酸化池相同但经厌氧生物滤池处理后，污染物去除效果更好。

经过厌氧生物滤池处理后的废水通过提升泵提升至一体化气浮处理系统，系统内利用微小气泡去除废水中未被分解处理的油污和固体粒度细小的颗粒。然后废水自流进入接触氧化池接触并曝气，在微生物和氧气的作用下对剩余污染物进行分解后进入回用池回用或达标排放。

各个污水处理系统的剩余污泥经过排泥泵或自流入污泥浓缩池浓缩，经带式压滤机压滤后干泥可作花草种植肥料或送往垃圾处理场处置，滤液进入调节池处理。

（二）酿酒废水处理利用

白酒生产发酵过程中除产生丢糟等固体副产物外，还会产生黄水、底锅水等液态副产物。黄水是糟醅发酵过程中产生水分从糟醅上部向下沉淀聚集，同时携带多种营养物质、风味成分形成的黄色或者褐色带有特殊风味的液体；底锅水则是白酒蒸馏和粮食糊化时水蒸气在糟醅中反复冷凝下沉聚集在锅底中与原有水分形成的混合液体。这两种副产物都含有丰富的香味物质和风味成分，例如白酒中主要的酯类、醇类、有机酸，此外还包括杂环类化合物、酚类化合物、含氮化合物、还原糖等。行业内多数企业只是采用传统的方式简单串蒸和简单酯化的方法粗放处理，这样的方式对这两种副产物利用率低且效果差，没有充分挖掘其最大价值，其排放物还会加大环境负担。某浓香型酒厂首创的利用超临界 CO_2 萃取技术从酿酒副产物中提取出呈香呈味物质，再还原到酒体中，极大地提高了产品附加值。该技术能对黄水、底锅水进行高效利用，产品质量安全性高，风味优良。该技术为白酒行业提供了酿酒液体废弃物处理的新方法，获得了省科技进步一等奖，解决了行业共性问题。该技术在其他酒厂也陆续推广使用。

在此基础上，某浓香型酒厂开发建设了环保湿地一期，立足于以补给宋公河生态用水为目的，结合园区打造 5A 级景区目标的废水治理工程，配合长江经济带建设打造绿色制造标杆。

本项目采用不饱和垂直流滤床和表面流滤床，原理是利用湿地中植物、微生物和生态填料的物理、化学和生物作用达到污水净化的目的。废水从上至下依次渗过石英砂、火山石、铁矿渣、砾石四层生态填料，微生物在填料中附着形成生物膜，通过呼吸分解、硝化、反硝化等作用降解氮、有机物等污染物；生态填料也可吸附、阻截废水中的部分污染物（悬浮物、磷酸盐等），配合植物的净化作用，将污染物无害化。

（三）企业从源头统筹考虑"三废"的效益化利用

随着白酒企业规模的不断扩大，对酿酒副产物分类单项处理模式已经不适合现代企业的发展需求，实力雄厚的大型酒企开始探索从源头统筹考虑三废的综合链式利用。某浓香型酒厂把治理"三废"的重点转移到产前和生产过程中，打造了白酒循环经济生产链。

某浓香型酒厂采用循环经济模式（图9-7），通过"烟、气综合利用"项目研发，利用"丢糟多级链式综合利用"和"酿酒底锅水萃取"技术，解决了丢糟污染的问题；并在乳酸生产中排放的结晶废液里萃取酒用呈香呈味物质，做到达标排放的同时大大提升了酿酒副产物的利用价值，为行业提供了循环经济的新模式。

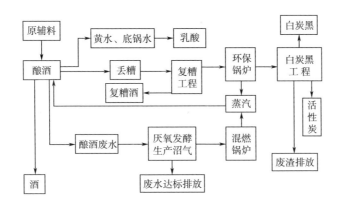

图 9-7　某浓香型酒厂循环经济模式图

（四）酿酒废弃物的深度效益化利用

　　绿色发展，就是要解决好人与自然和谐共生问题。绿色是永续发展的必要条件和人民对美好生活追求的重要体现。人类发展活动必须尊重自然、顺应自然、保护自然，否则就会遭到大自然的报复，这个规律谁也无法抗拒。人因自然而生，人与自然是一种共生关系，对自然的伤害最终会伤及人类自身。只有尊重自然规律，才能有效防止在开发利用自然上走弯路。树立绿色发展理念，就必须坚持节约资源和保护环境的基本国策，坚持可持续发展，坚定走生产发展、生活富裕、生态良好的文明发展道路，加快建设资源节约型、环境友好型社会，形成人与自然和谐发展现代化建设新格局，推进美丽中国建设，为全球生态安全作出新贡献。

　　《中华人民共和国环境保护法》正是为保护和改善环境，防治污染和其他公害，保障公众健康，推进生态文明建设，促进经济社会可持续发展制定的国家法律。国家政策鼓励企业深度挖掘和利用企业自身的"三废"。近年来白酒行业不断利用自身研发能力或者与第三方合作加大技术研发，把新技术运用到白酒生产的"三废"治理中。以龙头企业为代表的白酒企业在循环经济领域不断加大投入，绿色发展的理念得到很好的贯彻。某浓香型酒厂为有效解决酿造废水处理形成的大量污泥，彻底改变污泥填埋处理的单一处置模式，经过长期研究和试验验证，形成了以好氧堆肥为技术主线的污泥资源化利用模式。以污泥为主体，酿酒丢糟为辅料，添加少量废弃的制曲草帘，调节物料水分在 60% 左右。将混合后的物料堆成长条形垛体，底部进行通风处理，维持 50～65℃高温 15 天左右，再经 10 天左右后熟，制备的肥料符合农业农村部 NY 525—2012《有机肥料》标准要求，该有机肥料在蔬菜种植、花卉栽培方面取得了良好的施用效果。某浓香型酒厂在建设 100 万亩酿酒专用粮基地中已使用酿酒丢糟与高粱秸秆进行组合制备高粱专用肥料，避免污泥中残留的聚丙烯酰胺（PAM）对种粮土壤的污染，确保种植基地全流程实现有机种植。施用高粱专用有机肥的糯红高粱相比于施用化肥的亩产增产 15%～20%。丢糟有机肥向上游原料种植拓展使用，打开了酿酒副产物利用的新思路，也为酿酒企业把握延伸产业链提供了技术支撑。同时，该浓香型酒厂也在筹建丢糟生物发电工程，实现生物质能源的绿色化。近年来以丢糟为原料的新型高分子材料已经面世，用丢糟与天然生物基材合成的新型高分子复合材料具有良好的抗菌性、机械性和生物可降解等优点，在建材、包装材料等多个领域具有良好的应用前景。

保护生态环境是每一个企业所应承担的社会责任，白酒行业必须结合自身特点发展循环经济，坚持科技创新，不断利用新技术、新方法提高酿酒副产物的利用效率，挖掘其更大的利用价值，实现与环境友好的绿色发展模式。白酒企业必须以高度的社会责任感和使命感，提高企业资源综合利用效率、生产技术水平和整体竞争能力，才能取得良好的社会效益、经济效益和环境效益，最终实现人与自然、人与社会的和谐发展。

参考文献

· **References** ·

[1] 章克昌 . 酒精与蒸馏酒工艺学 . 北京：中国轻工业出版社，1995.

[2] 张安宁，张建华 . 白酒生产与勾兑教程 . 北京：科学出版社，2010.

[3] 王瑞明 . 白酒勾兑技术 . 北京：化学工业出版社，2006.

[4] 周德庆 . 微生物学教程 . 北京：高等教育出版社，1999.

[5] 王镜岩，朱圣庚，徐长法 . 生物化学教程 . 北京：高等教育出版社，2008.

[6] 杜连起，钱国友 . 白酒厂建厂指南 . 北京：化学工业出版社，2008.

[7] 周恒刚，徐占成 . 白酒生产指南 . 北京：中国轻工业出版社，2000.

[8] 沈怡方 . 白酒生产技术全书 . 北京：中国轻工业出版社，1998.

[9] 陈功 . 固态法白酒生产技术 . 北京：中国轻工业出版社，1998.

[10] 劳动部教材办公室组织编写 . 白酒生产工艺 . 北京：中国劳动出版社，1995 .

[11] 康明官 . 清香型白酒生产技术 . 北京：化学工业出版社，2005.

[12] 宗绪岩 . 小曲白酒生产技术 . 北京：化学工业出版社，2019.

[13] 刘升华 . 重庆小曲白酒生产技术 . 北京：中国轻工业出版社，2017.

[14] 秦含章 . 白酒酿造的科学与技术 . 北京：中国轻工业出版社，1997.

[15] 李大和 . 浓香型大曲酒生产技术 . 北京：中国轻工业出版社，1997.

[16] 康明官 . 白酒工业新技术 . 北京：中国轻工业出版社，1995.

[17] 熊子书 . 酱香型白酒酿造 . 北京：轻工业出版社，1994.

[18] 康明官 . 小曲白酒生产指南 . 北京：中国轻工业出版社，2000.

[19] 李大和 . 大曲酒生产问答 . 北京：轻工业出版社，1990.

[20] 肖冬光 . 白酒生产技术 . 北京：化学工业出版社，2005.

[21] 李晓楼 . 微生物及其酿酒应用研究 . 天津：天津科学技术出版社，2019 .

[22] 李大和 . 白酒勾兑技术问答 . 北京：中国轻工业出版社，2006.

[23] 周恒刚，徐占成 . 白酒品评与勾兑 . 北京：中国轻工业出版社，2004.